自助餐開發與經營

馬開良◎主編

馬開良、柏群、吳興樹、張文娟◎編著

序

自助餐自身擁有的獨特優勢，客觀地蘊涵著極大的生命力。只要揚長避短、積極創新、靈活經營、紮實管理，自助餐不僅能風彩依舊，更將魅力凸現，光彩照人！

本書綜合分析、廣泛綜合了國內外不同類型賓館、酒店自助餐成功組織、生產、經營管理理念、技巧，希望能提供從事自助餐生產經營及其他同仁予以啓發和幫助。本書第一章、第三章、第六章、第九章由金陵旅館管理幹部學院馬開良先生編著；第二章、第五章、第十章由南京中心大酒店柏群先生編著；第四章、第十一章、第十二章和第七章、第八章分別由金陵旅館管理幹部學院吳興樹先生和張文娟女士編著。馬開良先生對全書進行了總纂。編著者懇望各界賢達不吝指正。

馬開良、柏群、吳興樹、張文娟　謹識

目錄

第一章 自助餐概述

自助餐，英文Buffet，是指一種需要消費者自己走近餐檯、選取食物的一種用餐方式。自助餐源於西方。據說該種用餐方式起源於一八九〇年，由美國堪薩斯城（Kansus）基督教女青年會（Young Women's Christian Association）首創。由於該餐價格低廉，菜式豐富，用餐者自由選取，方式靈活等特點，到二十世紀初，很快成爲全美國教會機構普遍採用的用餐方式。隨著工業化的急速發展，大批人力資源湧向新興城市及工廠，人們在忙碌的工作生活節奏中，希望能用較短的時間吃到符合自己口味、喜好的食物，因此，依據消費者所願支付的價格任意選擇自己喜愛菜餚的用餐方式——自助餐便很快遍及學校餐廳、酒店、酒樓餐廳，甚至車站、火車餐車。自助餐進入中國，應該是二十世紀八〇年代初。伴隨著改革開放，學習、引進西方飯店管理的深入，自助餐首先在國內飯店、賓館行業推出；由於其新穎別緻，加上其自身特有的優勢，自助餐很快就在中國餐飲的各個階層、領域被推廣、普及。

自助餐的種類

自助餐的種類隨著自助餐經營的普及和各地的運用自如，不斷豐富、增加。瞭解、分析不同種類自助餐其形式及特點，對有針對性地提供自助餐經營和服務，擴大餐飲銷售，豐富餐飲面貌有觸類旁通、完善提高的積極意義。

自助餐依據其分類標準的不一，可以分成若干種類，其中有些種類是交叉和相似的。

按自助餐設座與否劃分

設座式自助餐

設座式自助餐，用餐客人有自己合適的餐桌和餐座，除非離桌去餐檯拿取各種食物，其他時間均在自己的座位享用食品。設座式自助餐，客人抵達餐廳，一般由餐廳引座員徵求客人意見，將其引領到合適的位置，客人在妥善處理隨身攜帶的小件包裹物品或外套衣衫之後，順勢熟悉一下用餐位置及環境，然後按照服務員指示的餐檯位置，自行去餐檯拿取食物。

設座式自助餐由於餐座要占用一定餐廳面積，客人要經常在餐座與餐廳間來回走動，因此平均餐位與餐廳面積較高。客人用餐由於有座位可邊休息、邊用餐，故從容悠閒，用餐速度不會很快，用餐過程比較舒適。

站立式自助餐

站立式自助餐，即用餐客人來到自助餐廳，自由取食，自由走動，沒有座位。這種方式的自助餐除了陳列菜點食品的餐檯外，可設若干餐桌，以方便客人臨時置放餐盤或杯具；客人整個用餐過程都是站立的、走動的。因此，客人走動、交流起來更方便。站立式自助餐，最大的優點在於可以在有限的空間裡容納更多的用餐客人，可以擴大餐飲經營，可以幫助解決在特別活動時用餐場地不足的困難。

站立式自助餐，由於用餐客人沒有座椅，甚至餐桌也較少或很小，故客人在吃菜及飲用酒水有些不便。因此，應配備先進的客人取菜盤，盤邊應有安全置放酒水杯具的卡夾等裝置。餐廳酒水服務員也應積極主動托盤服務，以方便客人隨時取用。這種方式的自助餐對年齡層次較高的客人應謹愼使用。

按自助餐菜點出品的風味劃分

按自助餐菜點出品的風味劃分，可分爲中式自助餐、西式自助餐、中西合璧式自助餐以及義大利風味自助餐、美國風味自助餐、潮粵風味自助餐、淮揚風味自助餐、鄉土風味自助餐等等。依據不同風味出品經營的自助餐，更適合於舉辦食品節，因爲其製作技術、原料相對集中，更便於宣傳和吸引消費者。

中式自助餐

自助餐雖源於西方，但一旦傳入中國，中餐豐富多彩，美不勝收的各類品種，猶如又找到了一個新的平檯，按照冷菜、熱菜、羹湯、點心、甜品、水果等分門別類地裝盤陳列，的確令人目不暇給。中餐自助餐，就是將相當數量、類別齊全的中餐菜點供客人選用的自助餐。中餐菜系豐富、品種繁多，區別自助餐用餐客人群體、針對消費標準，設計組合產品，可以源源不斷地滿足用餐客人的要求，這是國內自助餐最爲普遍、最易操作的形式。

若將中式自助餐作爲一個大的分支，再作劃分可以分爲嶺南風味、江浙風味、宮廷風味、鄉土風味等不同菜系、不同層次、不同地方特色的自助餐。而所有這些自助餐，則是將一地、一派風味菜點加以集中製作、出品，以突出其個性特徵，滿足特殊群體消費者需要，可以作爲中式自助餐的分支。

西式自助餐

西式自助餐，是指以西餐菜餚、包餅、甜品等爲主要食用對象的自助餐。這類自助餐往往由於使用進口原料、聘請西餐大廚烹製而使自助餐的價格較貴。由於自助餐源自西方，故西式自助餐仍給國人以正宗、新奇、色美、餐檯漂亮之印象，雖然有些菜餚國內消費者不太能接受，但也大多願意取些嚐嚐。西式自助餐中的麵包、蛋糕、小餅、甜品，倒是普遍深受國內消費者歡迎的品種。

同屬於西餐風味，有些以西餐某一流派爲主題推出的自助餐，也爲西式自助餐。而這類自助餐，更多時機是出現在食品節舉辦期間，作爲食品節舉辦方式推出的，如美國風味自助餐、義大利風味自助餐等。這種形式的自助餐，由於某一國家、風味的菜點可能品種有限，故在組合開胃菜、沙拉、拼盤、湯菜、大菜、糕點、甜品時，往往不論層次、規格，力求多多益善，以豐富餐檯爲主。其實，舉辦異國風味食品節，酒店把握不同消費者的口味適應性和具體需求，消費者也怕亂花冤枉錢，因此，以自助餐方式舉辦食品節，可謂兩全良策，既可保證消費者多嚐品種，找到自己喜愛的菜點，吃飽吃好，又可減少店方的顧慮。

中西合璧自助餐

中西合璧自助餐，由中餐、西餐菜餚、麵點等食品結合組成。它既避免了使用一種風味菜點給自助餐帶來單調的局面，又使中西各地消費者都可以取食到自己喜愛的餐點。這種自助餐，不僅菜式豐富，客人選擇範圍廣，而且還可以減輕酒店單純一種風味菜餚、點心翻新的困惑，使菜點的翻新、餐檯的豐盛變得較爲方便。

中西合璧自助餐，其中西菜點結構很難刻板確定。但一般中餐其菜餚較多，而西餐則以點心、甜品較多。若是用餐的客人以外賓爲主，這種組合也可以讓其多品嚐一些東方美食，一般也較受歡迎；若是以國內消費者爲主，此種組合更能令其吃飽、品足，因爲大多數國人還是以吃中菜爲習慣。

中西合璧自助餐的布檯，則應模糊中西餐的概念，以菜點的冷熱甜鹹和客人的用餐順序爲主進行排列。如冷菜、開胃菜、頭點、沙拉爲一組，西式湯菜、中式羹湯爲一組，葷蔬熱菜集中陳列，點心、甜品隨後布檯，水果單列等等，以方便客人選用。配合客人佐酒、裹腹和消化。

按自助餐開餐的餐別時間劃分

早餐自助餐

早餐自助餐，即以自助餐的形式，提供客人早餐用餐服務。早餐自助餐，多在上午六、七點鐘開始，至九、十點鐘結束。這是目前國內各飯店、賓館普遍使用的一種早餐經營服務方式。

早餐自助餐其供應經營的餐點，多以飲料、粥類、蛋類、點心、小菜、少量熱菜爲主，可以純中餐或西餐的方式，亦可中西合璧。早餐自助餐的最大優勢在於方便客人隨到隨餐，節省時間。

午、晚餐自助餐

午、晚餐自助餐，即正餐自助餐，是消費者一天用餐中比較重視的餐飲活動。午餐和晚餐自助餐，消費標準接近，在菜點種類上，都要求豐富，品類齊全，且晚餐的進程多慢於午餐。午、晚餐自助餐，通常客流高峰比較集中，因此要求值檯人員對檯面的控制、菜點的添加要十分注重其時效，午餐自助餐這方面特點更加典型。

午、晚餐自助餐，可以是一種風味的出品，也可以是各種風味的組合，總之要給消費者有較爲廣泛的選擇餘地。其餐檯布置也應更加氣派、美觀，既方便客人走動取食，更要防止人多擁擠造成碰撞事故。

宵夜自助餐

宵夜自助餐，多以小吃、點心、粥類、小菜等爲主要餐點，售價相對便宜，經營時間長。宵夜自助餐有些類似早餐自助餐，但菜點添加節奏伴隨客人用餐速度都比早餐要慢。汕頭國際大酒店，長年開設宵夜自助餐，菜品、粥點陳列緊湊，生意一直興旺。

按自助餐用餐客人的身分劃分

自助餐用餐客人男女老少、工農商學兵、海內外賓客都有，而不同客人的需求都是不一樣的。區別不同群體客人，提供不同風味、不同風格、不同裝飾主題的自助餐，會收到事半功倍的效果。比如，針對旅遊團隊開設的遊客自助餐，設計製作具有地方特色的菜餚點心，則很受客人歡迎；接待籃球、長跑運動員，製作提供營養豐富的菜點食品，才能滿足用餐者運動消耗和營養補充的需要；再如婦幼節時，歡迎小朋友用餐，可精巧製作各類造型別緻、色彩美麗的菜點，再將活潑可愛的兒童卡通偶像設計布置在餐檯或餐廳，效果更佳。按照不同身分用餐群體劃分，還有火車乘客自助餐、夕陽紅老人自助餐等等。

按用餐者身分劃分的自助餐，最大的優點在於菜單的制定、產品的設計容易找到共同點，出品也更容易受到客人的歡迎，餐廳氣氛、效果布置也比較能突顯出主題。

按自助餐是否有主題劃分

所謂自助餐主題，或稱主題自助餐，是指為某一專項活動、針對某一特定日期、對象專門組織舉辦的自助餐，比如聖誕節大型自助餐，某某公司慶典自助餐等。與之相對，平日正常經營的自助餐可謂之常規自助餐。

聖誕節自助餐

聖誕節自助餐，又稱聖誕自助大餐，因聖誕節日重大，自助餐場面宏大，食品豐富並主題突出，餐間活動豐富故得名。聖誕主題自助餐，除了製作出品一定數量的西餐菜點以滿足西方客人歡度一年當中最隆重節日外，其中一些具有傳統性、典型性的聖誕菜點通常是必不可少的，比如聖誕烤火雞、聖誕布丁等。

聖誕節自助餐，近年的氣氛布置也越來越熱鬧，節日氣氛越來越濃厚。除了自助餐餐檯有鮮明突出的與聖誕節的各種傳統相關的雕刻品陳列外，客人就座的餐桌、餐廳周邊的牆壁，甚至屋頂天花，大多都有裝飾，這使得聖誕節自助餐的主題更加集中明確、鮮明突出。

公司慶典自助餐

公司慶典自助餐，是酒店在承接了某公司開張、週年或其他慶祝活動時，根據其公司名稱、性質、業務範圍及其人數、標準、季節等因素，專門爲其設計、提供的自助餐。這樣的自助餐，除了注意其菜點食品的選擇及組配，應儘量針對用餐客人的飲食喜好、生活習慣外，自助餐廳的環境、氣氛布置尤爲重要。比如餐廳、餐檯針對性、象徵性藝術品陳列，公司徽章的莊重使用，祝賀橫幅的醒目懸掛等，這些更能使自助餐的主題突出，氣氛熱烈。

按自助餐食品製作用料劃分

自助餐食品通常選料廣泛、類別齊全，但有時爲了促銷，或酒店特別採購到一批某類價廉物美或本地稀少的食材原料，爲形成合力，擴大宣傳效果和力度，加強銷售，需要在一段時間內集中精力推出以某類原料爲主的自助餐，如海鮮自助餐、端午節粽子自助餐、元宵節小吃自助餐、冬令野味自助餐等。

野味自助餐，多在冬季經營，一是因爲此類原料冬季比較好採買，也不太容易腐敗變質；二是由於選擇自助餐方式經營，客人可以針對不同野味，先取少量嚐食，若口味喜歡，再勤取多食，既保險又能吃得稱心如意。這比起單點或宴會方式銷售野味，消費者更加喜歡。

按自助餐烹調用具或烹調方法劃分

自助餐菜點的烹調方法不盡相同，有些自助餐，爲了營銷和宣傳的需要，或餐廳經營設計定位的需要，集中採用相同的烹調用具或烹調方法，使這類自助餐具有了特殊的風格，比如自助火鍋、自助燒烤等。

自助火鍋、自助燒烤多採用統一售價，原料事先加工，集中分類陳列，消費者自取、自涮、自烤；有些自助火鍋、自助燒烤店還製作出品部分成品冷菜、點心、甜品，也供消費者自行取食。

按自助餐檯餐廳面積和經營品種比例劃分

有的飯店將整個餐廳全部用於陳列當餐經營所有菜點，供客人自由取食，如大部分飯店的早餐自助餐，即是將整個餐廳、所有餐點全部陳列，供客人自主選食，這可稱之爲完全自助餐或全自助。如南京哈羅哈餐廳，裝修布置、服務人員衣著打扮渾爲一體，全部美國西部海灘風格，菜品中西合璧，常年經營自助餐，成爲南京餐飲的一個特色。

也有些飯店在餐廳的局部區域布置自助餐檯，陳列系列菜點食品，或部分菜餚，供餐廳內喜愛吃自助餐的客人選食。例如，有些飯店的咖啡廳提供早餐既有自助的方式，又可單點，以滿足不同客人需要；也有些飯店，如南京金陵飯店在一樓的金海灣咖啡廳、休閒餐飲必勝客在餐廳的固定區域陳列各種時鮮蔬菜，配備相應調味汁、調料，定期供給客人自助取食。這些單點餐廳穿插經營自助餐的方式，可謂之結合自助或半自助。這種形式的自助餐比完全自助顯得更加靈活方便，在消費者不太喜愛自助餐的地方亦會受客人歡迎。但要注意自助餐食品是否爲自助餐的消費客人專用，防止流失。

按自助餐消費客人的結帳方式劃分

自助餐不同的經營模式，可導致客人結帳的不同方式。大多自助餐設定統一的消費標準，即每位客人用餐付費多少或是先買票後進入餐廳用餐；或是先用餐，餐畢結帳。這樣統一標準的自助餐，客人付費一樣，享用的食品也一樣，管理省事，結帳簡單。另有一種自助餐，類似於超市，客人進入餐廳自由拿取或讓餐廳工作人員遞予其想要的菜點，客人自行用托盤端出菜品自選區，買單結帳，再行食用。這種自選食品、因量結帳的方式，可叫做異樣標準自助餐或自定標準自助。如浙江桐鄉市區午餐自助大多採取這種方式，菜餚規格小，製作精巧，單價便宜，客人覺得既經濟節省，又可口快捷。

按自助餐出品形式劃分

按出品形式劃分自助餐的種類，應該說是近年綠色餐飲運動推廣的產物，它伴隨著餐飲生產經營者和消費者文明進化而誕生，並在積極呵護中成長。所謂自助餐出品形式，主要指兩種形式的出品，一種是傳統的、直觀的、直接可以食用的、有體系地陳列於餐檯之上的各類菜點食品，另一種是文字的、可配圖解釋的、按圖索驪的菜單食品。雖然直接的食品和菜單裡的菜名都是酒店設計生產製作的產品，但在客人選擇、確認前，前者叫做成品菜點自助，要將原料做成成品，而菜點成品具有易腐性、一次性消費、品質與時間呈反比效應等特點，因此，若客人不取食、或暫不取食，品質馬上下降，甚至成爲次品。正是基於這些特點，麥當勞規定成熟的薯條七分鐘未賣出去必須倒掉。若自助餐菜點大多低於品質標準，產生的資源浪費將是驚人的。正是因爲如此，將菜點自助換成菜單自助，現點現烹，即烹即食，在消費標準一致的前提下，做到了品質可靠，數量適中，切實解決了自助餐菜點品質下降和剩餘食品大量浪費的問題，這種方式被稱做菜單食品自助。菜單食品自助在生意不太穩定、客源訊息不太準確的自助餐經營中，積極意義更加明顯突出。介於成品菜點自助和菜單食品自助之間還有一種出品形式，是將菜點配份陳列，消費者同樣可以直觀挑選，但所選菜點僅是原料的配份組合，待客人選擇合適的品種和菜點之後交服務員或交名廚烹製，再食用結帳，這種方式可稱做半成品菜點自助，它的主要優點表現在方便客人選擇，儘量節省原料、減少浪費，一定程度上比菜單食品自助出品要快捷。

自助餐生產與銷售特點

自助餐作爲新穎、直觀、輕鬆、隨意的用餐方式，正日益受到更多消費者的歡迎。在盡力體現理解人、尊重人、方便人的用餐思想指導下，自助餐比起傳統的單點、宴會等其他用餐方式，其生產和銷售服務更具有自身特點。解剖、分析這些特點，是針對性地設計其產品、完善其管理不可忽視的前提工作。

自助餐生產特點

自助餐生產，即自助餐菜點的加工、烹製、裝盤與出品，它是自助餐順利開餐和銷售的基礎。

生產量不確定性

自助餐生產既需要有個明確具體的產量、品種，以指導安排生產，又很難找到一個確定數量，這主要是因爲自助餐經營常常受到下列諸多因素的影響：

1.自助餐生產需求變動因素多

自助餐生產需求，主要取決於客情，即一定時間內前來自助餐廳用餐的各種客人的多少。有預訂的自助餐，客情明確既定，廚房根據賓客的用餐標準就不難做出適當準備，從事有計畫的生產。事實上，大多數自助餐的客情很難把握。因爲影響用餐客情的變化因素有：一、天氣變化的影響；二、民族節日、公假、例假的影響；三、客情臨時變化的影響；如此等等，客情引發的自助餐生產需求變動既不可預料，更難以控制。

2.季節變化因素和原料性質的影響

《隨園食單》講：「山筍過時則味苦，蘿蔔過時則心空，刀鱗過時則骨硬，鰣魚過時則味寡」；孔子有訓：「不時不食」。這些都講的是廚房生產有著很強的季節性。現在餐飲消費者對菜餚時令性的要求越來越高，因此，無論是時令性原料搶先上市還是過時原料，積極推銷，廚房生產都會由平時的正常有序而變得驟然繁忙。原料的性質與自助餐廚房的工作量有著明顯的反比效應。原料新鮮，質地鮮嫩，加工簡單，廚房生產快捷；相反，原料堅硬老陳，或需乾貨漲發，或要反覆處理，工作量十分大，產量、效率自然要降低。

3.消費導向和出菜節奏的影響

自助餐廳用餐客人對菜餚的需求，有時會受到臨近客人消費的影響。自助餐現場烹製、操作表演，推出一些容易製造氣氛的菜餚，可以產生導向的連帶效應，給廚房生產帶來的影響是加大工作量。出菜的節奏，即上菜的速度，菜與菜之間的時間間隙。自助餐在客人用餐前菜餚首先要烹製一批。若中途人多，食量大，出菜仍需加量提速，工作節奏自然要隨之變快。

生產量的不確定性，還表現爲廚房各職位、單位工作量難以均衡。

生產製作手工性

自助餐菜點生產，既是廚師技術操作過程，同時又是烹飪藝術構思創作的結晶。著名社會科學家于光遠認爲，「烹飪是屬於物質產品生產的一種文化」，「烹飪的藝術首先表現在生產味覺上精美的藝術品」。人們在對菜餚、點心進行品嚐享用、大快朵頤的同時，也正是對廚師手工創作的各類以味爲主的食用藝術品的鑑賞和認可。

1.生產勞動憑藉手工

誰都希望廚房能有個徹底性的技術革命，實現機械化、自動化生產。但事實上，由於廚房機器設備一則難以全面成龍配套，二則也很難適應廚房生產的現狀：一、自助餐菜點種類繁多，如冷菜、熱菜、大菜、小食、甜品、點心等，一餐自助餐供應的種類少則幾十，多則上百；二、產品規格各異，大如整隻火雞，小若精美船點，規格千差萬別；三、技術要求複雜，有的明火急烹，立等可取；有的則需腌煎薰烤，反覆製作，方可成餚。因此，自助餐生產憑藉手工仍將是近階段的現實。

2.手工製作的差異性

自助餐生產憑藉手工，生產人員的認識水平不一致，考慮問題的方式、深度、角度不一樣，難免出現生產及成品的方法、品質和要求的多樣化。同時，廚師技術原有的模糊性和經驗性也表現爲生產產品的千差萬別。一、生產人員接受教育的管道不同、受教育的程度不同，就可能導致技術熟練程度、加工烹調方法和程序的不一致；二、廚師的理解能力、審美尺度和觀念的不一致，自然免不了同一種菜點不同用料和配佐，不同形態和大小，不同裝盤和點綴現象的出現。

3.勞動強度大

隨著廚房機械化、社會化生產的普及，廚師的勞動強度自然會逐步降低。然而，目前廚房繁重的體力勞動一時還無法取代。這主要表現在：一、工具用具的笨重，鐵鍋、湯桶、油盆、廚刀輕則上千克，重則達數千克；二、長時間持械操作的勞累，廚師藉助於工具，加工原料，製作菜餚，或切或炒，或端或倒，無不消耗較大體力。

自助餐生產製作的手工性，既有方便廚師發揮聰明才智、提高烹飪藝術效果的一面，同時又有仁者見仁，智者見智，使廚房生產及產品品質出現千差萬別，難以控制的一面。

加工生產前置性

爲了保證自助餐菜點的出品速度，方便客人，尤其是開餐高峰、客人蜂擁而至時菜點供應的不間斷，廚房對自助餐菜點的加工、生產往往採取充分準備、隨叫隨出的策略，這就證實了自助餐菜點加工、生產必須具有前置性特點。自助餐菜點加工、生產的前置性根據菜點烹製方法、時間及成品時間對品質的影響主要有三種類型：

1.原料提前準備

自助餐菜點原料提前準備，首先是爲了滿足部分菜點提前生產、烹製的需要，以便一到開餐時間，即可布檯出品。如五味鴨塊、豉油皇蒸鮮魚塊的鴨、魚等。其次，還有大多原料，尤其是像綠葉蔬菜、時鮮果品，以及一些烹調成品必須即刻食用的菜點原料則必須在餐前備齊備足，以保證在開餐期間叫烹即起，立即應市。如芥蘭、菜心、脆皮銀魚用的銀魚等。

2.提前準備半成品

有些菜餚，臨時製作太繁瑣，提前烹調又很容易降低品質，因此，為了保證自助餐的出品供應，通常只能將其加工成半成品，以節省開餐期間烹製、出品時間。如脆皮乳鴿、蒜香排骨、口急汁烹雞翅等，這些菜餚的乳鴿、排骨、雞翅都必須經過部分熟處理，否則，開餐期間急於上菜，要麼可能半生不熟，要麼就影響出品速度，都會破壞自助餐氣氛和效果。

3.預製成品聽候上菜

對烹調成熟的菜餚，在短時間內（通常指開餐所需要的時間）不會明顯影響品質的品種，或自助餐開餐即要求出品數量很多、且中途大多不需要再添加的菜點，如紅燜牛肉、清燉獅子頭、棗泥拉糕等，一般都要求在開餐前將其完全烹調成熟，在滿足第一批出菜布檯之後，根據要求備留部分成品，以便續添。續添加的出品，則達到保溫效果即可。

菜點生產批量化進行

餐飲單點和宴會生產大多個別訂製、單份生產（包括配菜、烹調、裝盤、出品），而自助餐則與之不同，通常都是批量配菜，批量烹調，集中裝盤，統一出品。這在開餐初期，幾乎每個種類都是這樣。如早餐自助餐，布檯時炒麵、揚州炒飯、煎餃、稀飯等，幾乎都是滿鍋出檯。在開餐中途、開餐後期，批量會逐步減少，有的也還是批量生產，如添加的炒河粉、酒釀元宵等。這種生產方式，適當減少了廚房員工的工作量。因此，若是專業化的自助餐廚房員工人數的配備可低於單點廚房。但這種方式生產出品，對菜餚、點心的口味、火候等品質指標要求更高，因爲，單點菜點即使出現品質問題，只是影響一桌、一檯客人，而自助餐菜點一次出品發生品質問題，則可能影響一批客人，所以，特別要注意控制其品質的達成和穩定。

出品速度與客人進食節奏成正比

自助餐菜點出品速度，依據客人用餐的進程而定。自助餐廳客人進入的比較平緩，客人取食菜點數量比較少，也就是說自助餐各類盛器裡的菜點消耗慢，廚房出品速度就相應地應該慢下來；相反，客人進入餐廳集中，取食菜點很快形成高峰，這就要求廚房密切關注菜點食用及所剩數量，隨時準備烹製、添加。比如，會議用餐、團隊自助餐，客人基本都同時進入餐廳，或在餐廳簡短儀式結束後同時走向餐檯取食，最初布檯陳列的食品很快會便取完，因此，針對這種性質的自助餐，一旦餐廳客人開始取食，廚房就應即刻烹製熱菜，並在很短的時間內添補第二次菜點，確保餐檯不出現空檔。而當客人分別取食一至二遍，隨著用餐高峰的過去，廚房出品速度則應隨之放慢。

品質與時間成反比

自助餐餐檯上的菜點食品，不管是冷菜、熱菜，還是點心、甜品，陳列的時間越長，品質下降程度就越大。有些燜、燒類菜餚品質隨時間下降的不是十分明顯，蔬菜、煎炸類菜餚的品質下降則相當典型。因此，自助餐菜點，其製作與出品，也應嚴格掌握其時間概念，只要出品不直接影響餐檯美觀、不導致客人用餐不便或斷檔，應儘可能縮短菜點在餐檯陳列待食時間，這樣可保持菜點的最佳品質效果。煎、炸類菜點，出品越早，變軟的時間越快；翠綠時蔬，在保溫鍋存放時間越長，越是容易枯黃萎軟；有些燴、羹類菜餚、甜品在保溫鍋內時間一長，還容易黏底焦枯，更直接影響品質。因此，自助餐菜點的出品，一方面要嚴格掌握客人用餐時間(尤其是團隊自助餐)，做到及時出品、保持供給，另一方面也要少做勤添，既保證出品品質，也減少菜點在餐檯待食時間，以保證食用效果。

無固定次序出品

自助餐菜點烹製出品，不像單點和宴會，有嚴格的用餐程序和烹製次序。雖然大多數客人享用自助餐也習慣於由冷到熱、由鹹到甜，但也有相當數量的客人隨心所欲，總是挑自己最喜歡的菜點，或是認爲最昂貴的菜點先食。畢竟自助餐是依據客人的自願，隨心所欲，店方即賣方無法控制，因此，跟隨客人用餐進程和取食偏好，廚房烹製菜點及其出品也就不能教條刻板，滿足客人的需要才是起碼的工作標準。

無固定次序出品，就要求自助餐廚房，充分研究分析用餐客人結構，科學、合理預計各類食品客人的食用需求量，積極、穩妥地備齊、備足相關原料、成品，並結合進行成本構成與搭配分析，從而保證生產經營的有序進行，達到預期的經濟效益。

產品訊息能及時得到回饋

大多其他用餐方式，如單點、宴會等，菜點成品是透過服務員傳遞給消費者的，廚房生產人員很難有機會直接與消費者見面。因此，消費者對菜點生產有何意見和建議也就很難及時準確回饋、傳遞給生產製作人員，這對研究、改進生產出品品質無疑是不便的。自助餐，恰恰在這方面彌補了其他用餐方式的不足，雖然不能使廚房每一個廚師都可以直接與消費者接觸，但至少代表廚房從事自助餐值檯（看護餐檯、整理餐檯、通知補足菜點）的廚師可以直接聆聽消費者對菜點的評價和建議，可以留心觀察哪些菜點受客人歡迎，哪些菜點乏人問津，進而分析其中原因，這對調整產品結構，重新設計菜單，改進生產技術，完善出品是至關重要的。當然對熱衷於坐辦公室的廚師長，或雖有值檯廚師但視而不見、漠不關心餐檯菜點或將自助餐餐檯完全交由餐廳值檯、看管的自助餐，其菜點品質訊息也是難以蒐集、很難得到回饋的。

自助餐服務銷售特點

自助餐服務相對來講比較簡單，因爲客人參與了服務過程。自助餐菜點陳列於餐檯，客人將其取食，即可視同銷售，雖然客人還未結帳離去，但食品已被消耗，即產品已被其消費，故售賣過程已經結束。自助餐服務與銷售是緊密相連，有些細節是很難準確劃分、界定的，其特點與其他用餐方式相比也很明顯。

餐檯布置要求有序、美觀

除了自助餐，其他用餐方式，幾乎不布置餐檯。所謂餐檯，即用作擺放、陳列各種菜點食品供自助餐客人自行選食的檯子。餐檯是自助餐必不可少的重要組成部分。自助餐餐檯除了高矮、規模能夠方便客人取用盛放所有菜點食品外，還有兩個鮮明的特徵。其一是有序，即餐檯的哪一部分或哪一組餐檯布置、陳列、擺放的是哪一類食品要相對集中，原則上從餐廳入口，或客人易於接觸餐檯的一端，順道前行，可以依次取食到由冷到熱、由鹹到甜、由熱菜到水果等各類的食品。自助餐餐檯有集中設計成一大型檯面，所有菜點食品集中布置的；也有在餐廳的幾個區域，或因餐廳結構，靈活分散設置的。但不管什麼方式布檯，菜品都應分類擺放，以便客人分類取食，這就像單點菜單，冷菜、熱菜、湯菜、飯麵點心等分類設計，方便客人點食的道理。其二是美觀。自助餐檯就像一本立體的、有精美彩色照片的菜單，客人進入自助餐廳，看了這份菜單，隨即食欲頓增，胃口大開，自助餐的銷售往往就會成功。反之若自助餐餐檯布置位置偏角落，客人難以搜尋，餐檯零亂簡陋，暗淡無光，毫無裝飾，客人將難以接受眼前的事實，消費心理立刻會緊張許多。因此，美觀、醒目是自助餐的又一重要特點。對一些面向特定人群，或爲特別活動設置的自助餐檯在美觀的同時，還應突出主題，強化針對性，使自助餐檯產生畫龍點睛的作用。

客人用餐程序自由

消費者進行自助餐消費，可以根據自身喜好和用餐時間是否充裕，直接選取自己想要吃或符合自己胃口的菜點食品，其程序是自由安排的。而單點和宴會一般都是從冷菜到熱菜，從菜餚到點心，用餐都有固定的程序。

即使消費者不喜歡某些品種或某類食品，也只能循規蹈矩，按部就班地執行「規範」。客人享用自助餐，不僅可以不受限制地直接選取食品，而且，在一次吃完之後，還可以重複取食。通常情況下，客人取食自己偏愛的菜點食品也是自由的。倘若自助餐冷與熱，菜與點，食品與水果的結構、品質標準或價格懸殊太大，則可能導致自助餐餐檯某些菜餚、某些點心、水果，很快被取完吃光，該自助餐的成本結構將失衡，成本支出、廚房生產的壓力可能增大，對自助餐的經營及效果將產生負面影響。

消費者用餐時間、節奏自定

選擇自助餐方式用餐的消費者，其用餐時間是充分自由的，只要在餐廳開餐經營時間之內，用餐者可不分時段隨時來到餐廳用餐。同時，進入餐廳用餐節奏快慢、用餐時間長短也是完全由自己掌握。這方面特色，明顯有別於單點和傳統宴會。單點消費者所點菜點要由廚師循序漸進一道道烹調，再由服務員按序出品，通常重點菜餚要在四十五分鐘之內才能上齊；宴會更是前後有序，每道菜點有一定時段間隔出品，吃一餐宴會則要花費一個半小時。正因為如此，時間匆忙的客人，更熱衷於選擇自助餐消費。每家飯店早餐大都以自助餐方式供應，在節約成本的同時，更加直接地滿足了客人快速用餐，及時離店、工作的需要。

品種選擇範圍廣

如果說單點像消費者進百貨商店購物，宴會似商家綑綁組合商品推銷，自助餐就如消費者進入商品琳瑯滿目的超市，喜歡什麼就隨意拿取什麼。單點消費要花很多的錢，才可能品嚐到多種風味菜點，宴會種類更是有限的組合；比較起來，自助餐是花不多的費用，即可品嚐到數量及種類很多的菜點。因此，會議客人、火車乘客、在舉辦一些食品節，進行新風味推廣之際（消費者把握不住菜點風味是否適合自己），選擇自助餐方式經營是很受消費者歡迎的。

服務程序簡化，人手節省

自助餐經營，省略了點菜、覆述程序，減去了上菜、報菜名程序，簡化了換餐碟、送菜及其結帳程序，使服務在消費者自身的參與配合下，變得簡化了許多。如日本東京王子飯店，早餐自助餐廳可同時容納一千多人用餐，僅見寥寥幾個服務員，客人取食品、飲料等全部自助，客人中途離位去餐檯取食，用餐未完，只要在餐桌上放置一卡片「在用餐中」（卡上所註明內容為：在你用早餐的過程中，當你離開你的餐桌取食時，請將此卡放在盤邊）服務員不會前來整理收拾檯面，待用餐徹底完畢，檯面無人，亦無告示牌，才見有人來整理。自助餐方式經營不僅可以節省餐廳人手，同時，也因生產的批量集中，可適當提前烹製（更有效地使用勞動力）而節省了廚房生產人手。

餐前、餐後工作重要性強

自助餐餐前的檯形設計，菜點陳列方式，直接影響到消費者用餐的方便程度和取食單位時間，影響到消費者的用餐情緒。餐前菜點、酒水服務及餐具的充足準備爲自助餐的順利有序進行提供物質保證。自助餐開餐結束，餐後剩餘食品及時妥善收藏，是節省自助餐成本的有效做法；餐後保溫鍋、裝飾品及其他餐具及時分類有效管理，又爲下次自助餐的順利進行創造了條件。自助餐餐前準備工作和餐後收拾工作工作量大，一整套設備、用具的陳列與收管、一大批菜點食品的裝盤出品與分類回收，所有加熱菜點的保溫處理等等，比起普通單點和宴會，工作量增加不說，其對開餐期間的保障作用也是至關重要的。

完善自助餐經營

審視分析自助餐經營，其優點，尤其是在符合現代消費者生活節奏，更加注重人本消費方面的優勢十分明顯。然而，由於種種原因，目前自助餐經營的效果，也不盡如人意，因此，理順思路，科學經營，使自助餐更加成爲廣大消費者喜愛、更多飯店熱衷的經營用餐方式，應成爲當今不可迴避的重要課題。

自助餐經營現狀

應該講高級飯店自助餐經營狀況還是好的。比如南京金陵飯店三十六層旋宮中西合璧自助餐，菜點品質精良，用餐亦可觀光，每餐都賓客盈門；北京麗都假日酒店一樓咖啡廳適時變換主題的自助餐，隨著菜點及裝飾風格的不斷翻新，生意也一直興旺。然而，也有相當一部分賓館飯店的自助餐，令消費者望而卻步，越來越不敢恭維，主要表現有：

菜點陳舊

自助餐菜點，無論冷菜、熱菜，還是點心，天天「千篇一律」。早餐自助餐，連續住店二、三天的客人見了自助餐檯食品就胃口大減，無法吃飽。連續住店開會享用午、晚正餐自助餐的客人，第一、二天過後，再到餐檯取食也多緊皺眉頭，很難找到可口的菜點。陳舊的自助餐菜點，久而久之，給消費者的感覺自助餐就應該，也只能供應那些菜點，自助餐的吸引力很受影響。

出品品質不高

自助餐出品品質原本就難以控制，出品在餐檯上時間越長，品質越發下降。不僅如此，有不少飯店將自助餐菜餚交於實習廚師烹製，大廚們不加過問，因此出品不是鹹，就是淡，或是火候不足，或是過火變味，很難做到風味典型、地道純正。有些菜點，在自助餐保溫鍋內或展示盤裡被風乾，被燒焦，乾癟、枯萎，色、香、味、形、質地、溫度等品質指標無法讓消費者接受、認可。

餐檯單調

整齊、美觀的自助餐餐檯能激發客人食欲，方便客人選取食品；而有不少自助餐檯不醒目、不明亮，不講氣氛，不突出重點，沒有裝飾點綴，沒有規律可循。客人進入自助餐廳，茫然不知菜點陳列何處，更難在較短的時間內找到自己想吃的餐點。自助餐檯單調不僅體現在餐檯結構設計、食品陳列常年如一，沒有變化新意，而且在餐檯的裝飾、美化以及在菜點種類、菜點盛器上，也常常一成不變，給消費者感覺陳舊、老套，無新鮮、活潑感受。

服務隨意

有些飯店自助餐服務過於簡單，甚至就未曾有過服務消費者的概念。譬如，自助餐檯上的菜點食品無菜單，客人無法知曉菜點名稱、用料，對一些包餡的種類更是莫名其妙；一些很小、很碎的菜點，僅僅提供菜夾或小號的調羹，讓客人十分艱難地取食；一些明明是麵條，或絲類長而滑的菜點，偏偏只配勺子取食；一些湯、羹、粥類液體類菜餚、主食，只在遠離該食品的餐檯一處放置很小的口湯碗，供客人取食；餐檯保溫鍋內空空如也，久久不見出品；只提供需用手直接接觸食品的菜點，而不提供餐巾、餐紙，如此等等，自助餐廳服務過於隨便，甚至就沒有提供服務，客人用餐相當不便。

自助餐經營不善之根源

只要從事自助餐經營，都希望賓客滿門。因爲自助餐經營只有達到一定規模時，才可能收回成本，效益才會更好。然而，爲數不少飯店自助餐經營出現不了旺盛的人氣，分析形成其經營不善的根源，主要有以下幾個方面的原因：

對自助餐概念理解偏差

自助餐是設計提供消費者溫馨舒適環境、豐富可口食品，讓客人方便隨意取食的餐飲活動，切不可認爲自助餐是低等的餐飲經營方式，更不能把宴會、單點難以銷售、無法做菜的原料、成品提供給自助餐銷售。自助餐就其用餐客人身分、菜點售價（即自助餐銷售標準），以及用餐環境而言，並不比單點和宴會差，有些自助餐可能消費額更高，比如許多飯店在聖誕節前平安夜推出的聖誕自助大餐，其單個消費者用餐單價有的高達千餘元。因此，自助餐雖然可以減少人員投入、節省人力成本，但其出品、環境布置，甚至服務是不可隨意馬虎的。

片面強調節約成本

自助餐經營，強調規模效應，而有些飯店，因自助餐生意不好，就設法降低成本、減少投入。因此，自助餐餐檯布置捨不得花錢購置新的裝飾品；菜餚點心也無力創新推出新的種類；菜點原料選購貪圖便宜；菜點種類、數量力求簡化；自助餐開餐剩餘菜點，即使品質明顯不符合食用要求，也還重複登檯售賣；自助餐餐巾紙越用越小，取菜夾越用越破。諸如此類，在片面追求低成本運作思想的指導下，自助餐生產經營完全走向了惡性循環的死胡同，甚至有些客人把一些飯店的自助餐譏諷為「垃圾循環餐」。

見識有限，思路狹窄

自助餐菜點、餐檯布置設計翻新跟不上，其主要原因除了飯店資金投入有限之外，另一根本性原因是自助餐生產經營人員的見識有限，思路狹窄。有些自助餐生產經營者認為，自助餐是舶來品，應緊跟大飯店或西餐廳，一味追隨，不知創新。而更多的自助餐生產經營人員，既不滿足於既有的自助餐生產、經營格局，嫌其老氣、單調、少變，但又不知從何著手，如何改進，怎樣翻新，結果常常是問題突出明顯，辦法遲遲出不了檯，面貌總是落伍守舊。自助餐生產、經營人員忙於業務，走不出去；或即使參觀學習，不知取捨，無從借鑑；或囿於習慣，不敢突破，更無新措。

完善自助餐經營

自助餐作為先進文明的進餐方式，不能因為理解的偏差，急功近利的錯誤操作，而使其暗淡失色。針對目前現狀，要讓自助餐發揚光大要從以下幾個方面著手：

積極宣傳，正確認識，發揚自助餐的積極作用

自助餐比起傳統的單點、宴會等用餐方式，更加體現對消費者個人消費行爲的理解和尊重；對切合時代節奏、方便客人區別用餐性質靈活決定用餐時間更爲方便、可行；適應不同消費者不同營養、膳食需求，調劑平衡營養結構，也更加直觀和自主。因此，自助餐的引進和推廣，既是國人文明程度提高的產物，同時，又進一步推動社會文明的提升。然而，有些地方、有些飯店，客人不習慣於自行取食，或者暴飲暴食，糟蹋浪費自助餐食品，這些現象只有透過積極的引導、衆多客人文明用餐行爲的感召，或適當、得體的提示加以調整。正本清源的自助餐定會在其他用餐方式無以比擬的同時，在特定的場合仍將發揮無法替代的作用。

科學設計菜單，積極思維，創新制勝

自助餐比起單點、宴會等傳統用餐形式，更加容易產生氣氛，更加易於渲染、強化餐飲活動的主題特點。而這些作用的發揮，有賴於自助餐生產、經營人員打破常規，勇於創新，不必拘泥於固定格局，提供消費者常吃常新的感覺。菜品開發出新，餐檯布置翻新，服務用具換新，只要能提高用餐客人的綜合感覺效果，都可以嘗試。

準確控制成本，杜絕浪費，給消費者應有美食

自助餐只有當消費者達到一定規模飯店才划算。而要使顧客臨門，必須菜餚可口、種類豐富，價位適中，給消費者應有實惠。人力成本的節省應當是自助餐誕生的主要動機。透過科學、合理的安排，充分使用廚房勞動力，減少廚房生產人手；透過美觀、巧妙的餐檯設計，切實減少自助餐檯值檯人員和餐廳服務員工。日本東京

伊豆東銀水飯店將自助餐檯設計成“U”字形，一個值檯人員在餐檯中間巡迴服務，可以整理近二百人食用的自助餐檯。巧妙使用餐具，區別用餐進程，適時添加菜點，合理開發使用剩餘食品，可爲自助餐的低成本運作提供持久的可能。

豐富口味，控制出品品質，增加用餐客人的內在滿意度

既然是提供種類豐裕的菜點供消費者自選，就應該有多種口味的菜點，以投其所好，方便不同口味客人各取所需。口味不同，風味不同，口味更要追求典型、道地，否則很難抓住用餐客人「靈魂」。自助餐菜點品質要與單點和宴會沒有差別，有些在裝盤造型上應更加顯得整齊美觀，有氣勢，有份量；切不可將宴會、單點的下腳料、陳舊原料用於改頭換面，供應自助餐銷售。自助餐餐檯菜點應在色、香、味、形、質地、溫度等各方面感官品質指標上下功夫，因爲這些菜點是在客人對其進行色、香、形、器的鑑賞認可後，才取用的；進食的同時，客人還要對其質地、溫度、口味逐一進行進一步鑑賞，因此，稍有馬虎，會導致大量浪費。而進入自助餐保溫鍋裡面的菜點更要注意防止其脆的變軟，嫩的變老，稠的巴底，稀的煮鹹，因此，少烹勤添，確實是不可不爲的。只有當消費者飽嚐了自己想吃的餐點，稱心如意之後，客人才會滿意而去，擇日再返。

細化完善服務，寓服務於「自助」之中

自助餐在突出產品（菜點食品）自選性的同時，並不是說可以無限節省甚至消除、喪失服務。自助餐的服務，應強化方便客人、自我服務爲主。所謂方便客人，即事事時時要爲客人著想，並不以節約飯店成本、一味方便管理爲導向。比如說不設座的自助餐，店方不能一味爲擴大經營，增加單位面積用餐人數，應該在留有一定活動空間的同時，更多加考慮，客人如何方便地使用酒水飲料，是

增加酒水巡迴服務還是添置可置杯具的餐盤、餐夾，若這些都不考慮，這無疑就使自助餐成了受罪餐了。方便客人自我服務，要求店方設計、創造、提供切實可行、方便易行的簡單勞作，在用餐客人並不覺得勞累之時，還能方便自如感受美食享受。比如，引導牌、告示牌、菜單醒目齊全；自助餐食品擺放與取食路線順暢、節省；杯盤墊勺與菜點搭配配套吻合；菜點蔬果食之方便順手等等。店方為消費者考慮周到了，設計全套了，消費者自然就在方便、自如的用餐氣氛中感覺滿意，體驗成功了。

第二章

自助餐設備及用具

自助餐的經營是透過飯店員工在一定的場地使用必要的設備和用具來實現的，沒有一定的物質基礎，進行自助餐經營是不可能的。同時，設備和用具的配備必須與自助餐經營的規模、等級、風格、服務對象、市場定位相適應。現代飯店生產設備的功能齊全、價格昂貴、投資成本很高，只有正確使用，認眞維護保養，延長其使用壽命，才能節約成本，提高效率，產生經營效益。所以自助餐設備和用具的配備是否得當，管理是否完善，直接影響到自助餐的經營效果。

自助餐常用設備和用具及其特點

自助餐不同於一般的單點和宴會，它所涉及的菜系、菜餚種類、烹調方法等都比較廣泛，這就要求廚房生產設備和用具的配備齊全，不能單一。同時自助餐廳除了常用設備外還需配備自助餐專用設備和盛皿。

自助餐設備和用具，主要是由廚房生產設備及用具和餐廳設備及用具兩方面組成。

廚房生產設備和用具

廚房生產設備和用具是指：廚房工作人員在生產過程中所使用的烹調設備、加工機械、貯藏設備、生產工具以及其他配套設施，如爐灶設備、冷藏設備、各種刀具等。

廚房生產設備

1.中餐烹調灶。中餐烹調灶是用於烹調自助餐中餐菜餚最基本的設備，也是用以加熱的最主要工具。用途廣泛，適用於炒、爆、煎、燒等多種烹調方法，主要由灶架、灶頭、主火眼、長明火眼、供能源管系統、排煙系統、循環水系統和鼓風系統組成。使用的能源有：天然氣、液化氣、柴油等，此灶特點：燃燒充分、熱能利用率較高、火力容易控制、操作方便、清潔衛生，是當今較爲理想的灶具。

2.西餐烹調灶。西餐烹調灶是用於烹調自助餐西式菜餚最基本的烹調設備。現在常用的是組合型烹調灶。通常由灶眼、扒爐、炸爐、平板爐等組成，有些還附設烤爐和烤箱設備。其中灶眼的組合也是多種多樣的，有兩頭、四頭、六頭、八頭等等，灶眼又有開放式和覆蓋式兩種。主要適用於煎、燜、炸、烤、扒、煮等多種西餐烹調方法。常用能源有：電、液化氣、煤等。此灶特點：一灶多用，火力、溫度容易控制，操作方便，清潔衛生，提高工作效率等。

3.炸爐。炸爐是用於油炸烹調自助餐食品的烹調設備。廚房每天都要生產大量的油炸食品，配備炸爐，可以節約原料，保證菜餚品質，提高工作效率，所以炸爐已成爲現代廚房主要的烹調設備。主要使用能源是：電、液化氣、天然氣等。常用的炸爐有三種類型：常規油炸爐、自動型油炸爐、壓力型油炸爐。

（1）常規油炸爐。常規油炸爐結構比較簡單，主要由油炸方鍋、加熱器、時間和溫度調控器組成。

（2）自動型油炸爐。自動型油炸爐，主要是配有自動裝置和鍋底配有金屬網。金屬網與時間調控裝置或溫度調控裝置相連接，當食品炸到預定程序時，自動裝置便發出信號，或炸鍋中的金屬網會自動提起，將食品脫離熱油。

（3）壓力型油炸爐。壓力型油炸爐帶有密封鍋蓋，油炸過程中，由於原料內部水分蒸發，鍋內氣壓增加，使食品快速成熟。有些壓力型油炸爐還配有注水系統，目的是增加鍋內壓力。此爐優點：節約能源，提高效率，成品外香脆，內酥爛。

4.烤爐。烤爐又稱烤箱，從其熱能來源上可分為：電烤爐、燃氣烤爐、遠紅外爐；從其烘烤原理上又可分為：對流式烤爐和輻射式烤爐兩種。烤爐是廚房生產的重要設備，其用途廣泛，主要用於自助餐、各種點心、麵包和烤製菜餚的製作，另外還用於菜餚的保溫和加熱。主要能源是液化氣和電。下面介紹幾種常用烤爐。

（1）標準烤箱。標準烤箱通常有上下幾層，每層都有溫控器，可單獨操作，也可同時操作。主要用電和液化氣，熱源來自烤箱底部或四周。透過熱輻射烤製食品。

（2）對流式烤箱。對流式烤箱是烤箱內裝有風扇，促使熱空氣流動，使食品受熱均勻。使用對流式烤箱具有食品成熟一致，色澤均勻，速度快、效率高等優點，但要掌握好烤製溫度和時間，以免食品內部水分過分流失，使菜餚乾癟，影響口感。

（3）遠紅外爐。遠紅外爐又稱微波爐，微波爐的工作原理是在電能的作用下，磁拉管發出微波，在微波的作用下，改變食品內部水分子和油脂分子排列方向，產生熱量，從而達到烤製食品的目的，其優點是：快速方便，清潔衛生。但也有局限性：其一，只能使用微波爐專用盛器，任何金屬器皿、有色印花玻璃和瓷盤不能使用；另外，透過微波爐烤製菜餚的色澤、質地、口感不如烤箱烤製得好。

5.蒸氣設備。蒸氣設備是廚房必備的設備之一。自助餐許多菜餚和點心都是透過蒸的方法製作的，透過蒸的方法來烹製菜餚，可以保持原料內部的水分，使食品原汁原味，營養流失很少。常用的蒸氣設備有：普通蒸爐、蒸箱。

（1）普通蒸爐。普通蒸爐是以液化氣、柴油或煤爲能源，將鍋內的水燒沸，生產蒸氣，從而將蒸籠中的食物蒸熟。透過控制火力的大小來控制蒸氣的大小。主要優點是：蒸氣旺，菜餚成熟迅速。

（2）蒸箱。蒸箱是現代廚房常用的設備，是透過蒸氣管道從鍋爐房引入蒸氣將蒸箱內水燒沸，來蒸製菜餚。透過調節蒸氣閥來控制蒸氣的大小。常用的有高壓蒸箱和低壓蒸箱，高壓蒸箱門要等到箱內無壓時方能打開，以免蒸氣外溢傷人。其優點是：容量大，便於操作，清潔衛生。

6.廚房加工機械設備

（1）多功能攪拌機。多功能攪拌機與普通攪拌機相似，但其可以更換多種攪拌頭，適用攪拌原料範圍更廣，如攪拌蛋液、和麵、西點奶油、拌餡等多種用途。

（2）和麵機。和麵機是將乾麵粉加入適量的水及其他原料一同攪勻，使麵粉揉成麵團的機器。和麵機有立式、臥式多種形式，其組成、結構大致相同。和麵機既可用於和麵，又可作攪拌器作用，用於混合各種配方的麵料、餡料等。具有結構簡單、省力、效率高、操作方便等優點，是廚房點心間、包餅房必備機械設備之一。

（3）絞肉機。絞肉機是由電動機、主動齒輪軸、刀片、多孔刀板、固定旋蓋、下料盤等組成，主要是將肉類食品絞成肉糜的設備，也可用於絞碎各類蔬菜、水果、乾麵包等。使用方便、用途廣泛。

（4）蔬菜去皮機。蔬菜去皮機是專門除去帶皮蔬菜的設備。運用離心運動與物質之間的相互摩擦來達到去皮效果。常用於去削除土豆、胡蘿蔔、芋頭、生薑等脆質根、莖類蔬菜的外皮。主要由筒狀容器、主機、支架組成，並設有時間控制器和用玻璃製成的觀測窗等裝置。

(5) 切片機。切片機是中、西廚房常用的機械設備,用途廣泛,如切蔬菜、水果和各種肉類等。特別是用於切各種易散易碎的食品,更能體現它的優點。如肥牛、涮羊肉片等。用切片機切割的食品厚薄均勻,形狀整齊劃一。常用的切片機有手動式、半自動式和全自動式三種類型。切片機通常配有時間和速度控制器,可根據食品的特性來控制切割速度。採用調節裝置來控制切割食品的厚度。

(6) 鋸骨機。鋸骨機是用於切割大塊帶骨或冷凍肉類食品的機械設備。如切割火腿、帶骨豬大排、牛排等。鋸骨機主要是由支架、主機、鋸條、厚度調節裝置組成。

(7) 食品切碎機。食品切碎機能快速進行沙拉、餡料、肉類原料等切碎、攪拌處理。不鏽鋼刀在高速旋轉的同時,食物盆也在旋轉,加工效率極高。食物盆及盆蓋均可拆卸,便於清洗,該機在灌腸餡料、漢堡包料、各式點心餡料的加工攪拌方面十分便利。

(8) 擀麵機。擀麵機又稱壓麵機。擀麵機是用於水麵團、油酥麵團等雙向反覆擀製達到一定薄度要求的專用機械設備,具有擀製麵皮厚薄均勻,成型標準,操作簡便,省工省力,功效高等特點。

7.冷藏設備。冷藏設備是餐館經營與廚房生產不可缺少的設施。配備冷藏設備的目的是爲了調節烹飪原料的供給,緩解烹飪食品原料採購、供應與原料使用之間的矛盾,確保廚房進行正常有序生產,控制食品原料達到應有的新鮮度,從而提高和保證自助餐產品品質,最大限度地減少烹飪原料在生產過程中因得不到及時冷凍冷藏,致使變味腐敗而造成成本的增加。冷藏設備主要包括:冷藏保鮮庫和冷凍保藏庫兩部分。

（1）冷藏保鮮庫。一般用於保藏蔬菜、瓜果、豆製品、蛋乳及其製品，一般溫度控制在0～10℃。

（2）冷凍保藏庫。通常用以存放批量購進而陸續使用的冰凍原料，溫度一般在－18～23℃。冷凍保藏庫應該是不間斷供電，庫內溫度保持穩定，若溫度忽高忽低，造成原料溶化再結冰，如此反覆，其品質將受影響。

8.其他設備。廚房除配備主要生產設備外，必須根據廚房的結構、規模的大小，配備其他設備和設施，如餃子成形機、洗米機、各類貨架、滅蠅燈、紫外線燈、通風設備等。

廚房生產用具

1.爐灶用具

（1）鍋。鍋是烹調中不可缺少的用具。從其外形分為：中凹形和平底兩種；從製作材料可分為：生鐵鍋、鐵皮鍋、不鏽鋼鍋三種。生鐵鍋是以生鐵鑄造，受熱均勻，但易生鏽，容易損壞；鐵皮鍋是用鐵皮壓製而成，較輕、散熱快，易洗刷；不鏽鋼鍋是用合金材料製成，傳熱快、不生鏽。

（2）高壓鍋。高壓鍋是由特殊的耐壓合金材料製成。由鍋身、密封鍋蓋、安全閥、易熔塞、密封膠圈、手柄等部件組成。主要用於燉製質地較老的食物。其優點是成熟時間快、節約能源。

（3）炒勺。炒勺又叫炒瓢。用熟鐵製成，有單柄和雙耳兩種，鍋體較深，是烹製少量菜餚常用的工具。

（4）手勺。手勺以熟鐵或不鏽鋼製成，配有長柄，用於烹調時攪拌鍋中食品和裝盤的工具，同時，可用於加調味品，也可作為一種量具。

（5）鍋鏟。鍋鏟一般用不鏽鋼、熟鐵或鋁製成，大小各異。大鍋鏟用於炒大鍋菜時翻撥原料，小鍋鏟用於翻撥易散易碎的菜餚，如炒魚絲、炒魚片等。

（6）漏勺。用於漏油、漏水，或從油鍋或湯鍋中撈取食物的工具。

（7）笊籬。笊籬一般用鐵絲或銅絲製，用途與漏勺大致相同。但其體輕，使用時快而方便。

（8）網篩。網篩是用細銅絲或不鏽鋼絲編織而成，主要用於過濾湯汁、含有雜質的油和液體調料等。

（9）鐵鉤。鐵鉤是熟鐵製成。用於從油鍋或湯鍋中勾取食物，或用來懸掛食物。

（10）調料盆。調料盆是用不鏽鋼製成的用於盛放調料的容器。

（11）鐵筷。鐵筷是用於劃油時劃散原料的工具，也可用於炸餚時，使菜餚在鍋中定型，如製作菊花魚、松鼠魚等。

（12）蒸盤。蒸盤是用不鏽鋼製，規格多樣，用於蒸製菜餚時，盛放食物。

（13）油盆。放於爐灶上，用於盛油的盆。

2.刀具

（1）切刀。切刀用精鋼鐵或不鏽鋼製成。長方形，刀口鋒利，結實耐用，刀前面用於切肉類；刀後面用於斬質地稍硬的原料，如雞、鴨、魚等。

（2）片刀。片刀是用精鋼鐵製成，刀身長而窄，輕而薄，用於劈切精細原料，自助餐餐廳片皮烤鴨、片烤乳豬均可使用此刀。

（3）砍刀。砍刀是用精鋼鐵或不鏽鋼製成。刀身重而厚，用於砍切堅硬帶骨肉類。

（4）剔骨刀。剔骨刀是用精鋼鐵製成，刀身窄，前端呈尖裝，用於剔骨。

（5）削皮刀。削皮刀是用不鏽鋼製成。刀身短，主要用於削去水果、蔬菜的外皮。

（6）雕刻刀。雕刻刀大小不一，形狀多樣。主要用於花卉、鳥獸等食品雕刻。

3.麵點用具

（1）麵案。麵案下面有支架，檯面是木板製成，用於麵點操作。

（2）擀麵杖。擀 麵杖中間粗，兩頭細，形似橄欖，用來擀水餃、蒸餃、鍋貼等麵皮。

（3）通心槌。通心槌由兩棍木棍組成。用於擀花邊的麵皮。

（4）尺板。用於包餃子時打餡用。

（5）模具。模具內一般帶有各種圖案。用於製作點心或月餅時使用。

（6）油刷。用於刷油、蛋液或其他液體。

（7）烤盤。用於盛放烤製麵點的鐵盤。

（8）轉刀。用於麵點修邊的刀具。

（9）花鉗。鉗花用的金屬片。

4.測量用具

（1）磅秤。用於稱各種原料的重量。

（2）天秤。調製調味汁時，用於稱各種調料，精確度高。

（3）量杯。測量各種液體，或粉末狀的調料。

餐廳設備及用品

餐廳設備

自助餐餐廳的設備包括：各類家具、電器設備、盛器、保溫設備、花草裝飾品等，這些設備、設施是保證餐廳正常營業的必需物質條件。

1.家具

自助餐餐廳家具主要指餐桌、餐椅、酒櫃、茶几、沙發、盛放菜品的展檯等。通常是以木材和不鏽鋼製成。

(1) 餐桌。現在常用的餐桌是由木質檯面和不鏽鋼支架組成，高度通常在72～76cm之間。可以折疊，存放可節約空間、搬運方便。從外形上可分為圓形桌、正方桌、長方桌、橢圓桌、弧形桌，自助餐菜品展通常用正方、長方桌和弧形桌的組合而拼設的異形台。如“一”字檯、“U”字檯、“T”字檯、“I”字檯等。

(2) 餐椅。根據餐廳內裝飾、經營方式、經營等次和風格，餐廳通常採用多種類型的椅子，一般有木椅、鋼木結構椅、扶手椅、藤椅等，另外還必須配備幾張兒童椅、殘疾人椅、沙發。

(3) 工作檯。工作檯是服務員在開餐時為顧客提供服務的基本設施，是餐廳家具中重要的組成部分，工作檯上面是平檯，平檯下配有抽屜用於盛放刀、叉、湯匙、筷子等小型餐具；抽屜下面是櫃子，用於盛放小湯碗、骨碟、各種布件等。

(4) 酒吧檯。酒吧檯用於陳列餐廳銷售酒水、飲料等設施，通常設於餐廳一角，一般採用木板或玻璃來隔成大小不一的層次，頂上配有射燈。酒吧檯一般配備各式酒杯、飲料杯、榨汁機、冰桶、冰夾、開瓶器、調製雞尾酒用具等。

(5) 迎賓檯、簽到檯、指示牌、致詞檯。迎賓檯通常設在餐廳門口的一側，其高度到迎賓員肘部為宜，檯面光滑、水平或略傾斜。檯上放置工作日記和客情資料、電話、筆、菜單、餐廳宣傳資料等。簽到檯一般設在餐廳入口處，旁邊配有椅子、桌面舖設檯布，桌邊圍上桌裙，上面擺放簽到簿、筆和文具用品，簽到檯上有為單位慶典等舉辦的專題、專場自助餐時才設立。指示牌是飯店承辦某些大型活動的告示和指南。指示牌上應標明活動舉辦地點、時間、餐廳平面示意圖、檯形桌號、賓主的座次安排和入席線路等，一般在預定時間前半小時，由服務員放在餐廳門口與賓客到來方向相對的一側或賓客需要的位置。致詞檯，設置於餐廳的前面，上面備有插花、麥克風，放置於主席檯或主賓席的一側，用於賓主雙方相互致詞。

2.餐廳服務車

（1）運菜車。運菜車是將自助餐菜點從廚房運送到餐廳展品的工具。一般上下有幾層。

（2）烈酒車。烈酒車相當於餐廳內的流動小酒吧，主要用來陳列和銷售開胃酒、各種烈性酒、葡萄酒等，配有相應的酒杯和冰塊。

（3）現場操作車。現場操作車是廚師在餐廳現場製作菜餚的設備，一般配有爐頭、砧板、刀具、調味品盆等。一般以液化氣或天然氣為燃料。

餐廳電器設備

餐廳配備電器設備不但降低勞動力成本，提高工作效率，而且使餐飲服務更加規範化、程序化、標準化，提升了餐廳的等級。常用電器設備有：

1.冰箱。餐廳內冰箱門一般採用透明的玻璃或塑料製成，溫度控制在0°～10℃之間，用於存放酒水、飲料、鮮果汁等。

2.製冰機。製冰機用於製取冰塊的電器設備。

3.空調。空調是用於調節餐廳內溫度的電器設備。一般根據餐廳大小來選擇，使用中央空調或櫃機。

4.洗碗機。餐廳應根據餐位的數量來選擇不同規格型號的洗碗機，常用的洗碗機的類型有：台式洗碗機、門式洗碗機、傳送帶式洗碗機、飛行式洗碗機。

5.其他電器設備。餐廳常用的其他電器設備有：開水爐、電熱毛巾爐、消毒爐、吸塵器、咖啡機等。

餐廳用品

1.陶瓷餐具

瓷器種類繁多，一般可分爲普通瓷器、強化瓷、骨瓷三種，每種各有特點，見**表2-1**。

自助餐常用陶具有：平盤（取菜盤）、骨碟、大圓盤、大腰盤、長方盤、高腳盤、口湯盤、飯碗、小湯勺，調味碟、醬油壺、醋壺、調羹、調羹墊、筷架、茶杯、咖啡杯、煙灰缸、花瓶、茶壺、燉盅、砂鍋、各種異形盤（又叫象形盤，如樹葉形、甲魚形、螃蟹形用來盛裝相對應的原料做成的菜餚）。

表2-1　瓷器種類及特點

種類 / 特點 / 類別	普通瓷器	強化瓷	骨瓷
色　彩	白中帶灰	純白	奶白而通透
釉　彩	素　淡	素淡	鮮豔
厚　度	最　厚	中等	最薄
純　度	容易碎裂	堅固耐用	不易碎裂

2.玻璃器皿

玻璃分有：化學玻璃、有色玻璃、不透明玻璃、石英玻璃、含氧化鋁，玻璃器皿的優點是價格便宜，但缺點是清洗時易撞碎。

自助餐常用有：各燈酒杯、水杯、花瓶、煙灰缸等。

3.金屬餐具

（1）保溫爐是自助餐陳列菜品通常採用不鏽鋼保溫裝置。由不鏽鋼餐架、水槽、鍋心、鍋蓋等組成。並以石醋、酒精、電為能源，透過點燃，石醋或酒精燒開水槽中的水，從而達到鍋心中盛放菜品的保溫。保溫爐的大小不一，配備時根據自助餐用餐人數來確定，同時，保溫爐形式多樣，有長方形、正方形、圓形等。

（2）銀餐具。銀餐具屬貴重餐具，一般用於高級的自助餐，銀餐具分為純銀餐具和鍍銀餐具兩種，一般以鍍銀餐具為主，有圓形盤、長方形盤，主要用於盛放自助餐的水果拼盤、西式點心、冷菜花盤等。

（3）其他金屬餐具。其他金屬餐具有：各種服務刀具、叉、冰夾、食品夾、開瓶器、酒桶架等。

（4）布料。自助餐餐廳常用的布件有：檯布、檯布墊、桌裙等。

（5）檯布。檯布的大小由餐桌而定，如正方形檯布四邊垂下部分的長度以20～30cm為宜；檯布的圖案和顏色根據餐廳經營的風格，季節來配備；如冬季採用暖色檯布，夏季採用冷色檯布，自助餐餐廳常用的檯布尺寸有：

180cm×180cm	可供4～6人餐桌使用
220cm×220cm	可供8～10人餐桌使用
240cm×240cm	可供12人餐桌使用
260cm×260cm	可供14～16人餐桌使用
180cm×360cm	用於自助餐菜品展檯使用

（6）檯布墊。檯布墊又稱檯呢，一般採用法蘭絨製作，舖在自助餐展檯檯布下面，可使桌面顯得柔軟，可延長檯布的使用壽命，減輕銀器等貴重器皿直接與檯面的碰撞和摩擦。

（7）桌裙。桌裙在高級的自助餐使用，用於餐桌、菜品展示檯，桌裙款式風格各異，裙褶主要有：波浪形、手風琴形和盒形。圍設桌裙的方法是：在餐桌或菜品展示檯上舖好檯布後，沿檯形桌子的邊緣按順時針方向將桌裙用大頭針或揿鈕式夾固定即可。

（8）其他布件。自助餐餐廳使用的其他布件有：小毛巾、餐巾、圍巾、椅套、衣套等。

4.其他用品。自助餐餐廳菜品展檯上常用一些竹器、藤器作餐具來盛放食品，所謂竹器、藤器是將竹器、藤條經過加工、消毒後，編製成的器皿。製作工藝比較精細、形狀各異，在竹器、藤器上舖上花皺後可盛放水果、油炸食品、糕點等。

另外，自助餐菜品展檯的中間常放置裝飾品，一般採用新鮮花草、冰雕、黃油雕、食品整雕、零雕整裝等，美化餐廳來烘托氣氛。

自助餐設備及用具的選配原則

設備及用具的選配是自助餐經營之前首先應考慮的一項工作，設備及用具是飯店硬體的一項組成部分，直接體現飯店等級和形象。選配好設備及用具不僅能提高飯店的產品品質和服務品質，而且可以提高工作效率，節省人力和能源。

廚房設備及用具選配原則

符合菜品製作的需求

自助餐的經營過程中，涉及的菜餚以及烹調方法較多，菜單沒有固定的格式，一般根據季節、顧客的消費層次和年齡層次，另外還根據各個地域顧客的飲食習慣而制定菜品，而各種菜品的製作都依賴於設備和用具，應儘量選配組合型設備，一機多用，便於操作，節約成本、能源和空間。因此，菜品製作是設備和用具選配的最基本要素。

考慮到使用成本因素

廚房設備和用具的選配不只局限於採購成本，還包括安裝、維修、保養等其他費用。貪圖便宜，選配價格較低的設備，經常發生故障，造成維護和保養費較高，這樣使用成本即相對提高；相反，一些價格較高的設備結實、耐用，節省人力、能源，工作效率提高了，使用成本就低。

飯店在評估廚房設備時，常採用下面的公式：

$$H=\frac{L(A+B)}{C+L(D+E+F)-G}$$

其中L＝規定的使用年限

A＝設備每年節省的人工費

B＝設備每年節省的能源費

C＝設備的價格和安裝費

D＝設備每年使用的費用

E＝設備每年需要的維修費

F＝如果將存入銀行或做他用而產生每年的收益

G＝設備報廢後產生的經濟價值

H＝設備的經濟效益值

當H＝1時，說明設備節省的人工和能源費用等於設備的全部投資費用。

當H≦1時，說明設備節省的人工和能源費用超過設備的全部投資費用。

當H≧1.5時，說明設備有很高的經濟價值。

有計畫性

廚房生產設備和用具價格較昂貴，選配一些不適用或根本不用的設備，浪費財力，浪費能源。應選配必備的設備，然後根據經營情況選配其他適用或有用的設備。

符合安全與衛生的要求

安全與衛生是廚房設備和用具選配的主要因素之一。設備必須配有安全裝置；所有電動設備應配備防護裝置；設備的邊、角，都應經過磨邊處理，以防安全事故的發生。廚房設備和用具，整體應當平整，光滑，無裂縫，便於清洗。

餐廳設備及用品選配原則

根據自助餐的等級和消費水平來選配

自助餐的等級有高級、中級、較低等級三種，主要透過消費價格來區分，不同消費等級應配備不同的設備及用品，如高級的自助餐應配備地毯、高級家具、桌裙、銀餐具和各類裝飾品等讓顧客感到物有所值，而消費價格較低的自助餐配備高級的設備，就會增加經營成本，直接影響到經濟效益。

根據菜點來選配

自助餐的菜點通常有冷菜、熱菜、點心、湯羹、甜品等，而每道菜點必須採用與其相應的盛器來盛放，如冷菜就不用保溫裝置，而熱菜必須配有保溫裝置，高級的菜點採用高級的盛器，產生錦上添花的作用。

以顧客舒適、方便顧客爲原則

顧客進入餐廳的第一印象是餐廳的設計、裝飾、設備及用品的布置、顏色、造型等，視覺感受的好壞直接影響到顧客的用餐情緒。現在全家消費的較多，餐廳應適當配備一些兒童椅、殘疾人椅，這樣產生方便顧客，給顧客留下好的印象。因此，設備和用品的選配應以顧客舒適、方便顧客爲第一宗旨。

應考慮成本因素

自助餐餐廳設備及用品使用頻率較高，容易損壞，因此在選配不能只圖便宜或外表，而不管品質好壞，有些設備雖然外表美觀但華而不實，易損失而不易維修，浪費資金，因此選配在考慮到價格和外表的同時，更應考慮到是否耐用，是否容易維修，避免浪費人力、物力、財力。

具有超前性

隨著經濟的發展，顧客對餐飲服務的要求越來越高，現在流行的設備及用品也許過一年就被淘汰，所以在選配時要有一定的遠見，確保具有長久的適用性，儘量實現其最大的價值。

自助餐設備用具的保養

自助餐設備用具除了正確的選配外，還應認眞的保養和管理，只知道使用而不保養，結果嚴重影響自助餐的正常經營，造成浪費，增加飯店的經營成本；只有認眞的保養和管理，才能保持設備用具良好的性能和工作精度，延長使用壽命，提高使用效率，降低使用成本，增加飯店利潤，爲飯店的優質服務創造條件，爲飯店創造良好的經濟效益。

廚房主要設備用具的保養

爐灶的保養

每天清洗灶檯、火頭、油煙罩上的油污，保持清潔，檢查煤氣噴頭、閥門、點火裝置，看是否漏氣或鬆動，發現問題，及時報修。

油炸爐的保養

每天清潔油炸爐內外油污，保持其光亮清潔，定期檢查，油炸爐上的線路和溫控器，以及排油管裝置。

烤箱的保養

每天清潔烤箱內外，保持乾淨，經常檢查烤箱電線是否老化，門是否關閉嚴實，定期對鼓風裝置和電動機清潔和上潤滑油。

蒸箱的保養

每天清洗蒸箱內的隔層，檢查減壓閥，經常檢修蒸氣管道，看是否通暢，定期清除蒸箱內的水垢。

攪拌機的保養

每天清洗攪拌機的盛料桶，經常檢查插頭和線路系統，定期檢修升降裝置，皮帶的鬆緊，給齒輪、電動機上油。

蔬菜去皮機的保養

每天清洗盛料桶，定期檢修電線、傳送帶、計時器和研磨盤。

切片機的保養

每天清洗刀片和防護裝置，定期給滑桿和其他機械上潤滑油。

擀麵機的保養

每天洗淨機械上的碎料，定期給機械上潤滑油。

刀具的保養

刀用完以後必須用潔布擦乾水分和污物，特別是切完含酸性的物質，因爲酸性物質黏在刀上會使刀氧化變黑生鏽。每天刀用完後必須掛在刀架上，刀刃不可碰在硬的東西上，避免刀刃損傷。長期不用的刀，應在刀上塗抹一層油，用乾布包好，放入刀櫃中。

菜墩的保養

新買的菜墩應先浸在鹽水中，使菜墩的木質收縮而更結實耐用，每天工作結束後應將菜墩表面刮淨、洗淨、晾乾，用潔布或菜墩罩罩好，在使用中經常轉動墩位，使菜墩表面各處均勻使用，儘量延緩墩面凹凸不平現象的產生，菜墩應定期用鐵刨刨平，經常放入沸水中煮，或放入蒸箱中蒸，除去菜墩上的細菌。菜墩切忌在太陽下曝曬，以防乾裂。

餐廳主要設備用品的保養

家具的保養

1.家具必須輕拿輕放。搬運比較重的家具時，不要在地上硬拉硬拖，避免碰撞牆壁、牆角、門框等，防止碰壞家具表面的油漆，自助餐檯型由於經常進行有主題性的調整，故家具搬動也是經常發生的，務必注意保養。

2.家具必須定期上光打蠟。所謂打蠟是，先將家具上灰塵抹去，然後塗上白蠟，用柔軟的潔布反覆擦拭，保持家具色澤光亮。

3.家具必須防潮與防曬。發現家具上有水漬時，要及時用乾布擦去，切忌用濕布擦洗家具，因爲家具受潮會膨脹和發霉。家具常放在太陽下曝曬會收縮、變形、開裂。

服務車的保養

經常用抹布擦去服務車上的灰塵和污漬，保持清潔，裝運菜品時，速度要控制好，故一次性不能裝過重的物品，避免將車翻倒。定期給車輪上潤滑油。

冰箱的保養

1.冰箱要立式搬動，冰箱需要挪動地方時，應先拔下插頭，搬動時傾斜度不得超過45°。

2.冰箱門開關儘量少而快。

3.冰箱應放置在通風的地方，其後離牆的距離要超過五十釐米。

4.定期擦洗冰箱裡外，保持乾淨，擦洗時先切斷電源，取出酒水、飲料，擦洗時使用中性洗滌劑或溫水，最後用乾布擦乾水漬。

洗碗機的保養

1.每天工作結束後，將水箱裡的污水放掉，用肥皂液和清水洗淨洗碗機內壁，將拆除的配件安放回原位，將排水閥關上。

2.洗碗機在使用時，要經常檢查過濾網和噴嘴是否堵塞，發現堵塞及時清理垃圾，保證洗滌液循環暢通。

3.經常檢查機內的配件是否損壞，溫度是否穩定，使用時有無異音、異味等，一旦發現問題及時報修。

陶瓷器皿的保養

陶瓷器皿每次使用完畢要洗淨消毒，用潔布擦水漬，然後分類整齊放在碗櫥內，防止灰塵污染。搬運時動作要輕，避免相互碰撞損壞，破損的陶瓷器皿不能使用，應及時報損。

玻璃器皿的保養

玻璃器皿要經常清點，妥善保管。每次使用後，選用溫水泡去酒味，然後洗滌消毒，最後用消毒布擦乾水漬，保持杯子透明光亮，擦淨後的杯子都要扣在托盤內，依次排列。存放應根據杯子的大小放入不同規格型號格子或塑料格子裡，避免相互碰撞以致破裂，切不可使用破損的玻璃器皿。

銀器的保養

銀器是自助餐的貴重餐具，必須認眞保養，實現其價値。

銀器受損的主要原因有：一、接觸高溫使表面受損；二、受到硬物碰撞留下的痕跡；三、清潔時，因使用金屬刷或鐵絲球，使表面留下刮痕；四、接觸酸性物品或其他化合物品使其表面留下斑跡。

銀器的保養必須注意以下幾個方面：一、保養的設備和清潔劑必須優良；二、必須由專門的技術人員來保養；三、每年必須進行三至四次拋光處理。

銀器使用越頻繁越光亮，正常的洗滌可和其他餐具一樣放入洗碗機裡去洗。

銀器拋光的目的是：去除表面的氧化物和污跡，恢復其光澤。先進行脫氧去污處理：先將銀器泡在以碳酸鈉為主的化學溶液中，加溫至80℃，泡的時間要短，一般不超過三分鐘（時間過長，銀器表面將失去光澤）。然後放入帶有洗滌液和細鋼球的拋光機中，透過細鋼球反覆摩擦銀器表面，使其光亮如新。注意一般帶有雕花、形狀不規則或易變形的銀器不能使用拋光機來拋光，只能用手工來拋光。

保溫爐的保養

每天工作結束後，必須將鍋心中的剩菜倒下，洗淨上面的油污以及清洗保溫爐內外，特別是保溫爐底面的黑煙必須擦洗乾淨，盛放開水的水槽經常會結水垢，必須及時清除。

布件的保養

每天拆下來的布件，如檯布、餐巾布、桌裙，必須抖乾淨上面的殘羹雜物，及時送到洗衣房清洗，切忌堆在一起，發出異味，損壞布件，污染環境，乾淨的布件應放入服務櫃裡，關好櫃門，以防蟲鼠咬破，地毯每天用吸塵器吸去灰塵、碎紙屑，定期清洗。

第三章

自助餐計畫制定與菜單設計

自助餐計畫制定，是自助餐經營管理高效有序成功生產、經營的前期必要工作，計畫越是切實可行、明確具體，自助餐生產、經營就越會順利、完美。菜單設計是對自助餐生產、服務帶有指導性的工作，其對消費者的滿意程度、對成本構成、生產服務效率等等均有直接影響。自助餐計畫制定與菜單設計既相對獨立，自成體系，又互相依存，互為影響，這兩項工作的開展不應割裂進行。

自助餐計畫的意義與種類

自助餐計畫是餐飲計畫管理的必要組成部分，同時，計畫也是自助餐經營管理成功的必要前提，其計畫的可行性和周密程度在自助餐的生產經營活動中，將得到明顯的正比例效應驗證。

自助餐計畫的意義

自助餐行動綱領

自助餐固然是正常餐飲生產經營活動的一部分，然而無論是常規經營的自助餐，還是為某單位或某項活動特別組織舉辦的自助餐，都應該有詳細、周密的計畫。這些計畫正是將自助餐生產涉及的菜單品種制定、原料採購落實、餐檯布置形式，以及經營收款方式等事項進行系統的組織和職責界定。自助餐的經營促銷，以及翻新完善的整體方案，也有賴自助餐計畫的先導作用，因此，計畫工作是自助餐生產經營活動必不可少的行動綱領與指南。

可有效減少工作的盲目性

自助餐計畫先行，可以提綱挈領、系統有序安排相關工作，從而減少原料及生產、服務組織的盲目性。尤其是開餐前的檯型設計、餐位擺放、食品陳列，計畫性越強，勞動浪費越小，工作效率越高。

可以避免和防止工作失誤

周密、詳細的自助餐工作計畫，不僅使各部門、各單位工作有方向、有標準，同時也促使各作業點按時、自覺完成本職工作，切實杜絕和防止工作遺漏，減少開餐期間的混亂。尤其是一些針對某單位特別規劃安排的自助餐，其工作計畫更可以使主題突出、氣氛活躍、用餐程序井然。各部門、各時段均嚴格按時完成計畫，自助餐效果將使賓主如願以償。

更方便相關部門協調作業

常規經營自助餐的餐廳，一段時間要進行一定主題或風格的調整；針對其活動特別舉辦的自助餐，其準備及生產、服務工作更顯繁複和緊迫。因此，自助餐的順利進行，與非餐飲部門的協調運作是司空見慣的，而相關部門有效協調運作的前提，是自助餐詳細的組織、布置、實施計畫，其計畫操作性越強、目的性越明確、任務越具體，協調作業的效果就越好。

分析自助餐計畫，有利調整完善自助餐經營管理

自助餐計畫既是自助餐生產、服務、經營活動的行動綱領，同時又是分析、總結自助餐組織經營情況的依據。

有些飯店自助餐出品陳舊，餐檯老套，服務單調，經營低迷，究其根本原因，一是沒有認眞分析、研究自助餐經營現狀，再則自助餐生產經營可能缺乏系統計畫，因此要進行有針對性的研究、改進，事實上也是很困難的。若要提高自助餐經營效果，則必須從制定自助餐計畫著手，並全程進行追蹤、評估，繼而在分析成敗得失

的基礎上，修訂下一輪、下一次自助餐計畫，才可能使自助餐生產經營日臻完善。

自助餐計畫的種類

自助餐生產經營管理，既要做長、中期計畫，又要做單一活動的短期計畫；既要做人力資源開發、管理計畫，又要做財務物資方面組織、管理計畫。

自助餐經營預算計畫

該計畫主要用於長期、固定從事自助餐經營的廚房和餐廳。通常根據往常經營歷史資料預測未來經營趨勢，結合分析成本、上座率以及各種固定和變動成本等因素，編制自助餐經營收入以及成本數額和相關比率，用以檢查和考核平時經營業績。該計畫務求細緻、全面，並由餐飲、財務、採購等相關部門，反覆協調研究制定。計畫目標，應帶有激勵性、超前性和可行性，以激勵員工爲企業創造更高效益。

自助餐組織接待經營計畫

該計畫是飯店爲某項專題自助餐，或爲接待承辦某單位專場自助餐制定的計畫，比如飯店聖誕節推出的大型自助餐、爲某公司慶典主辦的自助餐等。此類計畫，是成功主辦專題或專場自助餐必要的基礎管理工作。該計畫制定是在充分分析研究自助餐的名稱、性質、消費標準的基礎上，制定包括檯型設計、菜品選擇、人員安排、氣氛營造、主題宣傳、安全保衛以及演出司儀程序控制等等所有相關項目內容在內的綜合型計畫。因此，制定計畫通常由酒店總經理主持，參與部門包括營銷、餐飲、採購、工程、財務，計畫除有明確的任務要求、責任部門及負責人外，還有完成任務的標準和嚴格的完成時間。

自助餐菜點創新計畫

菜點創新是餐飲業常修、必修之課。自助餐要成爲客人經久不衰的用餐方式，就必須有目的、有計畫地開展菜點創新競技、生產及推廣活動。自助餐的菜點創新，可以採取引進的方式，到其他地區學習菜點製作或聘請外地廚師來進行操作生產，比如成都酒店自助餐廳請廣州廚師生產菜點銷售；北京酒店自助餐廳請印度廚師抵店進行甩餅生產、表演、經營；杭州飯店請山西麵點師在自助餐廳進行現場刀削麵、拉麵製作表演等。這種方式翻新菜點，比較容易推出，而且也更易於爲客人認同，但成本花費較大。自助餐菜點更多情況下採取的是飯店廚房內部組織技術創新。這種技術創新，則要根據其經營業務狀況，提前制定創新計畫。全年可有計畫地組織幾次大規模的競技創新，每次創新活動之前更要制定詳細的實施計畫，計畫應包括創新菜點的原料要求、製作時間、品種範圍、參加對象、評分標準。創新菜點的實用及推廣性是自助餐菜點創新的重要指標，把握菜點發展方向同樣也是不可忽視的。創新菜點品質的評判、認定，應有專業技術權威和自助餐消費者代表組成，以保證新品菜點在食用價值大的前提下，更能滿足本店自助餐消費市場的需要。自助餐菜點創新，除了引進技術推出新品菜點、飯店自身組織力量創新菜點之外，還可以採取翻新調整菜點組合，給消費者以新穎感受。常規經營的自助餐，無論是早餐還是午、晚正餐，都應有嚴格的菜單變換計畫，及時調整出品及組合，確保給經常光顧自助餐的客人以常吃常新之感。

自助餐經營分析計畫

自助餐經營一段時間以後，爲分析經營效益，找出成敗得失，以便及時調整策略，完善、擴大經營，必須進行相應的經營分析。

要使經營分析效率、準確，達到預期目的，在分析之前，必須做出相應分析計畫。計畫包括自助餐分析的相關材料，即經營時段、該時段內經營報告、成本狀況、用餐人數、客人反應、菜點變化情況；同等級酒店自助餐經營狀況，同類餐廳經營表現；社會餐飲發展、變化走勢等。分析步驟，通常由餐飲部門自述經營狀況，財務部門報告效益成本分析狀況，營銷部門通報相關單位、市場調查報告，分析會議主持人啓發引導與會人員探討完善經營技巧辦法，並總結分析結論，布置下階段各部門工作。相關事項形成決議，以便督導執行。

自助餐成本控制計畫

大多數情況下，自助餐是中、低等級餐飲經營方式，成本控制不好，客人將很難有物有所值的感受。因此，對自助餐生產經營定期進行成本分析、控制是必不可少的管理工作。自助餐成本控制計畫，實際是指在逐日進行的自助餐成本計核控制的基礎上，定期進行的成本分析、控制計畫。成本控制雖是將一段時期以來，成本發生情況加以回顧、總結、分析、對照，對於成本預算發生偏差的原因加以分析、探討，透過對自助餐菜單及其菜點結構、原料採購、驗收、廚房加工生產、餐廳燃料、餐具的投入和損耗，以及出品及食用率等因素的系統分析，力求準確控制成本，確保消費者滿意，飯店收益。自助餐成本控制計畫的制定和執行部門主要是財務成本控制組，廚房、餐廳、採購和驗貨部門。

自助餐設備、用具維護保養計畫

自助餐設備、用具是自助餐固定成本的重要組成部分，也是營造自助餐整齊、美觀形象、方便客人用餐的重要載體，因此，對自助餐設備、用具加以計畫保養管理是十分必要和積極有益的。自助餐設備用具，可以區分其性質、使用壽命、牢固程度，以及流失、控制情況制定不同的維護、保養計畫。比如保溫爐具、菜點陳列的鏡盤、銀盤、取菜夾、勺，現場烹製爐、車，布置餐檯的用品、用具等，都應有整理、檢修、刨光等保養計畫。該計畫可參照**表3-1**制定。

表3-1　自助餐設備、用具維護保養計畫表

品名	保養方法	保養週期	責任人	注意事項	完成情況說明

自助餐設備、用具維護、保養計畫的執行情況，即每次維護、保養結束，應有專人負責檢查，並記錄備案。

自助餐員工培訓計畫

自助餐員工的繼續培訓，是提高自身及整體素質，不斷提高、完善出品品質、餐檯布置效果和服務品質的根本保證。自助餐員工培訓，大致可分兩部分進行，一部分是廚房生產人員培訓，以翻新菜點，提高出品品質與及時性爲主；另一部分是餐廳服務人員培訓，以翻新餐檯設計，分析消費者心理、改進服務、提高服務品質爲主。其計畫的制定，亦可參照**表3-2**。

表3-2　自助餐廳服務人員培訓計畫表

日期	時間	培訓目的	培訓內容	培訓人	受訓人	培訓用具	培訓場地	考核方式

自助餐員工培訓計畫，要圍繞全年生產經營目標，結合品質檢查情況進行。在針對薄弱環節補強的同時，更要重視對新推產品及相關知識和銷售技巧的培訓。每次培訓，不必貪多求全，應集中精力，解決具體問題，以注重實效爲主。

自助餐計畫制定的要求

無論是制定長期的自助餐經營促銷計畫，還是固定週期的翻新調整計畫，或者專門制定單一主題的自助餐生產、服務計畫，其內容都應該明確該項計畫的目的、動機是什麼？該項計畫有哪些工作要做？由哪個部門、哪些人來完成？怎麼做，如何實施？何時完成？具體地講，自助餐計畫應該達到以下要求：

明確具體

自助餐計畫，必須直截了當、十分確切地提出各項工作的責任部門、責任人、完成時間及效果要求。比如某酒店籌辦海鮮自助餐，在制定海鮮自助餐計畫時，就應該規定採購部門，在自助餐推出之前，根據菜單原料品種要求，組織購進所有原料，並達到應有的鮮活要求、數量要求和規格要求，其品質、規格以廚房品質檢驗認可為準。又如酒店舉辦婦幼節自助餐，要求營銷部在當日前，在酒店大廳、正門和迎面牆壁分別製作懸掛橫幅，製作氣球拱門和牆壁卡通畫裝飾。橫幅字的內容、氣球拱門的大小、卡通畫的類別都必須在自助餐計畫內明確規定。計畫內容越明確、越具體，執行人員工作積極性和工作效率越高。

切實可行

計畫是為行動制定的。計畫好高騖遠，不切實際，不僅無法指導、衡量操作人員工作，而且還會挫傷一線生產人員積極性，妨礙工作進程，甚至使行動與目標背道而馳。因此，自助餐計畫必須在充分分析、認識飯店經營運轉及生產、服務現狀及可能的前提下，提出積極穩妥的方案，才可能激發人們上進，成為行之有效的計畫。

比如，飯店十月份餐飲經營形勢很好，業務繁忙，僅婚宴銷售就應接不暇，在此時再規劃舉辦自助餐檯設計大賽、自助餐菜點創新大賽，類似這些計畫，其操作的可行性就很差，即使勉強為之，其效果也很難如預期所料。

單一全面

自助餐計畫的實施程度和實施效果有賴於計畫的主題突出、系統專一和全面完整。為某一目的制定的自助餐計畫，必須將實現該目的的各項工作，各種因素全面、系統加以整合，切實將實現該目的的各種必要因素全部涵蓋，如此一來，計畫的整體效果才會理想如願。比如，某飯店制定鮭魚推廣自助餐計畫，目的選擇是對的，將新進採購到的一批新鮮、價廉的鮭魚透過自助餐的方式集中宣傳推廣、銷售，以擴大酒店知名度，增加鮭魚銷售利潤，但由於計畫制定的不周全、不細緻，在鮭魚自助餐推廣宣傳的媒體選擇和時段上出了差錯，在電視兒童節目檔裡插播相應廣告，兒童看了廣告不以爲然，莫名其妙，眞正的消費群體沒有找到，結果門前冷落車馬稀，活動不了了之。這就是計畫制定疏忽所致。有些自助餐計畫，目的特別明確，主題更加專一。比如元宵節自助餐燈謎徵集計畫、中秋節自助餐氣氛布置計畫等。這些計畫的大量工作雖然都由同一部門完成，但工作之劃分及責任之歸屬也應細分、明確，切不可部門集體負責，最終無人承擔責任。

金馬大酒店德國美食市活動計畫

範例

一、主題：德國美食節

二、日期：○○年○○月○○日

三、形式：自助餐

四、地點：西餐咖啡廳

五、基本消費定位：○○○元／每位

六、目的：藉酒店店慶之際，推出西式風味美食節，以增添酒店異國風味和氣氛，給常住酒店的德國專家及其他外賓以親切口感，同時藉機培訓本店廚師，進一步豐富西餐菜點知識，擴大酒店知名度，創造良好經營業績。

七、活動內容具體安排：

1.制定美食節自助餐菜單：

A.冷肉盤類：煙薰魚盆、青椒粒銀魚鵝肝醬、黑菌鴨加倫天、火腿蜜瓜卷、什香腸盆、紅魚籽釀雞蛋。

B.沙拉類：土豆沙拉、元白菜沙拉、腸仔沙拉、扁豆沙拉、白芸豆沙拉、紅菜頭沙拉、黃瓜沙拉、橙味胡蘿蔔沙拉、牛肉沙拉、雞沙拉、番茄沙拉、什肉沙拉、生菜沙拉、醋油焖青椒。

C.湯類：雞粒薏米湯、茄味牛尾清湯、土豆泥湯。

D.主菜類：椰菜酸魚捲、香煎里脊肉、烤豬腿、煮鹹豬蹄、煎牛仔腸、韃靼牛扒、鮮菇燴雞絲、香焖肋排、啤酒燴牛肉、烤羊肉青椒串、鹹肉土豆餅、燕麥玉米餅、鮮蘑菇雞汁飯、鹹肉炒土豆、起司焗鮭魚麵、麵包肉餡餅、綠葉時蔬、現場燒烤。

E.甜品：黑森林蛋糕、鮮果盤、燒式芋果派、南瓜派、酸乳酪布丁、鮮果塔、餅乾、什餅盤、巧克力慕斯、草莓慕斯、焖蛋。

F.鮮果籃：鮮果沙拉、時令鮮果籃。

G.麵包籃：德式農夫包、麥包、硬餐包、小圓包、脆餅。

H.現場特製奶昔等飲品。

2.制定原料採購清單。

3.制定美食節自助餐所需添置餐具清單：

A.冷肉盤（金屬製、長方形）。

B.玻璃沙拉碗。

C.自助餐保溫鍋。

D.自助餐使用的菜夾、勺。

E.自助餐餐檯飾物。

F.其他。

4.菜餚製作與培訓外聘三名廚師到酒店，指導、參與自助餐菜點製作。

5.餐廳環境與自助餐餐檯布置：

A.餐廳環境以德國的風土人情爲主題進行布置，營造食品節熱烈喜慶的環境（裝飾品有：旗幟、布草、水彩畫、裝飾物、啤酒桶等）。

B.計畫服務員的服飾：男性與女性不同風格。

C.自助餐餐檯：冷菜檯、主菜檯、甜品檯、現場烹製檯的設計；餐檯的裝飾品（如食品展示檯、新鮮瓜蔬、德國香腸等、黃油雕或自製麵食展品等）；餐檯的桌裙、檯布、特別的小裝飾品。

上述均由餐飲部與營銷部一起設計製作。

6.營銷宣傳：德國美食節內容介紹：德國是歐洲經濟發達、人民生活富裕的國家，其地域遼闊，資源豐富。著名的萊茵河、多瑙河橫跨境內，北部臨接漢堡港、南部緊連阿爾卑斯山脈，湖泊眾多，居住著世界著名的日耳曼民族，山橫水縱，食品資源豐盛，加工技術發達。德國菜也是西餐中著名菜系之一。它以燜、烤、醃、薰爲主要烹調方法，講究味鹹酸、汁醇香濃爲特點，廣泛以肉類食品、瓜蔬五穀原料製作爲主，尤其愛吃豬肉（如烤乳豬、酸菜燜鹹豬蹄等）製作的菜餚。製作各式香腸，種類多達數百種，舉世聞名。以啤酒佐食各類香腸獨具特色。本屆美食節精選包括冷肉、沙拉、湯、主菜、甜品、餐包，同時現場設置烤肉等具有德國地方風味的菜點五、六十餘款。美食節同時推出現場釀製的新鮮啤酒，加之優雅的用餐環境，特聘藝人彈曲，給用餐賓客一種身臨其境感覺。

A.大堂設置廣告牌。

B.客房提前放置美食節宣傳單。

C.餐廳正門張貼中英文「德國美食節」。

D.報刊作活動新聞報導。

E.其他。

7.費用預算。

8.活動評估。

及時修訂、完善

制定好的計畫，執行起來也非一成不變，有些要根據情況的變化作相應調整，有些中、長期計畫，往往由於種種原因的出現和客觀條件的改變，必須進行追蹤修訂和完善。否則，機械、教條式地執行原先計畫，不僅不能給企業帶來積極效益，反而會造成新的損失。如沿海某酒店原計畫九月下旬舉辦露天少數民族風情自助餐，藉由利用酒店擁有的大面積游泳池資源，擴大餐飲銷售。但九月初的一場罕見颱風將大樹、岸堤造成嚴重破壞，即使如此，還按原定計畫舉辦露天自助餐，加之外請少數民族廚師和表演人員，其入不敷出是顯而易見的，酒店一時的工作量驟增而未必奏效的。

務求實踐

計畫只是行動綱領，對改進完善自助餐生產經營產生決定性作用的不光是計畫的周密、具體和可操作性，更重要的是計畫的如期實施。再好的計畫不實踐，只是一紙空文。空頭計畫多了，浮誇風盛了，對工作無補，員工的積極性也挫傷了。因此，計畫制定的當初要考慮其是否可行；一旦計畫成型，更應克服各種困難，確保計畫履行。在執行計畫過程中，如有少量偏差，及時作相應調整，是完全必要和可行的。計畫實踐之後，還應該及時對該計畫進行評估，做好記錄，以便在下一輪制定計畫期間作爲參考之用。

自助餐菜品特點要求

自助餐菜品以清爽、悅目、製作簡便、適應面廣、方便取食爲主要要求。研究和把握自助餐菜品特點要求，是科學、合理制定自助餐菜單的前提。

色彩悅目，搭配和諧

自助餐菜點均直觀陳列於餐檯，在消費者觀賞認可後，才爲之取食。因此，自助餐菜點必須豔麗、悅目、富有光澤、色彩豐富、搭配和諧。

以突出自然色爲主，給消費者清新質樸之感

自然色，即來自於原料自身的色彩、色澤。綠色莖類、葉類蔬菜、色彩豔麗、豐富的蔬菜，如彩椒、番茄、蘿蔔等加工烹製，成品翠綠誘人。若能透過清洗、殺菌處理直接用作沙拉等生食，其營養的保存及色彩的維持皆是最好的。動物性原料，如蝦、蟹一些貝類等烹調恰到好處，其所產生的誘人紅豔，同樣讓人垂涎欲滴。

合理搭配原料，優化、美化菜點

單一原料可以使菜點顯得整齊、清爽，而合理搭配、組合原料，更能使得菜色彩豐富，悅目宜人。比如紅椒炒土豆絲、薺菜燒豆腐羹、西蘭花炒生魚片等等，不僅克服單一原料使成品色彩單調的不足，而且使成菜增添了生機和活力。自助餐一組菜點，更要有機、合理進行色彩組合，餐檯才精彩紛呈，給用餐客人美不勝收之

感。比如熱菜餐檯有碧綠的豉油熗芥蘭，有金黃的咖哩牛肉，有豔紅的丁香排骨，有紅、綠相間的紅椒炒荷蘭豆，怎不讓人欲走還留呢？

科學烹製菜點，創造誘人色澤效果

菜點原料本身色彩欠佳，透過添加適當品種和數量的調料，再經精心烹調，準確把握火候，成品會顯得色澤明亮，芳香誘人。比如糖醋排骨、東坡肉燒到恰到好處時汁稠味厚，醬紅光亮，芳香四溢。金陵片皮鴨、金紅化皮豬焙烤到位，色澤映紅，雋香可人。

刀工整齊，造型美觀

自助餐菜點，大部分是先經過刀工處理，再烹調出品；也有些菜點是在烹調成熟後，再切割裝盤的，如香酥鴨、烤豬柳、千層油糕等。不管是以何種烹調裝盤次序，自助餐成品都應展現整齊的刀工和美觀的造型。

原料運用刀工恰當，切割成形，整齊如一

區別原料性質，選用不同的刀工技法，以保證經過刀工處理的原料均勻整齊。原料切割後，成形可以是塊、段、條、絲、丁、粒等等，但同一菜點裡的原料必須同一形狀，同一大小。這樣有幾個好處，第一，美觀，食用者見了愛看愛吃，透過整齊劃一的原料，可以認定飯店廚藝高超；第二，便於菜餚烹製入味和成熟度一致；第三，方便客人取食。

裝盤造型美觀

自助餐菜點都是集中、分類裝盤，供客人取食。每單位的菜點數量都比較多，因此裝盤更應注意美觀、誘人。無論是將菜點裝入

玻璃碗、木缽、銀盤、鏡盤，還是保溫湯爐、保溫平底鍋，固體菜點都應做到飽滿、勻稱，排列整齊，方便客人取食；比如蒜香排骨、香煎小黃魚、貝茸燉水蛋等都應整齊擺放，切不可亂堆、空架。液體菜點、甜品，如西湖牛肉羹、番茄雞蛋湯、赤豆元宵等。首先，應裝入深底的湯鍋、湯缽，同時應注意不可太滿、太淺，以防取食時不小心溢出，或還未取食，勺即觸底，使客人感覺不悅。

營養搭配，均衡全面

自助餐菜點品種豐富，種類齊全，為提供消費者均衡營養膳食創造了條件。具體在菜單制定及菜點組合配備上要注意以下兩點：

應有富含各種人體需要營養素的菜點種類

人體所需的營養素主要有蛋白質、脂類、醣類、礦物質、維生素等，有的原料蛋白質含量豐富，如大豆類製品、魚、蝦產品、動物肉類；有的原料富含維生素，如色彩豔麗的時鮮果蔬等。自助餐菜點應包含各種富含營養的菜點，如肉類、水產、蛋類、豆製品、果蔬、麵食米飯類食品，不可都是麵食，也不必都是牛、羊肉。能搭配些海產、菌類原料製作的菜點，營養更加全面。許多飯店自助餐早餐，往往只提供麵點、粥、醬菜類食品，缺少綠色蔬菜、時鮮水果；或缺少動物蛋白，即肉類食品，這往往使用餐者難以獲得營養齊全、足夠食品，應充實相應種類的菜點。

烹製方法和口味應豐富多彩，以適應不同客人飲食習慣

自助餐菜點既要富含不同營養素的原料烹製，同時各種原料的烹製方法，成品口味、質地特徵還要豐富多彩，這樣才能使消費者真正選擇到既滿足自身營養要求，又符合自己口味的菜點。比如生蠔，蛋白質豐富，用於生吃鮮嫩無比，但自身腥味和滑嫩的質地又

使好多人不能接受；牛肉酥味濃，雖有大量動物蛋白質，但喜歡肉質鮮嫩的德國消費者也未必喜食。再如時鮮蔬菜是提供人體維生素的主要來源，用作沙拉、生拌食用，營養損失最少；現灼現食，維生素破壞也較少；若炒後裝盤，再待自助餐消費者慢慢取食，則維生素損失嚴重。但若片面追求營養素的保全，製作的菜點不能適應自助餐用餐客人的口味需求，同樣也是徒勞的。

批量生產，品質不減

用作自助餐供應的菜點，應在成品品質保持上有特殊要求，其品質儘可能在短時間內不要立即有明顯變化。

菜點適宜大批量生產、製作

自助餐菜點不像單點、宴會單個烹製、即刻食用，它往往是同期烹製、集中出品，多人分時段取食。因此，制定自助餐菜單必須選擇適宜集中、批量生產、製作的菜點。比如：紅燜豬排、豆瓣魚塊、脆皮鳳尾蝦等；而像空心麻球、豆腐羹等費時或不便批量製作，保持成餚形狀、質感的菜點一般不宜選用。

出品色澤和口味質地不隨時間影響造成品質下降

菜點通常都隨出品時間的延長而品質下降，而作爲自助餐選用的菜點，不希望成品一布入展檯品質馬上明顯開始下降。儘量選用對時間、火候要求比較寬限的菜點用作自助餐供應。因此，拔絲菜餚、湯包等菜點自助餐不宜選用。

適應面廣，衆人愛食

自助餐菜點應針對比較廣泛的消費群體，選擇爲大多消費者喜愛接受的種類，有些形狀怪異、猙獰恐怖或烹製奇特，容易引起女士、孩童或較多消費者畏懼的菜點不宜採用，如帶皮的蛇、怪異的卵蟲、野味等菜餚。若是專爲某階層、某消費團體舉辦的自助餐，則更應研究用餐客人的生活習慣，口味偏好，設計菜單更要強調針對性強，菜點受歡迎程度高。

原料、勞務、成本不高

自助餐特點決定其銷售價格不宜太貴，因此，保證自助餐經營獲利的前提便是用作自助餐菜點的原料成本和生產製作、勞務成本都不能高。

自助餐菜點原料成本要低

自助餐菜點一般原料使用量都比較大，原料成本若居高不下，售價則不可能便宜；售價不菲則用餐者不衆；用餐客人稀少，自助餐經營難免入不敷出。而要使自助餐原料成本降下來，一是選購原料儘量不買精貴稀少品種，二是加工製作要用盡、用足原料，從提高原料出淨率、漲發率和出菜率上努力給消費者提供實惠。

自助餐菜點生產勞務成本要低

自助餐菜點生產批量大、出品快，客觀上不容許繁瑣複雜；從生產成本的控制上也不允許勞動力過多投入，應追求低成本、快節奏生產出品，因此，做工複雜，費時、費力，特別精緻的菜點一般不宜使用。

低成本運作不等於沒有賣點

原料低成本，生產低消耗、快出品，並不是說自助餐菜點全是十分普通、家常的食材；沒有特色、賣點的自助餐也是難以經營的。自助餐菜點系列裡不妨安排少量流行、名聲大、吸引力強、成本較高的菜餚或點心，以增加其號召力，吸引消費，但總體成本必須均衡，可以調節控制。

自助餐菜單制定原則與步驟

自助餐菜單雖不像單點菜牌要印刷裝訂供客人選用；也不像宴會標準菜單按不同標準，設計系列菜點，讓客人挑選，或印刷並製作成精美的席面單，供客人用餐時瞭解。然而，自助餐菜品由於其生產製作批量大，服務供給面域廣等鮮明特點，其菜單制定更要求做認眞詳細、全面具體的工作，否則，將產生不可低估的負面作用。

自助餐菜單制定原則

自助餐菜點食品雖然面廣、種類多，但要組合得精巧、合理，在菜單制定時必須遵循以下原則：

菜點種類需迎合消費者需求

固然一份菜單、一個自助餐廳或一餐自助餐不能滿足所有消費者的口味需求，但在自助餐菜單制定時，其菜點種類的選擇至少應迎合該餐廳消費層次、當時季節消費者大致趨同的需求。飯店自助餐廳裝修等級、飯店星級標準，常常給消費者一定心理印象，這往往決定自助餐消費客人的層次，即客源市場。瞄準、鎖定這些客人，分析、發現、迎合、激發他們的需求，設計有針對性的菜單，這是至關重要的。一些專場或專題自助餐，更應該充分研究和把握消費者的主體結構，設計安排爲其大多數喜愛的菜點種類。比如，婦幼節所舉辦的兒童自助餐，應儘量安排造型別緻的卡通圖畫、造型的蛋糕，方便取食的點心、趣味食品如煮玉米粒、脆炸泡芙、各式冰淇淋等。再如專爲老人聚會舉辦的自助餐，就應多開列一些低脂肪、易消化的菜點，如清蒸魚塊、花菇腐竹、竹蘇魚圓湯、芡實南瓜露等。這樣設計菜單，實際是以消費者需求爲導向的表現。菜點並不一定成本高、做功細，但出品效果好，容易引起客人的興趣，常常給用餐人員留下深刻印象。

充分分析飯店生產技術、設備條件

飯店廚師技術水平、廚房設備設施條件在很大程度上影響和限制自助餐菜點種類、等級和翻新節奏。一般規模大、規格高的自助餐，菜點種類都比較齊全，頭盆、冷菜、羹湯、熱菜、燒烤菜餚、點心、甜品、水果等等，一應俱全。而這些門類齊全的出品，客觀上依賴飯店廚房配套、齊全的各類加工、烹調設備；主觀上則依靠飯店技術全面、力量均衡、門類齊全的廚師、麵點師、包餅師。同樣，在制定自助餐菜單時，一定要權衡飯店自身廚房技術力量和設備設施硬體條件狀況，量力而行，菜單才能切實可行。否則，再漂亮、再全面高級的菜單脫離了飯店軟、硬體實際之條件狀況，也就紙上談兵了。有些很受消費者歡迎的自助餐菜點，由於飯店廚師技術不夠，生產出來似是而非，客人不認可，寧可不上，也不湊乎。還有些設備支持條件不具備的種類，也不可貿然生產出品，免得給客人留下不好的印象。比如，有些飯店自助餐上酥皮海鮮濃湯，不是製作技術不過關，酥皮外面烤焦了，裡面蒸熟了，起不了酥；就是出品沒法保溫，不是湯是冷的，就是酥皮是冷的，留給消費者不好的印象。

菜點數量適當，結構均衡

自助餐是若干種類、系列菜點食品提供消費者自由選擇的用餐方式。因此，不論自助餐消費標準高或低，用餐人數多還是少，只要決定以自助餐方式經營，其菜單的制定就必須考慮菜餚、點心以及冷菜、熱菜、湯類、葷菜、蔬菜、甜品、水果等食品的結構比例和具體數量。自助餐的菜點數量、結構，應在確定自助餐風味，餐別性質的前提下進行均衡。比如小吃自助餐，小點心、小食品，經濟實惠、家常、農家的小品類出品就要多些。午、晚餐正餐自助餐與早餐、宵夜自助餐其出品數量、結構有明顯區別。正餐自助餐，熱菜、葷菜要多些，早餐自助餐點心、粥類出品要豐富。

自助餐菜單及出品結構均衡，消費者用餐感覺可選擇範圍廣；若結構失衡，消費者不僅感覺用餐捉襟見肘，而且可能導致吃不飽的結果。

突出高身價或特色菜點

自助餐雖爲菜品全部陳列讓消費者自選，但菜單制定時也應有意識安排一些高身價或本店的特色菜點，以吸引客人、擴大口碑、增加客人消費的認同感。一餐自助餐應該穿插供應一些本地流行或客人推崇的菜點。這些菜點可以是高成本的，比如，烤牛排、醉蝦、生蠔；也可以是製作特別、頗有新意或情趣的菜點，如魚湯小刀麵、雨花石湯圓；還可以是切合時令，在當地搶先上市的品種，如春節剛過，江南一帶首推清蒸刀魚、鹹肉燉河蚌等；或本店頗有名聲的菜點，如山東濟寧香港大廈自製的在當地很有名聲的「四大拌」，即涼拌海蟄頭、涼拌魚皮、涼拌海螺、涼拌鳥貝等。

依據消費標準，把握成本結構

制定自助餐菜單既要安排迎合客人口味的菜點，又不能無原則、不考慮成本消耗，提供超標準的菜點組合。固定經營的自助餐也好，專題、專場自助餐也好，都應根據飯店規定的毛利及成本率，嚴格核算，準確計畫和使用成本，在不突破總成本的前提下，逐步按照菜品結構分析成本，開列具體菜品名稱，規定主、配料名稱及用量，最後再均衡、調整品種，完善確定菜單。

計畫出品服務方式

自助餐雖爲消費者自取自食，但菜品如何裝盤、如何銷售、如何現場服務，也是有講究的，有些還是很有技術和藝術性的。因此，在制定自助餐菜單時就應該統籌設計、安排。自助餐菜單制定，實際是自助餐產品的籌劃。在菜單制定時僅僅考慮原料的使用、菜品的組合等等是不全面、不充分的，菜品的銷售、服務應在籌劃之列。比如，紅燒肉是片、還是塊，還是用草繩綑紮的方式出品、銷售；火烤豬柳是剔骨烤，還是帶骨烤，是先醃後烤，還是搭配調味汁，餐廳現場切割如何操作才方便，才省人省事等等，這些在制定自助餐菜單時就應該有明確的方案，否則，就會發生服務時手忙腳亂，甚至出現人手緊張，局面混亂，氣氛冷清，用餐單調沉悶，缺少情趣。

自助餐菜單制定步驟

制定自助餐菜單，首先應預計用餐客人的數量（若是專場或專題自助餐則大多已知客人的數量），然後依照下列步驟實施：

確定菜單結構

把握自助餐的主題和銷售標準，擬訂自助餐結構及比例。自助餐通常包括冷菜及開胃菜、熱菜點心、甜品、水果等幾大類食品。熱菜又包括羹湯、葷菜、蔬菜等幾種菜餚。首先確定各類食品的道數，在自助餐中所占的比例，可以防止出現大的菜點結構失衡，成本難以協調均衡。見表**3-3**。

表3-3　自助餐菜單結構表

年　月　日起執行

	冷菜、開胃菜、沙拉		熱菜		湯		點心、甜品		水果	備註
	中廚	西廚	中廚	西廚	中廚	西廚	中廚	西廚		
午餐										
晚餐										
早餐										

註：1.菜單確定後不得隨意更動，調換品種需提前報告，經總廚審批後方可執行。
2.菜單規定品種必須在規定的時間內出品，開餐期間必須保證供應，不得間斷。

山東某酒店淮揚風味與山東風味組合式自助餐菜單

範例

冷菜：蔥辣雞腿、皮蛋肉捲、醬肘花、蓑衣黃瓜、八寶菠菜、什錦菜、五香魚、蔥油蘿蔔絲、酸辣里脊、三鮮豆腐、泡菜、鹽水鴨、蒜泥牛肚、香菜拌香乾

熱菜：醬汁鴨肉、雙冬蔥雞球、托煎黃魚塊、清炸里脊、燒三鮮角瓜、烤雞腿、火腿筒千張結、生炒菠菜、東坡肉、回滷乾煮豆芽、肉絲爛白菜

湯：酸辣湯、雪菜肉絲豆腐湯

麵點：山東包子、豌豆黃、紅豆粥、春捲、艾窩窩、蒸餃、四喜湯團、黃橋燒餅、赤豆糕

甜品：什錦燴水果、酒釀橘樂銀耳

選擇菜點

根據自助餐銷售標準和食品結構，圍繞自助餐主題，結合時令季節，選擇、開列自助餐各類食品菜單。

範例

福建富華大酒店經貿洽談會自助餐菜單

冷菜：鹽水嫩鴨、水晶餚肉、蔥油雙脆、龍鬚牛肉、芝麻魚條、咖哩茭白、涼拌腐絲、蒜泥黃瓜、酸辣白菜、滋補醉棗、陳皮兔丁、棒棒雞絲、香菜拌生仁

沙拉：華爾道夫沙拉、冷蘆筍火腿盆、什錦沙拉、莫斯科沙拉

調味：醬黃瓜、芥末、四川泡菜、雪菜毛豆

熱菜：烤乳豬二隻、香草烤雞腿、匈牙利牛腱、茄汁義大利麵、白脫西蘭花、蛋煎鮭魚、白灼基尾蝦、丁香排骨、菠蘿咕咾肉、板栗燜仔雞、椒鹽炸肉蟹、明爐烤鴨、蠔油牛柳、西芹炒百合、蘑菇菜心、乾燒四季豆、鼓汁河鰻

現場切割：烤豬排

湯：奶油蘑菇湯、西湖牛肉羹

點心、甜品：雞絲春捲、叉燒酥、蔬菜包、芝麻炸軟棗、棗泥拉糕、揚州炒飯、糯米糖藕、桂花糖芋苗、豆沙包、黃金大餅、拿破崙酥餅、維也納蘋果捲、芒果布丁、酸乳酪蛋糕、黑森林蛋糕、鮮果蛋糕、小圓包、丹麥包

水果：西瓜、哈蜜瓜、葡萄、香蕉、橘子、柳丁

玉蘭牛肉標準食譜

範例

菜名：玉蘭牛肉

食譜編號：B-12

食譜類別：肉類

供應份數：五十份

成品總量：5,750克

每份標準量：115克

製作所需時間：

烹調時間：30分鐘

準備時間：60分鐘

火候：大火

材料	數量	製作過程
牛腿肉 腌肉料：糖 醬油 味素 沙拉油	1,800克 20克 40克 15克 20克	牛肉橫紋切成五釐米的薄片後，用腌肉料拌匀，再淋上一湯匙油調好，放置半小時以上。
芥藍菜 水 沙拉油	3,600克 200克 60克	將芥藍菜斬短成四．五釐米長的小段，並撕去老葉，用開水燙煮後，撈出沖冷水濾乾。 用炸油將肉片炸熟，僅炸十秒鐘，濾乾油，再將炸油倒出。
沙拉油 蔥段 薑片 綜合調味料：醬油 酒 糖 太白粉	30克 40克 40克 80克 20克 20克 15克	另用沙拉油，在炒鍋內，先炒蔥薑，放入芥藍菜同炒，約一分鐘後放入牛肉片，並淋上綜合調味料，以大火拌匀，便可盛出。
備註：		

依據標準，調整平衡

根據自助餐銷售標準，核算成本構成，並進行適當調整，以確保消費者權利和飯店按規定的毛利率水平獲利。

確定生產標準

自助餐菜點品種確立之後，隨即制定各個菜點的生產製作標準，即制定標準食譜，以確保制定的菜單生產執行過程標準化，出品效果一致。生產標準確定的同時，生產菜點的原料清單及規格也應一併制定完成，使採購、驗收、加工有依據可循。

落實盛器

自助餐菜點品種明確後，同時應該註明各種食品的盛裝用具。如果盛器與出品不吻合，如保溫鍋有限，熱菜無處裝；玻璃碗不夠，沙拉不好出品等等，應再次調整菜單，確保各類出品都有與之相配的合適盛器。

培訓使用

自助餐菜單制定後，應及時對銷售人員，如營業部、訂餐檯、宴會預訂部人員進行培訓，以便宣傳解釋、主動推銷。還要對餐廳、廚房等相關單位人員進行培訓，以保證生產的正確、優質、高效和服務的主動、及時、周到。

南京中心大酒店「海國明珠號」自助餐

範例

冷菜：廣東烤鴨、五香牛肉、茄汁魚片、油雞、酸辣黃瓜、泡藕、咖哩茭白、芹菜香乾

熱菜：菠蘿咕咾肉、黑椒牛柳、脆皮雞、生烤鮸魚、脆炸鮮奶、煸炒包菜、蘑菇菜心、西湖牛肉羹

點心：素菜包子、蛋炒飯、藕粉粉圓

水果：葡萄、香蕉、西瓜、蜜瓜

飲料：啤酒、雪碧、礦泉水

沙拉：番茄沙拉、黃瓜沙拉、生菜沙拉、玉米筍沙拉、牛肉沙拉、香腸沙拉、雞蛋沙拉、蘆筍沙拉

冷盤：香腸冷盤、蜜瓜火腿、燒釀豬柳、什錦拼盤

肉車：燒香腸豬腿

熱菜：時菜燴牛尾、扒豬扒蘑菇汁、煎西冷牛扒、番茄義大利麵、奶油鮮蔬

甜品：焦糖燉蛋、各式餅乾、水果沙拉、鮮奶油蛋糕、泡芙餅、杏仁餅乾、各類餐包、奶油餅乾

丁山夫子廟即點即烹式自助餐菜單

範例

冷菜：芋苗仔、蒸南瓜、毛豆、糖藕、六合豬頭肉、鹽水鴨、鬆花蛋腸、芝麻酥鱔、紅油牛百葉、香滷鳳爪、白斬雞、蘇式薰魚、毛豆米醃菜花、腐皮蔬菜捲、麻醬茄脯、朝鮮泡菜、五彩肉鬆豆腐、油炸花生米、拌什錦菜、拌乾絲、雪菜拌冬筍、酒香雞蛋、香芹拌燒鴨、涼拌黃瓜、酸甜時蔬

家禽肉類：芙蓉鴨舌、韭菜炒雞雜、酸菜炒肚片、生菜牛鬆包、南瓜江米肉、青椒牛柳、尖椒雪菜里脊絲、水果咕咾肉、魚香肉絲、生炒排骨、三鮮鍋巴、京蔥豬肝、魚香腰花、椒鹽排骨、東坡肉、老雞燉百葉、芙蓉鴉片、宮保雞丁、料燒鴨、尖椒鴨腸、水煮鴨血、炸烹雞翅、水煮毛血旺

水產、海鮮類：鹽水河蝦、椒鹽河蝦、涼瓜豉椒文蛤、辣味響螺、洋蔥炒河蝦、椒鹽貽貝、蒜茸蒸貽貝、清蒸貽貝、水油文蛤、雪菜昂公、白灼鮮魷、蒜茸蒸美人蟶、豆花鱔脯、炒鱔糊、豆瓣鮮魷、粉絲蒸文蛤、椒鹽泥鰍、昂刺燉蛋、丁美小炒皇、鐵板海鮮玉脂、鼓椒炒魚骨、香糟魚頭、龍蝦炒年糕、魚頭、年糕炒文蛤、麻蝦蒸水蛋、螃蟹、酸菜魚

蔬菜：秘製臭豆腐煲、雪菜炒年糕、韭菜炒千張、青椒毛豆米炒蛋、涼瓜煎蛋、青椒土豆絲、大煮乾絲、炸茄盒、魚香茄子煲、家常豆腐、小蔥鹹蛋豆腐煲、炒綠葉時蔬

湯：竹笙魚圓湯、榨菜肉絲湯、青菜粉絲蛋餃、番茄蛋湯、鹹肉冬瓜湯、燒鴨湯、青菜豆腐湯、三絲蛋皮湯、番茄土豆湯

麵點：揚州炒飯、三鮮炒麵、蔥油餅、金元大餅、金銀饅頭、清蒸荔芋、菊葉餅、陽春麵、果仁赤珊瑚、藕粉涼圓

自助餐主要客源國賓客飲食習慣

自助餐主要客源國賓客飲食習慣見表3-4。

表3-4　自助餐主要客源國賓客飲食習慣

亞洲

國名	飲食特點	喜食菜餚
阿富汗	以麵食為主，中、西餐都吃，口味較重，不怕油膩，食量較大，肉食品以牛、羊為主，忌食豬肉，不愛吃海味和魚蝦。水果和菜是每餐不能缺少的。按照《古蘭經》訓戒，平時都不喝酒。	喜愛燜、煮、烤、炸類菜餚。
巴基斯坦	冰水或奶茶是每天不可缺少的飲料，有在早晨起床前喝「被窩茶」的習慣，在下午四點至五點，有喝午茶習慣。早餐較簡單，一般喜愛紅茶、咖啡、麵包、奶油、雞蛋。午、晚餐喜愛吃配以辣椒、胡椒和咖哩烹飪的菜餚；忌吃豬肉。	咖哩牛肉、咖哩羊肉、咖哩雞。
韓國	以米飯為主食，有時拌有大麥、小米、黃豆等雜糧。口味偏清淡，不喜油膩，愛吃辣味菜餚，喜食四川菜。愛吃烤、蒸、煎、炸、炒菜餚，並喜歡在其中加辣椒、辣椒粉、胡椒、大蒜、芝麻等。愛吃西菜鐵扒、串烤之類。辣泡菜和湯是每餐不可缺少的，愛吃辣味食品及放醋的生拌菜，愛吃的副食品有牛肉、豬肉、狗肉、野味、雞、海味及黃豆芽、捲心菜、細粉、蘿蔔、菠菜、洋蔥。不愛吃帶甜酸味的熱菜，習慣早晨吃大米飯。 不吃油膩菜，菜中不放香菜、花椒、大料。	乾燒鮭魚、豆瓣魚、肉絲炒蛋、細粉肉絲、香乾綠豆芽、四生火鍋、炸蝦球、辣子雞丁、乾煸牛肉絲、連鍋湯、紅油水餃。嗜辣。
菲律賓	大多數人以稻米為主食，少數以玉米為主食。副食主要有：肉類、海鮮、蔬菜等，口味一般偏於清淡、味鮮。早餐喜食西餐，午、晚餐愛吃中餐。喜用香辣調味品，但不宜過辣，愛喝啤酒。	咖哩雞肉，蝦子煮湯，肉類燉蒜，烤乳豬及抹上新鮮白乾酪的米餅。
柬埔寨	以大米為主食，習慣吃廣東、雲南菜口味中餐，愛吃微辣、帶甜味菜餚。喜用番茄、空心菜、薑絲、香料烹製的菜餚，也有人愛吃牛肉。	涼拌黃瓜，生番茄，炸明蝦，糟蒸魚，烤魚、竹筒魚，青椒雞絲，菠菜涼拌雞，千層肉。

（續）表3-4　自助餐主要客源國賓客飲食習慣

國名	飲食特點	喜食菜餚
蒙古	以牛羊肉、奶酪為主食。口味重，不怕油膩，愛吃燒、燜、烤類菜餚。多數人吃中餐，不吃炸肉，愛吃煮肉。肉類中喜歡羊肉；奶茶每天必食。忌魚蝦、海味、內臟、肥豬肉，不愛糖醋、過帶湯汁、油炸類菜餚及蔬菜。	大塊燉牛羊肉，烤羊肉，烤火腿，餡餅（牛羊肉餡），去骨雞鴨，餃子，肉包，炒牛肉絲，紅燒牛羊肉，全羊肉，蘇聯式串烤牛羊肉，紅燴牛羊肉，牛尾湯。
緬甸	主食是大米，副食為水產品。習慣一天兩餐，上午九時，下午五時各一餐；口味特點是酸、辣、清淡、不油膩；喜歡川菜口味。副食品為魚、蝦、蝦醬、魚醬、咖哩、冷水果烹飪的菜餚，不吃狗肉、豬肉和動物內臟，愛吃水果，清茶、咖啡每餐必不可少。	雞肉、鴨肉、雞蛋、魚、蝦菜餚中加進咖哩，油炸香蕉，薑絲拌辣椒。
斯里蘭卡	以大米飯為主食。愛吃中餐，上層人士愛吃西餐。口味偏重於清淡，不油膩，愛吃牛肉、豬肉、雞、鴨、魚、蝦食品，忌吃狗肉和太油或太葷的菜餚。	喜食以烤、煮、燴、燜並配以咖哩調料烹製的菜餚。
馬來西亞	不要冷菜，要花生米、泡菜、辣椒醬，儘量不要純素菜；不愛吃紅燒魚、豆腐、豆芽等。	清蒸活魚。
日本	飲食習慣以典型的「和食」型為基礎。以大米為主食，喜愛燉的大豆、甘薯。早餐喜用西餐，午餐喜用中餐，晚餐喜用和食。飲食口味清淡而味鮮帶甜，忌太油膩的菜餚。喜食海參、海帶、魷魚、馬鮫魚、紫菜類海味品；喜吃生菜、廣東菜、京菜、淮揚菜和四川菜，愛吃牛肉、豬肉、雞蛋、野雞、清水大蟹、青菜、豆腐。早餐以熱牛奶、稀飯為主；午、晚餐以米飯為主食。用餐前，先食「開胃菜」，如：生拌甜酸蘿蔔絲、醬菜、新鮮菜（泡菜）。通常不吃肥肉、豬內臟和羊肉。佛教徒有「過午不食」教規，用餐時忌葷。	生魚片，牛排，壽司，日本麵條，蒸魚，生烤魚，炸魚片，魚片湯，涼拌青菜、菠菜、醬菜及其他冷菜，糖醋魚，炒魚片，烤魚，蠔油牛肉，糖醋里脊，咕咾肉，無錫肉骨頭，筍炒肉絲，芙蓉蛋，蝦仁炒蛋，炸雞，炒山雞片，烤鴨，脆皮鴨，三七氣鍋雞，肉末菜餚如肉末白菜、肉末豆芽，螞蟻上樹等；青豆蝦仁，炒麵，炒菠菜，香乾綠豆芽，小籠包子，水餃，什錦炒飯，八寶飯。

（續）表3-4　自助餐主要客源國賓客飲食習慣

國名	飲食特點	喜食菜餚
印度	以米飯為主食，副食有雞、鴨、魚、蝦、蛋及蔬菜，嗜食很濃的咖哩，如咖哩菜花、咖哩鮮菜、咖哩牛肉、咖哩雞、烤鴨、炸魚。口味偏清淡，不油膩，除咖哩做的菜外，也愛吃煎、炸類菜餚，及酸牛奶，奶油，煎雞蛋。中上層人士早餐吃西餐，午、晚餐吃英式西菜。愛吃中國菜，忌食品的形似葷菜的食品，不吃帶殼及四條腿食品，也不食蘑菇類、木耳、筍、麵筋、麥糊粉、素什錦、魚翅和泡發的菜。信佛教者不食葷，伊斯蘭教徒不吃豬肉，印度教教義規定，忌喝烈性酒，喝咖啡、紅茶。	煎或炸洋芋片，洋芋餅，番茄，綠豆餅，炒菠菜，燒菜花，宮保雞，炸雞，烤鴨，炸魚，鴨肝，咖哩雞，糖醋鮭魚，乾燒明蝦，青椒雞絲，烤嫩雞，什錦炒飯。
印度尼西亞	以米飯為主食，副食品有魚、蝦、雞、鴨、雞蛋、牛肉、海味，吃海參，不吃帶骨、帶汁的菜餚及魚肚；口味清淡，不油膩，精細；吃淮揚菜，不吃廣東菜，喜烤、炸、爆、炒類清淡帶辣味菜餚。早餐吃西餐，午、晚餐吃中餐，上層人士一日三餐吃歐式西餐，一般不喝烈性酒。信奉伊斯蘭教者，提供清真食品。	香酥鴨，鍋燒鴨，青片，宮保雞丁，炸大蝦，乾燒魚，炸雞，炒菠菜，炒白菜及春捲，甜點心，咖哩牛肉，咖哩羊肉，咖哩雞。
泰國	以大米為主食，早餐愛吃西餐，如烤麵包、奶油、果醬、咖啡、牛奶、煎雞蛋及中餐的油條、豆漿，午、晚餐喜吃中餐。口味要求清淡、味鮮，忌油膩，副食有魚、蝦和蔬菜，烹製菜餚愛用辣椒、檸檬、魚露和味精，一般不用糖，喜食四川菜、雲南菜，不愛吃狗肉、野味和紅燒菜餚。習慣飯後吃水果，如蘋果、鴨梨，不愛吃香蕉。喜咖啡、紅茶及小蛋糕、餅乾點心之類，也愛喝冰茶。	酸豬肉、烤豬皮，剁生牛肉醬。
新加坡	以大米和包子為主食，不愛吃饅頭，通常吃中餐。中上層人士早餐吃西餐，下午習慣吃點心。喜歡魚、蝦類食品，喜煎、炸、炒類菜餚，愛吃廣東菜。信佛教、印度教人士愛吃咖哩類菜，不食牛肉。	炒魚片，油炸魚，炒蝦仁。
越南	以米飯為主食，可雜以少量薯類，用糯米做成美味可口的米粉餅和粽子類食品，吃廣東菜，口味以清淡為主，愛吃甜酸或酸的菜餚，愛用檸檬、香菜蝦米、蝦醬、辣椒、得調味佐料。不愛吃過、過爛食品，不吃脂肪多的食物和紅燒菜，不食多刺骨的魚，慣吃片狀菜，不吃絲狀菜。瑤族不吃狗肉，藏族忌吃麂子肉，占白尼人忌豬肉，加非爾人忌吃牛肉。	糖醋排骨，糖醋魚，咕咾肉，糖醋里脊，酸溜白菜，乾蒜頭炒牛肉，燒、烤、炸的肉類，魚蝦，蟹、鮑魚、海參、魚翅、田雞肉、水煮的蔬菜，生菜，豆芽酸湯，生冷食品。

（續）表3-4　自助餐主要客源國賓客飲食習慣

非洲

國名	飲食特點	喜食菜餚
阿爾及利亞	以大餅（發酵餅）或麵餅為主食，副食品有：番茄、黃瓜、洋蔥、辣椒、土豆、牛羊肉、雞、鴨、雞蛋；上層人士喜吃西餐及四川菜，飲食喜清淡、辣味菜餚食品，愛吃煎、炸、烤類菜餚，不愛吃紅燒菜、生菜；忌吃豬肉、海味、蝦、螃蟹、動物內臟（肝除外）、甲魚、魷魚、海參及已死的動物。	烤全羊。
埃及	以「耶素」為主食，喜食牛、羊肉、雞、鴨、雞蛋以及豌豆、洋蔥、南瓜、茄子、西紅柿、捲心菜、蘿蔔、土豆、胡蘿蔔，口味要求清淡，甜、香，不油膩，喜甜食及四川菜；上層人士多吃英式西菜；咖啡每天必喝，教規，忌飲酒，忌吃豬、狗肉，不吃海味、蝦、蟹、內臟（肝除外）及鱔魚、甲魚等怪狀的魚。	串烤羊肉，烤全羊，「考斯考斯」，用核桃仁、杏仁、橄欖、葡萄乾、甘蔗汁、石榴汁、檸檬汁等做成的糯米糰或油炸的餡餅。
埃塞俄比亞	習慣食用叫「提夫」的穀物，做成又薄又軟的灰色大餅，但含麵筋少；愛吃四川菜，咖啡是不可缺少的飲料。	習慣吃的是新鮮牛肉，「里脊」和最嫩部位的肉可供生吃。
貝寧	一般習慣以甜薯、玉米、山藥、高粱等為主食，也吃大米、小米；口味上喜香而辛辣食物；習慣吃大塊牛、羊肉，不愛吃肉片、肉丁或肉絲之類；馬鈴薯類、西紅柿、捲心菜及胡蘿蔔等；忌吃蝦、雞毛菜和蘑菇等菌類。	用小米、西紅柿、辣椒和其他佐料做成的咖哩魯湯。
剛果	以大米、甜薯為主食，副食品有牛、羊肉、雞、鴨、魚及馬鈴薯、西紅柿、捲心菜、胡蘿蔔和蘑菇等菌類；口味上喜油膩、甜而辛辣食物，不愛吃肉片、肉丁或肉絲之類的菜餚。	習慣吃大塊的牛、羊肉。
幾內亞	以大米、甜薯為主食，副食品以羊肉為主；口味偏重，喜愛香、辣味菜餚，不怕油膩；喜歡吃大塊的羊肉、牛肉，不愛吃肉片、肉丁或肉絲類。蔬菜有西紅柿、捲心菜、馬鈴薯、蘿蔔、胡蘿蔔和各種豆類；忌食豬肉、蝦、雞毛菜和蘑菇等菌類，也不吃甲魚、黃鱔、鰻魚、蟹及魚肚。	羊肉大米飯、串烤羊肉，全烤羊肉，豆瓣魚，辣味菜餚魚，咖哩牛肉，咖哩雞，什錦炒飯。
加納	習慣吃英式西菜，口味上喜清淡，不吃辣味菜餚；愛吃牛肉、羊肉、雞、鴨等食品，喜咖啡、水果。	以烤、煎、炸、燜和燴烹製的菜餚。

（續）表3-4　自助餐主要客源國賓客飲食習慣

國名	飲食特點	喜食菜餚
塞內加爾	以玉米、大米、高粱為主食，副食以牛、羊肉為主；蔬菜有西紅柿、馬鈴薯、蘿蔔、胡蘿蔔、捲心菜和各種豆類；口味上喜吃香而辛辣的食物，不怕油膩；早餐為麵包、奶油、牛奶、濃咖啡，愛喝中國綠茶。	習慣吃大塊的牛、羊肉，不愛吃肉片、肉丁或肉絲烹製的菜餚，愛吃法式西菜。
蘇丹	以高粱為主食，副食品有：牛肉、羊肉、雞、鴨、雞蛋及西紅柿、黃瓜、洋蔥、土豆等；喜四川菜及歐式西菜，口味喜清淡、較辣食品，不愛生菜、紅燒或紅燴帶汁菜餚；忌吃豬肉、海味、蝦、蟹、動物內臟（肝除外）以及奇形怪狀的食品，如鱔魚、甲魚、魷魚、海參；是世界上食糖消費量較高國家之一。	愛吃煎、烤、炸烹飪的菜餚。
坦尚尼亞	以玉米、大米、甜薯為主食，愛吃牛、羊肉，忌吃豬肉、動物內臟、海鮮及奇形怪狀食物，如魷魚、海參、甲魚；口味較重，不怕油膩，吃辣味食品，愛吃四川菜，英式西菜及咖啡，忌吃飛禽、雞及雞蛋。	愛吃四川菜餚。
科特迪瓦	以大米、甜食為主食，副食為牛、羊肉、雞、鴨、雞蛋、魚及西紅柿、捲心菜、土豆、蘿蔔、胡蘿蔔和各種豆類蔬菜。口味上喜油膩、辛辣，不愛肉丁、肉絲類菜餚；忌吃蝦、雞毛菜和蘑菇等菌類。	習慣吃大塊的牛、羊肉。
突尼斯	以大餅（發酵餅）、麵餅為主，配以西紅柿沙拉、洋蔥、拌辣椒、煮豆、醬為佐餐；肉食為牛、羊肉、雞、鴨、雞蛋；愛吃歐式西餐和四川菜，口味清淡，吃辣椒食品，不吃生菜、紅燒或紅燴帶汁菜；按伊斯蘭教規，忌食豬肉，不吃海味、蝦、蟹、動物內臟（肝除外）及其他奇形怪狀的食品，如鱔魚、甲魚、魷魚、海參；忌飲酒。	煎、炸、烹製菜餚。

（續）表3-4 自助餐主要客源國賓客飲食習慣

歐洲

國名	飲食特點	喜食菜餚
阿爾巴尼亞	以麵包為主食，吃歐洲口味西菜；口味上喜酸辣，用奶油燒菜，以羊肉、牛肉最普遍，愛吃蔬菜、水果、甜點心、咖啡；不愛吃中國菜，忌豬肉，不愛吃海味、魚蝦及紅燴、煮或帶汁等烹製菜餚。	通常愛吃以煎、烤、炸烹製的菜餚。
保加利亞	習慣吃俄式西菜，略帶德國菜特點；口味重，喜辣，不怕油膩，愛吃燜、燴、煎、烤類菜餚及中國菜。早餐喜愛小吃、酸牛奶、麵包，午餐菜量較多，晚餐較少。	烤豬肉，菜包肉，煎牛肉餅，炸雞，炸明蝦，烤羊肉，乾燒明蝦，香菇辣白菜，辣雞丁，燒鮭魚，青椒肉絲。
比利時	吃法式西菜占多數；早餐為酸牛奶、水果、各種蛋糕和點心；晚餐較重視，午餐較簡單；吃中國菜但不要太油膩，喜綠葉蔬菜、白菜，吃四川菜（但不宜太辣），吃瘦豬肉。	愛吃烤、炸、燜類菜餚，一般有雞、牛肉、羊肉、甲魚、雞蛋、茄子、番茄、黃瓜、蘿蔔。
波蘭	以西餐為主，口味偏清淡，不喜太油膩；喜烤、煮、燴類菜，愛用奶油，愛吃中國菜；以豬肉、牛肉為主，副食有雞、鴨、魚、蛋、羊肉、蝦、海味；忌吃豬、牛、羊的內臟（除肝外），不吃酸黃瓜和清蒸烹製的菜。	果汁鮭魚，中式牛扒，鹽水雞，鹽水鴨，掛爐烤鴨，軟炸里脊，洋蔥肉絲。
德國	以肉類為主食，可紅燒、煎、煮、清蒸，菜量要求大，且熱；午餐以燉或煮的肉類為主食，肉食品以牛肉、羊肉、豬肉、雞、鴨為主，不愛吃魚，口味較重，偏油膩，愛吃馬鈴薯，沙拉，晚餐多愛吃夾著香腸或火腿的土司之類冷餐，早餐為麵包、煎雞蛋、喝咖啡。吃番茄不加糖，不吃帶骨的肉食，如雞腿、雞翅、鳳爪、排骨等；不吃海參、蹄筋和動物內臟。	
法國	口味上喜濃郁，質地要鮮嫩；配料愛用大蒜頭、丁香、香菜、洋蔥、芹菜、胡蘿蔔等；早、午餐喜歡燉牛肉（酥嫩帶蹄筋），燉雞、燜雞、燉火腿、燜龍蝦、炸魚、燉魚，多不喝湯，晚餐愛吃肥豬、牛。羊肉和雞、蝦、海鮮魚（如鮭魚、黃魚、鯧扁魚要去刺骨）、雞蛋、生菜、各類蔬菜；愛吃廣東菜、淮揚菜及不辣白菜四川菜，不愛吃生蔬菜，不吃無鱗魚、辣味菜餚食品及海參、魷魚、海蟹、雞血、豬動物內臟等菜餚；飯後愛吃甜食和水果。	愛吃大魚、大肉、雞；愛吃冷盤菜；沙丁魚、墨魚子、火腿、起司及鵝肝醬，愛吃脆炸、軟炸等炸的食品，愛吃蠔油牛肉、咕咾肉、清湯；喜食酥油點心，如布丁、燴水果、燴菠蘿、冰淇淋。
芬蘭	以麵食為主食，喜歡吃西餐，用牛肉烹製菜餚；愛吃牛	用燜、烤、燴烹飪方法調

（續）表3-4　自助餐主要客源國賓客飲食習慣

國名	飲食特點	喜食菜餚
芬蘭	肉、羊肉、豬肉、家禽、野味、水產品；味重，不怕油膩，愛吃辣味食品，喝咖啡、紅茶。	理菜餚。
西班牙	講究色、香、味；不吃海參、蹄筋、魚肚等。	愛吃帶甜味的菜、粵菜等。
荷蘭	習慣吃西餐，對中餐感興趣；口味較重，喜油膩，愛吃牛肉、奶酪、羊肉、雞、鴨、魚及野味食品；不愛吃海味食品；喝牛奶如同我國喝茶一般。	烤、燴、煎類菜餚居多。
捷克和斯洛伐克	習慣吃西餐，早餐需有麥片粥，午、晚餐需有湯，愛吃清湯及奶油類各式點心；喜食豬肉及炸、煎、燜類菜餚；不宜油膩，口味與法國人相似；喜食牛肉、魚、蝦、羔羊、雞類菜；愛吃廣東菜，口味要清淡，少油膩，帶甜酸，微辣。	脆皮雞，糖醋魚，咕咾肉，火鍋、中式炸餃子。
南斯拉夫	以麵食為主食，口味偏重，不怕吃辣味菜餚食品，喜歡喝土耳其咖啡、紅茶、葡萄酒、果子酒、礦泉水。	愛吃奶油、起司、冷火腿、腸子、黑紅魚子、沙丁魚、煎小腸子、烤雞。
俄羅斯及獨聯體地區	習慣俄式西餐及麵包，口味偏重，多油膩，愛吃帶酸味食品；喜歡燜、煮、燴、烤、炸、煎類菜餚；愛喝冷飲料，吃冷菜；午、晚餐常有冷盤，午餐需有湯；副食有黃瓜、番茄、土豆、蘿蔔、生菜、洋蔥、酸白菜、酸黃瓜；喜四川菜、廣東菜。哈薩克人忌吃整條魚，也不吃海味、豬肉、魚、蝦、雞蛋。	魚湯，清湯，羊肉串，羊肉湯，烤羊肉，烤羊排，炸羊腸，糖醋鮭魚，乾煸牛肉絲，辣子雞丁（需微辣），紅燒牛肉，北京烤鴨，香酥鴨。
希臘	習慣吃西餐，口味清淡，不愛油膩，不愛帶甜澆汁菜餚，如：糖醋魚、糖醋排骨、糖醋里脊、咕咾肉。	愛吃乾炸類食品，如：乾炸雞、鴨、魚、蝦等。
羅馬尼亞	以麵食、土豆為主食；午餐較重視，早餐較簡單；口味上偏重酸、辣，多數吃燜、煎、炸、烤類菜餚，吃雞、鴨、牛肉、羊肉、豬肉類菜餚；喜歡用奶油燒菜吃，愛吃鹹鮮魚做的沙拉及冷食品。餐桌宜提供鹽、辣椒、大蒜；愛吃煎蛋、奶油、水果；不愛吃魚、海味食品及清淡的米飯；每餐吃麵包。	紅燜雞、烤鴨，炸牛排，烤羊肉串，烤豬排，冷火腿起司，腸子，黑麵包，黑紅魚子，脆皮雞，奶油菜心，炒雞丁，清炒蝦仁，菠蘿雞，燉肉，燉雞。
義大利	吃法上講究麵食，而不太重視蔬菜；喜歡通心麵、餛飩、餃子、麵疙瘩及各種炒飯；習慣吃燴、炒的米飯，如：西紅柿濃汁蝦貝的燴飯，習慣第一道就上麵食或炒飯；副食有：牛肉、羊肉、豬肉、雞、鴨、魚、蝦。味濃，原汁原味，烤、燒類菜較少，紅燜、紅燴及煎炸類	愛吃炒麵、油炸食品，如炸茄盒，愛吃腰果雞丁、清蒸魚，通心粉素菜湯，紅燜牛仔肘子，煎餛飩，什錦鐵板菠菜，三色比薩。

（續）表3-4　自助餐主要客源國賓客飲食習慣

國名	飲食特點	喜食菜餚
義大利	菜，愛吃法式西菜及中國菜，要求味道清淡而不油膩；不吃海參、海蟄、肥肉、動物內臟、豆腐等。	
英國	習慣西菜及中國菜，口味清淡，不吃辣，愛吃野味，清湯。烹製菜不用酒，烤類食物應有蘋果調味汁；早餐喜食麥片、三明治、嫩脯蛋、煮蛋、薰鹹肉、燴水果、橘子果醬、奶油點心及各種果汁，吃牛肉、雞肉、豬肉、羊肉、魚、蝦；午餐較簡單，晚餐較重視。午、晚餐喜吃澆上奶油調味汁煮的菜。有喝「被窩茶」和午茶的習慣；烹調方法以煮、燴、蒸、烤、爛為主，冬天吃熱布丁，夏季吃各種水果凍、冰淇淋、冷牛奶茶。	咕咾肉、牛柳、炸薯條、香酥雞；薯燴羊肉，燒鵝蘋果調味汁，野味攀，冬至布丁，明治攀。

（續）表3-4　自助餐主要客源國賓客飲食習慣

北美洲

國名	飲食特點	喜食菜餚
加拿大	習慣吃英、美式西菜；午、晚餐也吃中國菜，愛吃廣東菜；早餐吃牛奶、麥片粥、烤麵包及各種做法的雞蛋、水果汁。口味偏重甜酸、清淡，烹煮少用調料，用餐者自行調味；嗜好飲酒，忌食肥肉和各種動物內臟，晚餐愛喝清湯（加放青豆、小蘿蔔）。	炸魚蝦，煎、炸牛排、羊排、雞、鴨及糖醋魚、咕老肉；喜歡吃的點心有：蘋果派、香桃派、格司布丁。
美國	注重煎、炒、炸類菜餚，較少在廚房調味；口味鹹中帶甜酸葉，清淡，怕油膩；大多愛吃西菜，也吃廣東菜；菜餚中慣用水果配料；如：菠蘿燜火腿，蘋果烤鵝、鴨，紫葡萄燜野味；喜食青豆、油菜菜心、蒜苗、豆苗、扁豆、刀豆、西蘭花、蘑菇；習慣將有骨的肉食品去骨，如：雞鴨要去骨，魚要去頭、尾、刺骨，蝦去頭剝殼，海蟄要剝肉；早餐吃牛奶、水果汁、麵包、烤麵包等；喜食甜果醬、蠔油、海鮮醬，不愛喝茶，愛喝冰水（客人入座後宜先上），礦泉水、可口可樂、啤酒；忌食肥肉及動物內臟，不喜歡吃海參、魷魚、蹄筋。不愛吃蒸及紅燒類菜餚。	糖醋魚，菠蘿咕咾肉，拔絲蘋果，蛤蜊濃湯，美式火雞，蘋果沙拉，炸牛排，炸羊排，烤雞，炸雞，炸明蝦，炸魚，煎腓力牛排，沙朗牛排，煎炸豬排、辣子雞丁、魚香肉絲。

（續）表3-4　自助餐主要客源國賓客飲食習慣

大洋洲

國名	飲食特點	喜食菜餚
澳大利亞	習慣以英式西菜為主，口味清淡，不油膩，忌食辣味菜餚，少數人不喜歡酸味食品，以烤、燜、燴類菜居多。用餐時，喜歡自選調味。食品豐盛量大，對動物蛋白需要量也大，愛喝牛奶，愛吃牛、羊肉、豬肉、雞、鴨、魚、雞蛋、乳製品及新鮮蔬菜，對中國菜感興趣。愛喝咖啡，吃水果。	炒里脊丁，脆皮雞，油爆蝦，糖醋魚，什錦炒飯。
斐濟	以米飯、麵食為主食，多數吃英式西菜；口味清淡，不油膩，咖哩烹製帶辣味菜；副食品有羊肉、精豬肉、雞、鴨、魚、蝦、海鮮及土豆、西紅柿、菜花、菠菜；一般愛吃素食，忌飲酒。	以煎、炸、烤類菜餚為主。
紐西蘭	習慣吃英式西菜，口味清淡，不油膩；動物蛋白需要量大，愛吃牛、羊肉、乳製品及魚、蝦、雞蛋；一般不吃辣味菜餚；喜歡自行調味，愛喝咖啡、紅茶，也愛喝啤酒、橘子汁、礦泉水，愛吃水果。	以烤、燜、燴類菜餚為主。

（續）表3-4　自助餐主要客源國賓客飲食習慣

拉丁美洲

國名	飲食特點	喜食菜餚
阿根廷	習慣吃歐式西菜，以牛、羊、豬肉為主，吃魚、蝦和其他菜餚，不吃奇形怪狀類菜，如海參、鱔魚；口味清淡，愛吃辣味食品及四川菜，每餐喝咖啡，午、晚餐愛吃水果，並愛飲酒，早餐喝紅茶及烤麵包。	烤全牲，以烤、燜、炸類菜餚為主。
巴西	習慣吃歐式西菜為主，慣吃以煎、炸、烤、燴類菜；喜歡吃中餐、四川菜、魚及里脊，以豬肉、牛、羊肉及水產品為主；口味清淡，愛吃辣味食品；菜餚數量不多，但品質要高。愛吃蛋糕、煎餅類甜點心；早餐喝紅茶，吃烤麵包，午、晚餐喝咖啡，吃香蕉等水果。	乾燒魚，豆瓣魚，辣子雞丁，糖醋鮭魚，炒里脊丁，黃瓜汆里脊片湯。
古巴	習慣以歐式西菜為主，口味喜清淡，不喜油膩；以豬、牛肉為主要食品，也吃雞、鴨、魚及各種辣味食品；飲咖啡、可可及紅茶，不愛吃羊肉和海鮮食品。	愛吃烤、煎、炸類菜餚。

（續）表3-4　自助餐主要客源國賓客飲食習慣

國名	飲食特點	喜食菜餚
墨西哥	習慣吃煎、炒、炸類菜餚，並用水果作配料；口味喜歡鹹中帶甜酸味，清淡，不油膩；大多習慣吃歐美式西菜，及中國菜中的廣東菜；通常吃牛、羊肉、雞、鴨、魚、蝦及各種蔬菜；早餐為牛奶、各種水果汁及烤麵包；午、晚餐愛吃墨西哥風味菜點，如：香蕉葉捲烤雞、玉米餅奶油檸檬湯、水果味玉米餅。	糖醋魚、咕咾肉、炸羊排、炸牛排、炸雞鴨、炸魚蝦。

第四章

自助餐菜點製作

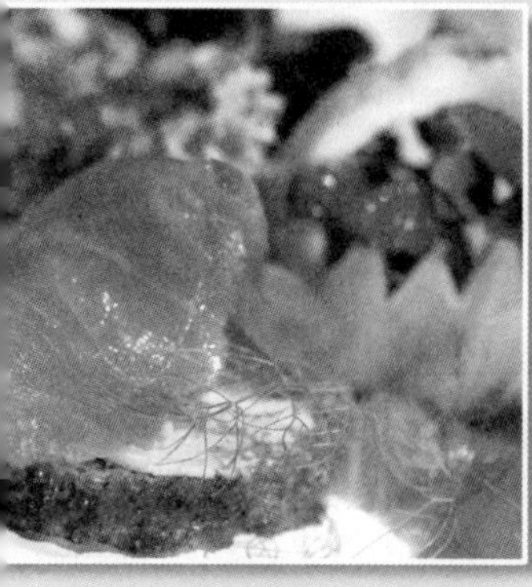

自助菜點原料籌措

自助餐菜點原料的取用非常廣泛，有蔬菜類、肉類、水產品、豆製品、水果品、野味以及糧食類等等。由於自助餐用餐標準的變化，用於製作自助餐菜點的原料的品質和品種也隨之變化，同時，自助餐菜點種類的調整，與原材料的使用有著直接聯繫。及時籌措、適用供給各類合格原料，是進行正常自助餐生產、提供優質自助餐服務所必需的前提條件。

合理地採購自助餐原材料

自助餐原材料的採購，就是要以合理的價格、在適當的時間內，從安全可靠的途徑，按規格標準和預定數量採購到自助餐廚房所需的各種原材料，保證自助餐生產的順利進行。

原材料採購方式

由於原材料供貨市場紛繁複雜，原料採購方式也多種多樣。選擇何種採購方式適宜，關鍵在於廚房生產規模和當地原料市場的情況，主要的採購方式有競爭價格採購、集中採購、分類採購、成本加價採購、無選擇採購等，這裡我們介紹「競爭價格採購」方法以供參考。

競爭價格採購，適用於採購次數頻繁，幾乎需要每天進貨的食品原料。自助餐廚房絕大部分鮮活原料的採購業務多屬於此種性質。

首先，採購單位把所需採購原料的名稱及其規格標準透過電話聯繫或函告，或透過直接接觸等方式告知各有關供貨單位，並取得所需原材料的報價。其次，一般每種原料至少應取得三個供貨單位的報價，飯店財務、採購等部門再根據市場調查的價格，隨後選擇確定其中原料品質最合適，價格最優惠的供貨單位，讓其按既定的價格、原料規格，按每次訂貨的數量負責供貨。再者，待一個週期（區別原料性質和市場性質，七至十五天不等），再進行詢價、報價，確定供貨單位。這樣做的好處是，在比較優惠的前提下，可以相對穩定供貨單位及原料規格、價格，減少麻煩。其缺點是有時受固定單位約束或牽制，缺少靈活性。

原材料採購的品質控制

只有規格、品質始終如一的原材料作保證，自助餐廚房才能提供品質始終如一的菜點成品。在有嚴格的採購程序情況下，制定自助餐原料採購規格標準，並依此進行採購，是保證自助餐廚房生產所需原料品質的有效措施。採購規格標準是根據自助餐廚房製作的需要，對所要採購的各種原材料作出詳細的具體規定，如原料產地切割情況、冷凍狀態等等（**表4-1**）。在制定原料採購規格標準時，要注意這樣幾個方面的問題。

表4-1 肉類原料規格標準書（樣）

品名	規格	品質說明
無骨豬大排	1～2千克／條	整條，長四十釐米左右，條形完整；符合商業部豬肉一級標準；肉色淡紅色；無不良氣味，無變質和溶凍跡象；冷凍運輸，訂購後第七天交貨。

第一，規格標準的文字表達要科學、準確、簡練，避免使用模稜兩可的詞語，如「一般」、「較好」等等。

第二，制定採購規格標準應謹慎仔細，要認眞分析菜單、菜譜，要根據實際需要，也要考慮市場供應情況，廚師長會同成本控制人員和採購部人員一起研究制定，力求把規格標準定得切實可行。

第三， 採購規格標準的制定一般是針對那些成本高，對自助餐廚房產品的品質有決定作用的原料而制定的。

採購規格標準一經制定，應一式多份。採購規格標準可以在自助餐營業的任何一個階段制定，同樣，隨著市場行情的變化和菜餚新品的研製推出，採購規格標準應作及時調整或修訂。

原材料採購數量控制

自助餐原料採購數量是根據廚房原料的預訂量和倉庫儲存的情況來確定的。倉庫儲存原料的訂購量可根據不同品種原料存貨額來決定所需採購數量，即對各種原料確定它的最高和最低庫存量，用採購來保持庫存量的平衡。

以庫存「罐裝玉米粒」爲例（**表4-2**），說明最高和最低庫存量的計算及補充採購方法。

表4-2是用控制最高和最低庫存量的方法來確定訂貨採購量，使用這種方法必須首先決定每一項物品的最低和最高庫存量，並向訂貨人說明不得少於最低庫存量才訂貨，否則會影響生產和經營。超過最高庫存量則不得再行添購，以防原料積壓，對採購週期要調查核實得十分精確。

在確定庫存原料採購數量時，還必須考慮以下因素：

1.產品的銷售量

當產品銷售量突然增大時，相應地需要增加採購量。連續接待

表4-2　以「罐裝玉米粒」為例，計算最高和最低庫存量方法

原料採購單位（箱）	12罐／箱
每天使用量	12罐
採購週期	30天
採購週期內的使用量	12×30＝360（罐）即30箱
訂貨到購回入庫時間	3天
訂貨到入庫期間使用量	12×3＝36（罐）即3箱
庫存安全係數	12×3＝36（罐）即3箱
最低庫存量	訂貨到入庫期間使用量＋庫存安全係數，即：3＋3＝6（箱）
最高庫存量	採購週期內的使用量＋庫存安全係數，即：30＋3＝33（箱）
訂貨採購量：當處在最低存量訂貨時，訂貨採購量就是採購週期內的使用量。即：30箱。 在庫存未達計最低庫存量時，確定訂貨採購數量，應先清點庫存數量，然後從清點的庫存量中減去最低庫存量。 假定現有庫存量：8箱，減去最低庫存量：6箱，即：8－6＝2箱。 則：採購量應為採購週期內的使用量減去超過最低庫存量的數量，即：30－2＝28箱。	

大型團隊或會議用餐以及推廣食品週時，銷量必然相應增加。

2.貯存情況

確定庫存採購量應考慮到倉儲設施的承受能力和條件，是否會產生損耗或損壞變質的可能；貯存的費用和安全因素也應加以考慮。

3.市場情況

市場的原料供應受季節變化影響很大，對可能發生短暫的原料，應隨時調整採購週期或庫存量。

4.運輸問題

有些原料的採購運輸需要一定的條件，應考慮到可能發生的送貨誤期。

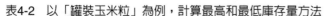

5.使用量的變化

食品原料庫存量應定期檢查，因銷售變化而產生的庫存過多或不足現象，要及時採取相應措施。

自助餐廚房訂貨，其種類多爲鮮活食品原料，這些原料具有易腐的特性，通常不宜作爲庫存食品。因此，自助餐廚房應根據需要每日或隔日提出訂貨。訂貨量透過測算需用量，再減去已有存貨量來確定。具體的訂貨量計算方法是，先列出所需訂貨的種類，然後用預測銷售的份數，乘以菜餚的標準份量，得出所需原料的數量，再減去已有的存貨量，便可以算出的要訂購的每種烹飪原料數量。

原材料採購價格的控制

自助餐原料的價格受影響的因素很多，諸如採購的數量、原料本身的品質、市場的供需狀況、供應單位的貨源管道和經營成本、供應單位支配市場的程度等。根據自助餐廚房生產的實際需要，可以採取下列方法控制價格並且保證原料的品質。

1.儘可能減少中間環節

跳過供應單位，直接從批發商、製造商或種植者以及市場直銷處採購，往往可獲得優惠價格。近年在爭創綠色飯店的活動中，有許多飯店自行物色、定點建立無公害、綠色蔬菜生產基地、禽畜飼養基地，既保證了原料品質，又省卻了中間環節。

2.控制大宗和貴重原料的購貨權

貴重和大宗食品原料其價格是影響自助餐廚房成本的主體。因此有些飯店規定由自助餐廚房提供使用情況的報告，採購部門提供各種供應商的價格，具體向誰採購必須由飯店決策層決定。

3.提高購貨量和改變購貨規格

大批量採購可以降低單價。另外，當某些原料的包裝規格有大有小時，如有可能，大批量購買大規格包裝的原料，也可降低單位價格。

4.規定採購價格

透過詳細的市場價格調查，飯店對廚房所需的某些原料提出購貨限價，規定在一定的幅度範圍內，按限價進行市場採購，不得超過。當然這種限價是飯店派專人負責調查後獲得的訊息。限價種類一般是採購週期短、隨進隨用的新鮮品。

5.根據市場行情適時採購

當某些食品原料在市場上供過於求、價格十分低廉，又是廚房大量需要的，只要品質符合標準並有條件貯存，可利用這個機會購進，以減少價格回升的開支。當原料剛上市，價格日漸下跌，採購量儘可能要少，只要滿足短期生產即可，等價格穩定時再行添購。

6.規定購貨管道和供應單位

為使價格得以控制，許多飯店規定採購部門只能向所指定的單位購貨或者只許購置來自規定管道的原料。因為飯店預先已與這些單位商定了購貨價格。

加強原料採購的驗收管理

驗收是提供自助餐廚房生產價格適宜，又符合標準多類菜點的保證。原料驗收管理不僅關係到自助餐廚房生產菜點的品質，而且還對生產成本的控制產生直接影響。因此，規定驗收程序和標準，並使用有效的驗收方法，對驗收工作加以控制管理是必需的。以下是驗收方法與程序標準：

根據訂購單檢查進貨

驗收人員要負責核實驗收貨物是否符合訂購單上所規定的品種及規格品質要求，符合品種相規格品質要求的原料及時進行其他方面的檢驗，不符合要求則拒收：

1.未辦理訂貨手續的原料不予受理。

2.對照原料規格書，規格未達標準或不符規格的原料不予受理。

3.對畜、禽、肉類原料，查驗衛生檢疫證，未經檢疫或檢疫不合格原料拒絕受理。

4.冰凍原料如有已化凍變軟的情形，亦作不合格原料拒收。

5.對各類品質有懷疑的原料，需報請廚師長等專業技術權威仔細檢查，確保收進原料符合原料規格書的最低品質標準。

根據送貨發票檢查進貨原料

供貨單位的送貨發票是隨同物品一起交付的，供貨單位送給收貨單位的結帳單是根據發票內容開具的，因此，發票是付款的主要憑證。供貨單位送來或飯店自己從市場採購回來的原料數量、價格是發票的主要內容，故應根據發票來核實驗收各種原料的數量和價格。

1.凡是以件數或個數爲單位的送貨，必須逐一點收，記錄實收箱數、袋數或個數。

2.以重量計量的原料，必須逐件過磅，記錄淨料；水產原料瀝水去冰後稱量計數，拒收注水摻假原料。

3.對照隨貨交送的發票，檢查原料數量是否與實際數量相符以及是否與採購訂單原料數量相符。

4.檢查送貨發票原料價格是否與實際數量相符以及是否與採購訂單原料數量相符。

5.檢查送貨發票原料價格是與採購定價一致，單價與金額是否相符。

6.如果由於某種原因，發票未隨貨同到，可開具飯店印製的備忘清單，註明收到原料的數量等，在正式發票送到以前以此清單據以記帳。

對不合格原料予以退回

對品質不符合規格要求或份量不足的原料，塡寫原料退回通知單，註明拒收理由，並取得送貨人簽字，將通知單（副本備存）隨同不合格原料及有關原料憑證（不影響其他進貨做帳）一同退回。

受理原料

前三個程序完成後，驗收人員應在送貨發票上簽字並接受原料。有些飯店爲了方便控制，要求在送貨發票或發貨單上加蓋收貨章。收貨章包括收貨日期、單價、總金額、驗收人員等，驗收人員正確塡寫上述項目並簽字。檢驗認可後的原料，就應由進貨單位負責，而不再由採購人員或供貨單位負責，這一點驗收人員應該清楚。

原料入庫

驗收後的原料，從品質和安全方面考慮，需及時送入庫內存放。有些鮮活易腐的原料，應及時通知廚房領回加工。冰凍原料應及時放入冷藏，防止化凍變質。入庫原料在包裝上註明進貨日期、進料價格或使用標籤，以利於盤點和安排領用。原料入庫應有專人搬運。由供應單位的送貨員把原料送入倉庫的做法是不足取的。

完成相關報表

驗收人員塡寫進貨日報表，以免發生重複付款的差錯，並可用作進貨的控制依據；所有發票和有關單據連同進貨日報表及時送交財務部門，以便登記結算。

加強原材料的貯藏與發放管理工作

貯藏是對原材料的妥善保管，發放則是原材料有計畫的出庫，兩者皆與採購及生產緊密相關，是保證自助餐廚房產品品質和成本控制的重要管理環節。

自助餐原料的貯藏管理

廚房原材料的貯藏，根據其自身的特點和要求，可分爲兩大類，即乾藏和冷藏。只需在常溫條件下便可保存的原料用乾貨庫貯藏；需要低溫，甚至在冷凍條件下才可保存的原料，則採用冷藏庫或冷凍貯藏。

1.乾貨庫管理

各類乾貨、罐頭、米麵等食品原料都適用於乾貨庫貯藏。雖然這些原料的貯藏不需要冷藏，但也應保持相對的涼爽。乾貨庫的溫度應保持在18～21℃之間。對大部分原料來說，若能保持在低溫，其保藏品質效果更好。乾貨庫的相對濕度應保持在50％～60％之間，穀物類原料則可低些，以防發霉。通風的好壞對乾貨庫溫濕度有很大影響。按照標準，乾貨庫的空氣每小時應交換四次。倉庫內照明，一般以每平方米2～3瓦爲宜；如有玻璃門窗，應儘量使用毛玻璃，以防止陽光的直接照射而影響原料品質。

乾貨庫管理的具體做法是：

（1）乾貨庫應安裝性能良好的溫度計和濕度計，並定時檢查其溫、濕度，防止庫內溫度和濕度超過許可範圍。

（2）原料應整理分類，依次存放，保證每一種原料都有其固定位置，便於管理和使用。

（3）原料應放置在貨架上，保證原料至少離地面二十五釐米，離開牆壁十釐米，以便於空氣流通和清掃，並隨時保持貨架和地面的乾淨，防止污染。

(4) 原料存放應遠離自來水管道、熱水管道和蒸氣管道，以防受潮和濕熱發霉。

(5) 入庫原料需註明進貨日期，以利於按照先進先出的原則進行發放，定期檢查原料保質、保存期，保證原料品質。

(6) 乾貨庫應定期進行清掃、消毒，預防和杜絕蟲害、鼠害。

(7) 塑料桶或罐裝原料應帶蓋密封，箱裝、袋裝原料應放在帶輪墊板上，以利挪動和搬運。玻璃器皿盛裝的原料應避免陽光直接照射。

(8) 所有有毒及易污染的物品，包括殺蟲劑、去污劑、肥皂以及清掃用具，不要放在食品原料乾貨庫內。

(9) 控制有權進入倉庫的人員數量，其他單位及職員私人物品一律不存放在乾貨庫內。

2.冷藏庫管理

冷藏是以低溫抑制鮮貨類原料中微生物和細菌的生長繁殖速度，維持原料的品質，從而延長其保存期。因此，一般溫度應控制在0～10℃，將其設計在冷凍庫的隔壁，可以節省能源。由於冷藏的溫度限制，其保持原料品質的時間不可能像冷凍那樣長，抑制微生物的生長只能在一定的時間內有效，所以要特別注意貯藏時間的控制。冷藏的原料既可是蔬菜等農副產品，也可以是肉、禽、魚、蝦、蛋、奶以及已經加工的成品或半成品，如各種甜點、湯料等。

冷藏庫管理的具體做法是：

(1) 冷藏室溫度每天必須定時檢查，溫度計應安裝在冷藏庫明顯的地方，如冷藏庫門口。如果庫內溫度過低或過高都應調整，在製冷管外結冰達〇·五釐米時，應考慮進行解凍，保證製冷系統發揮正常功能。

（2）自助餐廚房要制定妥善的領用原料計畫，儘量減少開啓冷藏室的次數，以節省能源，防止冷藏設備內濕度變化過大。

（3）冷藏庫內貯藏的原料必須堆放有序，原料與原料之間應有足夠的空隙，原料不能直接堆放在地面或緊靠牆壁，以使空氣良好循環，保證冷空氣自始至終都包裹在每一種原料的四周。

（4）原料進冷藏庫之前應仔細檢查，不應將已經變質或弄髒的原料送入冷藏庫。

（5）需冷藏的原料應儘快下庫，儘量減少耽擱時間；對經過初加工的原料進行冷藏，應用保鮮紙包裹並裝入合適乾淨盛器，以防止污染和乾耗。

（6）熟食品冷藏應等晾冷後進行，盛放容器需經過消毒，並加蓋存放，以防止乾縮和沾染其他異味，加蓋後要注意便於識別。

（7）冷藏設備的底部及靠近冷卻管道的地方一般溫度最低，這些地方儘可能存放奶製品、肉類、禽類、水產類原料。

（8）冷藏時應拆除魚、肉、禽類等原料的原包裝，以防止污染及致病菌的進入；經過加工的食品如奶油、奶酪等，應連同原包裝一起冷藏，以防發生乾縮、變色等現象。

（9）要制定清掃規程，定期進行冷藏庫的清掃整理工作。

（10）各類原料冷藏溫度及相對濕度應執行標準（見**表4-3**）。

3.冷凍庫管理

冷凍庫的溫度一般在－18～－23℃之間，在這種溫度下，大部分微生物都得到有效的抑制，少部分不耐寒的微生物甚至死亡，所以可使原料能長時間貯存。

表4-3　各類原料冷藏溫度與相對濕度

食品原料	溫度	相對濕度
新鮮肉類、禽類	0～20°C	75%～85%
新鮮魚、水產類	－1～1°C	75%～85%
蔬菜、水果類	2～7°C	85%～95%
奶製品類	3～8°C	75%～85%
廚房一般冷藏	1～4°C	75%～85%
自然解凍	－3～3°C	60%

原料冷凍的速度越快越好，因爲速凍之下，原料內部的冰結晶顆粒細小，不易損壞結構組織。事實上，原料的冷凍是分三步進行：

（1）冷藏降溫。

（2）速凍。

（3）冷凍貯存。

如果原料速凍與冷凍貯存在同一設備中進行，難免不引起溫差變化而影響原先貯藏的原料的品質。因此，有條件的飯店，應安裝速凍設備，其溫度一般應在－30℃以下。

冷凍庫管理的具體做法：

（1）控制好進貨驗收關，堅持冷凍原料在驗收時必須處在冰凍狀態的原則，避免將已解凍的原料送入冰庫。

（2）新鮮原料凍藏應先速凍，然後妥善包裹後再貯存，以防止乾耗和表面受污染。

（3）冷凍原料溫度應保持在－18℃以下。溫度越低，溫差越小，原料貯藏期及原料品質越能得到保證。

（4）冷凍貯存的原料，特別是肉類，應該用抗揮發性的材料包裝，以免原料過多地喪失水分而造成凍傷，引起變質或變色。因而冰庫內的相對濕度應比冷藏庫稍高。

（5）冷凍原料一經解凍，不得再次冷凍貯藏。否則，原料內復甦了的微生物將引起食物腐敗變質，而且再次速凍會破壞原料組織結構，影響外觀、營養成分和口味。

（6）冷凍原料不能直接放在地面或靠牆擺放，以免妨礙庫內空氣循環，影響貯存品質。

（7）堅持先進先出的原則，所有原料必須註明入庫日期及價格，並經常挪動貯存的原料，防止某些原料貯存過期，造成浪費。

（8）檢查整理並保持冷凍庫各類原料均存放在貨架上並保持整齊。

（9）在－18～－23℃的冷凍庫中，應注意下列各類原料的最長貯藏期（**表4-4**）。

自助餐原料的發放與領用

加強自助餐原材料發放管理，其目的，一是為了保證自助餐廚房用料得以及時、充分供應；二是控制自助餐廚房用料的數量，正確記錄自助餐廚房用料的成本。為此，原料的發放要做這樣幾個方面的工作：

表4-4　各類食品貯藏期

原料名稱	最長貯藏期
香腸、魚類	1～3個月
豬肉	3～6個月
羊肉、小牛肉	6～9個月
牛肉、禽類	6～12個月
水果、蔬菜類	生長間隔期

原料發放要履行必要的手續

爲了記錄每一個發放的原料數量及其價值以便正確計核廚房成本消耗，倉庫原料發放必須堅持憑原料領用單發放的原則。領用單由廚房領料人塡寫，由廚師長及規定有權審批的人員核准簽字，然後送倉庫領料。保管人員憑單發料後在單上簽字。原料領用單一式三份，一聯隨原料交回領用廚房，一聯由倉庫轉交財務部，一聯作倉庫留存。倉庫發貨人員要堅持原則，做到沒有領用單不發貨，領用單沒有經審批或塗改、字跡不清楚的也不予發貨。

原料要定時發放

倉庫保管人員應有充分的時間整理倉庫，檢查各種原料的庫存及品質情況。同時爲了促使廚房加強用料的計畫性，對原料的發放必須規定時間，定時發放。

正確計價

根據領料手續做好原料發放紀錄和存貨紀錄。當日發貨時間過後，倉庫保管人員必須逐一將領用單計價，並及時轉交食品成本控制人員，以保持庫中原料與帳卡相符，協助做好廚房成本控制工作。

自助餐菜點的原料加工

自助餐廚房原料的加工包括原料的初步加工和再加工兩大部分。原料的初步加工是指對鮮活原料進行宰殺、洗滌和初步整理以及對冰凍原料的解凍等；而再加工則是指對原料的切割成形和漿、醃等工作。這些工作是整個自助餐廚房生產製作的基礎，其加工品的規格品質和出品時效，對下一階段的自助餐廚房生產產生直接影響。同時，加工品質還決定原料的營養衛生狀況，原料出淨率的高低，這對原料的成本控制也有較大的幫助。

原料成形

原料經過不同的刀法加工之後，就成爲既便於烹調，又便於食用的各種形狀。常見的形狀有片、絲、塊、條、丁、粒、末、茸等。自助餐原料加工的處理離不開這些形狀。

片

片有多種成形的方法。那些質地較爲堅硬的脆性原料可以採用切的刀法。其中瓜果類、蔬菜類等可採用直刀切；薄而扁平的原料可採用片的刀法，韌性原料可採用推切、拉切或鋸切等。常用片的形狀有：月牙片、薄片、厚片、柳葉片、象眼片、夾刀片等。切片時要注意下列幾點：

1.握刀平穩，用力輕重一致。
2.左手按料要穩，不輕不重。
3.在片的過程中要隨時保持砧板面乾淨。
4.刀要隨時擦乾。

絲

切絲時先要把原料加工成片形，然後再切成絲。切時要將片排成瓦楞形或整齊地推疊起來。絲的粗、細主要決定於片的厚薄，絲的長度一般以五釐米左右爲宜。切絲時應注意以下幾點：

1.厚薄均勻。加工片時要注意厚薄均勻，切絲時要切得長短一致，粗細均勻。

2.排疊整齊。原料加工成片後，排疊要整齊，且不能疊得過高。

3.按穩原料使其不易滑動。

4.根據原料的性質決定順切、橫切或斜切。

塊

塊是採用切、砍、剁等刀法加工成的。

凡質地較爲鬆軟、脆嫩、或者質地雖較硬，但去骨去皮後可以切斷的原料，都可採用切的刀法成塊。常見的塊形有菱形塊、大小方塊、長方塊、劈柴塊、大小滾料塊等。

條

條的成形方法是先把原料切成厚片再切成條，其粗細取決於片的厚薄及烹調的要求。

丁、粒、末、茸

丁、粒、末都是在條的基礎繼續加工而製成的。丁是大於粒、末的小塊，其大小根據原料和烹調的具體要求而定。粒較丁小一些，大的如綠豆粒，小的和小米相仿；末的大小略小於小米粒，將丁或粒再切小或剁碎即可；茸是採用排剁的方法製做的，將原料製得極細，形成茸泥狀，其原料一般有雞、蝦、魚、肉等。

原料加工的品質管理

自助餐原料加工品質主要包括原料的加工出淨率，原料加工的規格標準、原料的加工數量以及冷凍原料的解決等。

原料加工的出淨率

係指加工後可用作做菜的淨料和未經加工的原始原料之比。出淨率越高，則原料的利用率就越高；相反，出淨率越低，菜餚單位成本就越大。因此，在實際工作中把握加工的出淨率是十分必要的。具體做法可以採用對比考核法，即對每批新使用的原料進行加工測試，測定出淨率後，再交由加工廚師或助手操作。在加工廚師操作過程中，對領用原料和加工成品分別進行稱量計重，隨時檢查，看是否達到標準。未達標準則要查明原因。如果因技術問題造成，要及時採取有效的培訓、指導等措施；若是態度問題，則更需強化檢查和督導。有必要經常檢查下腳料和垃圾桶，檢查是否還有可用部分未被利用，使員工對出淨率引起高度重視。

原料加工數量的控制

原料的加工數量，主要取決於廚房配份等單位銷售菜餚、使用原料的多少。加工數量應以銷售預測爲依據，以滿足生產爲前提，留有適當的貯存週期量，避免加工過多而造成品質降低。整個廚房內部可規定，需要加工的原料營業情況，於當日統一時間（如中午開餐後、下班前），申訂次日所需加工原料，並折算成各類未加工原料，向採購部申購或去倉庫領貨進行集中統一加工製作，再按需要發放。這樣可較好地控制各類原料的加工數量，並能做到及時週轉發貨，保證廚房生產的正常進行。

制定嚴格的原料加工規格標準

除了控制加工原料的出淨率，還需要嚴格把握加工原料的規格標準和衛生指標，凡不符合規格要求的加工品，禁止流入下一道程序。所有對原料的加工、分工要明確，標準要清楚，一方面有利於分清責任，另一方面可以提高廚師專項技術的熟練程度，有效地保證加工品質。

冷凍原料的解凍品質控制

爲了能使解凍後的原料恢復原狀——即新鮮、軟嫩的狀態，減少汁液流失，保持其原有肉味和營養，解凍時要注意以下幾點：

1.解凍時，內、外部解凍所需時間差距要小。因爲解凍時間越長，受污染的機會、原料自身汁液流失的數量就越多，因此，在解凍時，可採用勤換解凍媒質的方法，以縮短解凍物內外時間差。

2.原料解凍的媒質溫度要儘量低。用於解凍的空氣、水等，其溫度要儘量接近冰凍原料的溫度，使其緩慢解凍。最好的辦法是事先將被解凍原料適時提前從冷凍庫領至冷藏庫進行部分解凍，這是方便而節省能源的可取做法，即使將解凍原料置於空氣或水中，也要力求將空氣、水的溫度降低至10℃以下（如用碎冰和冰水等解凍）。切不可操之過急，將冰凍原料直接放在熱水中解凍，造成原料外部已經半熟，而內容卻凍結如石，原料內外的營養、質地、感官指標將受到很大破壞。

3.被解凍原料不要直接接觸解凍媒質。在解凍時，微生物會隨著原料溫度的回升逐漸開始活動；加之解凍時需要一定的時間。爲了防止被解凍原料的氧化，被微生物侵襲和營養流失。最好用聚乙稀烯薄膜包裹解凍原料，然後再進行水泡或流水解凍。

原料加工的品質標準與程序

蔬菜類原料加工程序

1.標準

（1）去除老葉、老根、老皮及筋絡等不能食用部分。

（2）修削整齊，符合規格要求。

（3）無泥沙、蟲卵，洗滌乾淨，瀝乾水分。

（4）合理放置，不受污染。

2.程序

（1）備齊蔬菜和數量，準備用具及盛器。

（2）按熟製菜餚要求對蔬菜進行揀摘或去皮，或摘取嫩葉、心。

（3）分類洗滌蔬菜，保持其完好，瀝乾水分，置筐內。

（4）交廚房領用或送冷藏庫暫存待用。

（5）清潔場地，清運垃圾，清理用具，妥善保管。

禽類原料加工程序

1.標準

（1）殺口適當，血液放盡。

（2）羽毛去淨，洗滌乾淨。

（3）內臟、雜物去盡，物盡其用。

2.程序

（1）備齊加工禽類原料，準備用具、盛器。

（2）將禽類按烹調需要宰殺除毛。

（3）根據不同做菜要求，進行分割，洗淨瀝乾。

（4）將加工後的禽類原料交切割單位切割；剩餘禽類用保鮮

膜封好，放置冷藏庫存中的固定位置，留待取用。

（5）清潔工作區域及用具，清運垃圾。

水產類原料加工程序

1.標準

（1）魚：除盡污穢雜物，支鱗則去盡，留鱗則完整；血放盡，鰓除盡，內臟雜物去盡。

（2）蝦：鬚殼、泥腸、腦中污沙等去盡。

（3）河蟹：整隻用蟹刷洗乾淨，捆紮整齊；剔取蟹粉，肉、殼分清，殼中不帶肉，肉中無碎殼，蟹肉與蟹黃分別放置。

（4）海蟹：去盡腹臍等不能食用部分。

2.程序

（1）備齊加工的水產品，準備用具及盛品。

（2）對蝦、蟹、魚等原料進行不同的宰殺加工，洗淨瀝乾，交給切割單位，剩餘部分及時放入冷藏庫待用。

（3）剔蟹粉蟹蒸熟，分別剔取蟹肉、蟹黃，用保鮮膜封好，入冷藏庫待領。

（4）清潔場地，清運垃圾，清理用具，妥善保管。

肉類原料加工程序

1.標準

（1）用肉部位準確，物盡其用。

（2）污穢、雜毛、筋膜剔盡。

（3）分類整齊，成形一致。

2.程序

（1）備齊待加工肉類原料，準備用具和盛器。

（2）根據菜餚烹調規格要求，將所用的豬、牛、羊等肉類原料進行不同的洗滌和切割。

（3）將加工後的肉類原料交上漿單位漿製，剩餘部分用保鮮膜封好，分別放置冷藏庫規定位置或下冰箱，留待取用。

加工原料上漿工作程序

標準

（1）調味品用料合理，調味準確。

（2）領取備齊上漿用調味品，清理整理上漿用具。

（3）對白色菜餚的上漿原料進行漂洗。

（4）將原料瀝乾或吸乾水分。

（5）根據烹調菜餚要求，對不同原料分別進行漿製。

（6）已漿製好的原料，放入相應盛器，用保鮮膜封後，入冷庫暫存待領用。

（7）整理上漿用調味品等用料，清潔上漿用具並歸位，清潔工作區域，清除垃圾。

原料切割工作程序

1.標準

（1）大小一致，長短相等，厚薄均勻，放置整齊。

（2）用料合理，物盡其用。

2.程序

（1）備齊需切割的原料，化凍至可切割狀態，準備用具及盛器。

（2）對切割原料進行初步整理，剔除筋、膜皮，斬盡腳、鬚等。

（3）根據不同烹調要求，分別對畜、禽、水產品、蔬菜類原料進行切割。

（4）區別不同用途和領用時間，將已切割原料分別包裝冷藏或交上漿單位漿製。

水產原料活養程序

1.標準

（1）原料鮮活無病死。

（2）水質清澈無雜質。

（3）溫度適宜，供氧充足，通風光線適當。

2.程序

（1）打開水箱網罩檢查活養池內已養水產原料的存活情況，揀出已死水產品。

（2）爲水箱、水池換水，檢查增氧泵運作情況。

（3）檢查水溫，採取相應措施，保證水溫達到活養要求。

（4）購進的鮮活水產品去除雜物，及時放進相應的活養水箱及容器。

（5）銷售宰殺活養水產品時，隨用隨取，多取的水產品及時放回，保持水箱及容器的整潔。

（6）定期檢查水產原料存活情況，撈出將死的水產品，做格外處理。

（7）視情況爲水箱換水，加蓋網罩，上鎖。

自助餐菜點配備與烹製

自助餐菜點配備的內容

自助餐菜點的配備就像一桌豐盛的宴會一樣，其內容既有冷菜

（開胃品）、湯、熱菜，又有點心、水果以及冷飲等。根據自助餐標準或等級的不同，菜點配備在數量和品質上也有很大的差異。標準或等級高的自助餐，其菜點的配備要求品種多、品質也好；反之，其菜點配備的品種就少，品質也差些。從其內容上看，自助餐菜點的配備是非常豐富的，可選擇的品種很多，總有一款適合你的口味，避免了宴會菜點的局限性。隨著餐飲業不斷的發展，新原料、新工藝的不斷呈現，人們餐桌上所配備的內容也越來越多。自助餐餐檯上的菜點也不例外，其內容越來越豐實，中、西相結合的自助餐檯更是琳瑯滿目，應有盡有，不但菜點豐實，而且其裝盤更加美觀實用。有些自助餐經營者爲了體現其等級，還特設了一些特殊菜點的現場供應點，在一定程度上增加了現場的氣氛和食用效果。

自助餐菜點配備的要點

爲了能有效地、更好地經營自助餐，自助餐菜點的配備是至關重要的。它不但影響到菜點的品種和品質，同時也直接影響其成本。爲此，在自助餐菜點的配備時，應注意下列問題：

1. 根據自助餐的標準，嚴格把握好菜點配備的品種數量和品質。這是決定自助餐菜點配備最主要的因素。
2. 根據自助餐廚房的生產能力和自助餐廳的接待能力，合理配備菜點，避免造成不良的經營效果。
3. 爲了能做到合理經營，減少菜點的浪費，降低菜點原材料的成本，在菜點配備時，儘可能地配備一些回收率高、食用效果好的菜點。
4. 制定標準的、合理的自助餐菜單，這是菜點配備品種的前提條件。制定菜單時，要考慮菜餚色彩的搭配、造型的協調以及烹調方法的多樣化等。

5.菜點的配備在不同季節、不同環境應適時調整，保持其始終充滿新鮮感。

配份的工作程序

配份工作是決定每份菜餚的用料及其成本的關鍵，一方面它可以保證每份配出的菜餚數量合乎規格，成品飽滿而不超過標準，使每份菜產生應有的效果；另一方面，它又是成本控制的核心。

1.標準

（1）乾貨原料漲發方法正確，漲發成品疏鬆軟綿，清潔無異味並達到規定的漲發率。

（2）配份品種數量符合規格要求，主配料分別放置。

（3）根據自助餐菜單，菜餚提前四十分鐘配齊。

2.程序

（1）根據加工原料申訂單領取加工原料，備齊主料和配料，並準備配菜用具。

（2）對菜餚配料進行切割，部分主料根據需要加工。

（3）根據營業和使用情況，取泡漲發乾貨原料，並妥善保管。

（4）對當日用已發好乾貨進行洗滌改刀，交爐灶焯水後備用。

（5）備齊開餐用各類配菜筐、盤，清理配菜檯和用具，準備配菜。

（6）接受訂單，按配份規格配製各類菜餚主料、配料及料頭，置於配菜檯出菜處。

（7）開餐結束，交待值班人員做好收尾工作，將剩餘原料分類保藏，整理冰箱、冷庫。

（8）清潔整理工作區域，用具放於固定位置。

3.配菜出菜制度

（1）案板切配人員，隨時負責接受和核對各類出菜訂單。

（2）配菜單位憑單按規格及時配製，並按先接單先配，緊急情況先配，特殊菜餚先配的原則處理，保證及時上火烹製。

（3）負責排菜的打荷人員（負責安排上菜次序及時間之工作人員），排菜必須準確及時，前後有序，菜餚與餐具相符，成菜及時送至備餐間，提醒送菜員取走。

（4）點菜從接受訂單到第一道熱菜出品不得超過十分鐘，冷菜不得超過三分鐘，因誤時拖延出菜引起客人投訴，由當事人負責。

（5）所有出品訂單、菜單必須妥善保存，餐畢及時交廚師長備查。

（6）爐灶網對打荷所遞菜餚要及時烹調，對所配菜餚規格品質有疑問者，要及時向案板切配單位提出，妥善處理。烹製菜餚先後次序及速度服從打荷安排。

（7）廚師長有權對出菜的手續、菜餚品質進行檢查；如有品質不符或手續不全的出菜，有權退回並追究責任。

菜點的烹製

自助餐菜點的烹製階段是確定菜餚色澤、口味、形態、質地的關鍵。在這過程中要管理廚師的操作規格、烹製數量出菜速度、成菜溫度以及失手菜餚的處理等幾個方面工作。這樣才能以合適的溫度，應有的香氣，恰當的口味服務賓客。

打荷的工作程序

1.標準

（1）檯面清潔，調味品種齊全，陳放有序。

（2）湯料洗淨，熬湯用火恰當。

（3）餐具種類齊全，盤飾花卉數量充裕。

（4）分派菜餚予爐灶烹調適當，符合爐灶廚師技術特長。

（5）符合出菜順序，出菜速度適當。

（6）餐具與菜餚相配，盤飾菜餚美觀大方。

（7）盤飾速度快捷，形象完整。

（8）保持檯面乾爽，剩餘用品收藏及時。

2.程序

（1）清理工作檯，取出、備齊調味汁及糊漿。

（2）領取熬湯用料，熬煮。

（3）根據營業情況，備齊餐具，領取盤飾用花卉。

（4）傳送、分派各類菜餚給爐灶廚師烹調。

（5）爲烹調好菜餚提供餐具，整理菜餚，進行盤飾。

（6）將已裝飾好菜餚傳遞至出菜位置。

（7）清潔工作檯，用剩的裝飾花卉和調味汁、糊冷藏，餐具歸還原位。

（8）洗晾抹布，關鎖工作門櫃。

打荷盤飾用品的工作程序

1.標準

（1）盤飾花卉至少有五種，數量足夠。

（2）清理工作檯，準備各類刀具及盛放花卉用盛器。

2.程序

（1）領取備齊食品雕刻用原料及番茄、香菜等盤飾用蔬菜。

（2）清理工作檯，準備各類刀具及盛放花卉用盛器。

（3）根據裝飾點綴菜餚需要，運用各種刀法雕刻一定數量不同品種的花卉。

（4）整理摘取一定數量的番茄、香菜等頭、心、葉等，置於盛器，留待盤飾使用。

（5）將雕刻、整理好的花卉及蔬菜，用保鮮膜封蓋，集中於低溫處，供開餐打荷前。

（6）清理、保管雕刻刀具、用具，用剩原料歸還原位，清潔整理工作崗位。

爐灶烹製的工作程序

1.標準

（1）調料罐放置位置正確，固體調料顆粒分明不受潮，液體調料清潔無油污，添加數量適當。

（2）烹調用湯清湯清澈見底，白湯濃稠乳白。

（3）水煮蔬菜色澤鮮艷，質地脆嫩，無苦澀味；川燙葷料去腥和血水。

（4）製糊投料比例準確，稀稠適當，糊中無顆粒及異物。

（5）調味用料準確，口味、色澤符合要求。

（6）菜餚烹調及時迅速，裝盤美觀。

2.程序

（1）準備用具，開啓排油煙罩，點燃爐火，使之處於工作狀態。

（2）對不同性質的原料，根據烹調要求，分別進行川燙、過油等初步熟處理。

（3）熬製清湯、高湯或濃湯，爲烹製高級及宴會菜餚做好準備。

（4）熬製各種調味汁，製備必要的用糊，做好開餐的各項準備工作。

(5) 開餐時，接受打荷的安排，根據菜餚的規格標準及時進行烹調。

(6) 開餐結束，妥善保管剩餘食品及調料，擦洗灶頭，清潔整理工作區域及用具。

口味失當菜餚退回廚房處理的程序

標準

(1) 餐廳退回廚房口味失當菜餚，及時向廚師長通報，交廚師長複查鑑定；廚師長不在，交當場最高技術人員鑑定，最快安排處理。

(2) 確認係烹調失當，口味欠佳菜餚，交打荷即刻安排爐灶調整口味，重新烹製。

(3) 無法重新烹製、調整口味或破壞出品形象太大的菜餚，由廚師長交配份單位重新安排原料切配，並交予打荷。

(4) 打荷接到已配好或已安排重新烹製的菜餚，及時迅速分派爐灶烹製，並交待清楚。

(5) 烹調成熟後，按規格裝飾點綴，經廚師長檢查認可，迅速遞與備餐劃單出菜人員上菜，並說明清楚。

(6) 餐後分析原因，採取相應措施，避免類似情況再次發生；處理情況及結果及記入廚房菜點處理紀錄表（見**表4-5**）。

冷菜的品質控制與工作程序

冷菜與熱菜不同，多在烹調後切配裝盤，不論中餐冷菜，還是西餐冷菜，都具有開胃的刺激食欲的功能。因此，對冷菜的風味和口味以及衛生要求都比較高。保持冷菜口味的一致性，可採用預先調製統一規格比例的冷菜調味料、冷調味汁的做法，待成品改刀、

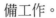

表4-5　廚房菜點處理紀錄表

日期	餐別	菜點名稱	直接責任人	顧客意見	責任員工簽名	廚師長簽名	備註

裝盤後澆上或搭配即可，這樣才能保證風味的純正和一致。冷菜由於在一組菜點中是最先品嚐，總給客人以先入爲主的感覺，因此，對其裝盤的造型和色彩的搭配等要求很高。尤其是高級的自助餐宴會，冷菜應給客人以豐富多彩、不斷變化的印象，同時也可突出主題，調節用餐氣氛。冷菜的工作程序：

1.標準

（1）菜餚造型美觀，盛器正確，份量準確。

（2）菜餚色彩悅目，口味符合特點要求。

（3）單點冷菜按訂單後三分鐘內出品，宴會冷菜在開餐前二十分鐘備齊。

2.程序

（1）打開並及時關滅紫外線燈對冷菜間進行消毒殺菌。

（2）備齊冷菜用原料、調料，準備相應盛器及各類餐具。

（3）按規格加工烹調製作冷菜及調味汁。

（4）對上一餐剩餘冷菜進行重複加工處理，確保衛生安全。

（5）接受訂單和宴會通知單，按規格切製裝配冷菜，並放於規定的出菜位置。

（6）開餐結束，清潔整理冰箱，將剩餘食品及調味汁分類放入冰箱。

（7）清潔整理工作場地及用具。

點心的工作程序

1.標準

（1）點心造型美觀，盛器正確，每客份量準確。

（2）裝盤整齊，口味符合特點要求。

（3）單點點心接訂單後十分鐘內可以出品，宴會點心在開餐前備齊，開餐即聽候出品。

2.程序

（1）領取備齊各類原料，準備用具。

（2）檢查整理烤箱、蒸籠的衛生和安全使用情況。

（3）加工製作餡心及其他半成品，切配各類料頭，預製部分宴會、團隊點心。

（4）準備所需調料，備齊開餐用各類餐具。

（5）接受訂單，按規格製作出品各類點心。

（6）開餐結束，清潔整理冰箱，將剩餘食品及調味品分類放入冰箱。

（7）清潔整理工作區域、烤箱、蒸籠及其他用具。

自助餐菜點品質的控制

自助餐菜點品質，即自助餐廚房各部門加工生產的各類冷菜、熱菜、點心、甜品、湯羹以及水果盤等的品質。其品質的好壞，直接影響到自助餐廳用餐人數，影響飯店的經濟效益，同時飯店的聲譽也有較大影響。因此，採取切實有效的措施，加強其菜點品質控制，是自助餐管理工作的重點。

自助餐菜點品質內涵

自助餐菜點的內涵主要指菜點的色、香、味、形、器以及質地、溫度等方面，各項指標均有其約定俗成並已爲消費者普遍接受的感官鑑賞標準。

色

食物的顏色是吸引消費者的單一感官指標，人們是透過視覺對食物進行的第一步鑑賞。自助餐菜點的色澤可以由動植物組織中天然的色素構成。植物（水果與蔬菜）的主要色素分別爲類胡蘿蔔素、葉綠素、花色素苷和花黃色素等四種。廚房加工和烹調的目的之一，是使其最高限度地達到人們所喜好的顏色。由於廚房加工生產過程中對菜點成品的顏色變化有很大影響，故爲了能達到理想的顏色，通常要加入一些色素，使成品達到一般可以接受的水準，如紅燒肉、冰淇淋等。常用的色素有天然和人工合成兩大類，理想的顏色是既不太淡也不太濃。當然，儘量使用天然色素仍是餐飲及食品行業的一大趨勢，自助餐菜點更不例外。

總之，自助餐菜點的色澤應以自然清新、適應季節的變化、合乎時宜、搭配和諧悅目、色彩鮮明，能給用餐者以美感爲佳。

香

香，是指菜點散發出的氣味給人的感受，是由人的鼻腔上部的上皮嗅覺神經感知的。人們進食時總是先看其色形，嗅其氣，再嚐其味。人們之所以把「香」單獨列出來，是因爲食物的香味對增進進餐時的快感有著很大的作用。廣東菜十分講究菜餚的「鑊氣」，即菜餚烹調成熟後很快散發在空氣當中的熱氣及該菜餚特有的氣味。

由於嗅覺較味覺靈敏得多，而嗅覺感官比味覺感官更易疲勞。因此更特別重視熱菜上桌的時效性，尤其是炒菜。例如，西式鐵扒牛排的焦香，剛出爐麵包的烘焙香，清炒蘆筍的清香，未嚐其味、先聞其香，誘人食欲、催人下箸。

味

味是菜餚之本，是其靈魂所在。人們並不僅僅滿足於菜餚的外觀及香味，更重要是品嚐其味道。酸、甜、苦、辣、鹹爲基本五味。基本味的不同組合，其調製出的菜餚口味豐富多彩，眞所謂五味調和百味香。如川菜就有百菜百味之說。菜餚調味適度、濃淡恰當、味型分明，使賓客齒留餘韻、回味無窮。一整桌或一整套自助餐菜點如口味搭配合適、豐實多彩，必將得到客人的喜愛。

另外，人們對菜餚口味的把握，是透過味蕾來感覺的。而且隨著年齡的增長，人的味蕾數目不斷下降，故兒童比成年人有較好品嚐食物的能力。爲此，自助餐廚房生產和管理人員要正確區別對待不同年齡用餐客人的菜餚調味用料問題。

形

形是指菜點的成型、造型。原料本身的形態，加工處理的技法以及烹調裝盤的拼擺都直接影響到菜餚的「形」。當然，那些精美造型是離不開廚師們的藝術設計。如松鼠鮭魚的栩栩如生、各式生日蛋糕的造型等等，無不使客人食欲大增。一般來講，熱菜造型以快捷、神似爲主；冷菜的造型比熱菜有更大的方便和更高的要求，冷菜先烹調後裝盤，提供了美化菜餚的時間，減少了破壞菜餚形象的可能。特別是對一些有主題的自助餐活動，冷菜有針對性的裝盤造型就更加必要了。

當然，菜點「形」的追求要把握分寸，不可過分精細，不可污染菜餚或喧賓奪主，甚至華而不實，這樣則是對菜點「形」的極大破壞。

質

質，即菜點的質地，它是評定菜點品質的又一個重要因素。質地包括這樣一些屬性，如韌性、彈性、膠性、黏附性、脆性及酥性等。任何偏離菜餚一般可接受的特有質地都可使其變成不合格的產品。

通常菜點的質地感覺包括以下幾個方面：

1.嫩，指菜餚入口後，有光滑感，一嚼即碎，沒有什麼抵抗力，如油牛柳、銀芽里脊絲等。
2.脆，即菜餚入口立即迎牙而裂，產生一種有抵抗力的感覺，如清炒鮮蘆筍等。
3.酥，指菜餚入口咬後立即迎牙即散，成為碎渣，產生一種似乎有抵抗力而又無阻力的微妙感覺，如桃酥餅、香酥鴨等。
4.韌，指菜餚入口後帶有彈性的硬度，咀嚼時產生的抵抗性不那麼強烈，但時間較久，如三鮮牛筋煲等。
5.爛，指菜餚入口即化，幾乎不要咀嚼，如清燉獅子頭、粉蒸肉等。

菜餚的質地受歡迎與否，在很大程度上取決於原料本身的性質以及菜餚的烹製時間與溫度。因此製作菜餚必須嚴格烹製時間和溫度，以生產出合格的產品。

溫

溫，即菜點出品的溫度。同一種菜點，其食用的溫度不同，其口感品質會有明顯的差異，食用效果就會不同。如西餐的牛排，熱吃汁多鮮嫩，而冷後則肉老味膻；蟹黃湯包，熱吃湯汁鮮香，冷後則腥而膩口；再如，拔絲蘋果，趁熱上桌食用，可拉出千絲萬縷，冷後則糖餅一塊，更別想拔出絲來。由此可見，溫度是重要的菜餚品質指標之一，不同種類的菜點就有其相應的食用溫度。（見**表4-6**）。

器

器，即盛裝菜點的器皿。菜點的盛盤要求是，不同的菜點有不同的盛器與之配合。首先，菜點的多少與盛器的大小相一致；其次，菜點的名稱與盛器的叫法相吻合；第三，菜點的身價與盛器的貴賤相匹配，這樣可使菜點錦上添花，更顯高雅、名貴。儘管大部分盛器對菜餚品質不產生明顯的影響，但對於那些製造特定氣氛和需要較長時間保溫的菜餚來說，盛器就顯得非常重要，如煲、鐵板、火鍋、明爐等。再者，像自助餐中的熱菜則一定要用保溫盛器，冷菜用常溫餐具或大的拼盤將不同程度地提高了菜點出品的品質。

此外，菜點的營養衛生也是其品質指標的內涵之一，這裡就不做討論了。

自助餐品質外延

自助餐菜點的外圍品質是指除菜點自身品質以外的，用餐環境

表4-6　菜餚最佳食用溫度

菜品名稱	出品及最佳食用溫度
冷菜	100℃左右
熱菜	70℃以上
熱湯	80℃以上
熱飯	65℃以上
砂鍋	100℃左右

等有關服務的品質。提高自助餐菜點的外圍品質，可以提高客人對自助餐產品總體品質的評價。

外圍品質應包括自助餐廳的硬體設施，服務人員的儀容儀表、禮節禮貌、服務態度、服務技能、服務效率以及餐廳的清潔衛生等方面。

環境舒適、美觀雅致

客人在自助餐廳進餐，一方面是為了補充食物營養、滋補養體；另一方面也是為了放鬆自己、消除疲勞。這就要求餐廳環境的裝飾布置能給人以舒適愜意感，以恢復體力、增進食欲。創造美觀雅致的餐廳環境應採取人工裝飾和自然環境相結合的方法，在根據不同自助餐餐廳類型，進行裝飾的同時，還應充分利用周圍環境的自然美，將湖光山色、自然風景引入室內。

追求舒適愜意、美觀雅致，是客人進餐時對環境的基本需求。很多情況下，在不同性質、不同時間、不同場合的自助餐活動中，用餐者往往還有許多特定的心理要求。如歡慶喜宴要迎合賓客喜氣洋洋的心理。因此，環境氣氛需講究熱烈興奮、輝煌、華貴等，正規宴會的環境布置則要求莊重嚴肅而又不失親切溫暖；親朋聚餐要求溫馨安逸、恬靜舒適；隨意小酌則要求輕鬆舒暢、無拘無束。

合理的價格、完善的服務

一般來說，賓客是以價格來衡量自助餐產品的總體品質水平。因此自助餐產品品質水平與價格必須合理結合。所謂價格合理，是指自助餐產品的品質與價格相符，既使賓客感到實惠或值得，又能使自助餐經營有合理的盈利。通常，賓客總希望以儘可能少的花費或在一定的價格水平上享受到水平儘可能高的服務，而自助餐經營者總希望以儘可能高的價格提供最高水平的服務。解決這一矛盾的方法之一是提高自助餐產品的外圍品質水平。而完善的服務則是外圍品質最關鍵的因素之一。完善的服務包括自助餐服務人員的服務技能、服務效率、服務態度以及服務人員的禮節禮貌和儀容儀表等諸多因素。只有把後場的產品和前檯完善的服務有效地結合起來，才能使自助餐的經營做到更加完美。

影響自助餐菜點品質的因素

影響自助餐菜點的因素很多。無論是主觀的，還是客觀的，也不論是飯店內部的，還是外部賓客自身的，只要有一個方面疏忽或不稱心，其菜點的品質都很難說是優質或合格的。因此，分析影響自助餐菜點的因素，對保持產品的優質化有著十分重要的意義。

自助餐廚房的人爲因素

廚房菜點很大程度上是靠員工手工生產出來的，自助餐廚房生產人員的情緒，直接影響其工作積極性和責任心，從而直接影響到菜點品質。積極的情緒可以提高人的活動能力；相反，消極的情緒則會降低人的活動能力，從而降低工作積極性和工作效率。占廚房生產主體部分的青年員工尤其如此。影響員工情緒的因素是多方面的，歸納起來，可見**表4-7**。

從**表4-7**中可以看出，影響自助餐廚房生產人員工作情緒的因素涉及到人際關係、社會、家庭、工作環境以及領導關係等諸多方面的諸多因素，其中任何一個因素都可能影響其積極性和工作責任心。心情舒暢，情緒穩定，工作積極主動，嚴格要求，產品品質就高且穩定；相反，情緒被動不定，態度消極，疲於應付，工作中差錯就多，產品品質就無法保證。因此，自助餐廚房管理者在生產第一線施以現場督導的同時，應多與員工交心，正確使用激勵措施，充分調動員工積極性。

表4-7　影響工作情緒的因素

項目	影響因素
人際關係方面	上下級關係、同事之間關係
生理方面	疾病、生理缺陷
工作環境方面	通風狀況、照明狀況、安全措施狀況、噪音狀況
領導方面	領導作用、領導能力、領導的管理方法
社會方面	社會道德、社會習慣、社會風尚
家庭方面	鄰居糾紛、夫妻不合、戀愛婚姻、家人生病

自助餐菜點生產過程中的客觀自然因素

自助餐菜點的品質，常常受到原料自身品質的影響。原料固有品質好，只要烹調恰當，產品品質就相對較好；原料先天不足，即使有廚師精心細緻烹製，其產品品質也不會如人所意。

另外，還有一些意想不到或不可抗力因素的作用，同樣影響著廚房菜點的品質。比如，在剛烤麵包時，烤箱突然停電，麵包就會烤僵。再比如，爐火的大小強弱，對菜點品質同樣有直接影響。

用餐賓客自身因素

由於用餐的客人形形色色，有老的、少的，有男的、女的，有挑剔的、也有隨和的，有食量大的、也有食量小的等等。他們對菜點口味的要求也各有千秋。因此，即使廚房生產完全合乎規範，在消費過程中，仍不免有客人認爲「偏鹹了」、「偏辣了」、「過火了」、「偏生了」等等。這就是人們常說的「衆口難調」。同時，因用餐客人的不同生理感受，心理作用（與以往用餐經歷的對比）而產生對菜點品質的影響。

另外，用餐客人還存在著對自助餐菜點是否熟悉，「懂吃」的問題。如酥皮海鮮濃湯，透過服務員介紹，客人飲湯吃料，湯醇味香，生產、服務人員、用餐者都獲得了滿意。反之，生產、服務雖恰到好處，但客人缺乏食用經驗，或者只喝湯不吃皮，或者燙到舌頭，或者久聊忘食，待吃時塌陷發腥，其結果客人不滿意，生產、服務人員受悶氣。因此，客人消費與廚房生產的默契配合（有些則需要透過服務員的適當解釋或及時提醒來實現）同樣是創造、保證自助餐菜點高品質的一個重要因素。

自助餐服務銷售的其他因素

從某種意義上講，自助餐廳服務銷售是自助餐廚房生產的延伸和繼續，而有些菜餚就是在自助餐廳內完成烹調。比如：早餐現製的蛋品，多數是在自助餐廳內完成；再如，各種火鍋、火焰菜餚以及涮烤菜餚等。因此，服務人員的服務技能，處事應變能力，直接或間接地影響著菜點的品質。同樣，加強自助餐菜點生產廚房與餐廳的溝通與配合，對保證和提高菜點品質也是至關重要的。

另外，不同的客人對自助餐價格的認可，接受的程度是不盡相同的。這主要與客人的用餐經歷、經濟收入及消費觀有關，客人對菜點價格的衡量，即物有所值與否，同樣構成對自助餐菜點品質的不同影響。

自助餐菜點品質控制方法

廚房管理的任務是要保證各類菜點品質的可靠和穩定。由於廚房菜點品質受種種因素的影響，因此必須採取切實可行的措施或綜合採用各種有效的控制方法來保證自助餐菜點品質符合要求。

階段控制法

自助餐廚房的生產流程，可分爲原料準備、菜點生產和菜點消費三大階段。加強對每一階段的品質控制，是自助餐廚房生產全部過程的品質可靠保證。

1.原料準備的控制。原料的準備主要包括原料的採購、驗收和貯存。

（1）要嚴格按採購規格書採購分類菜點原材料，確保購進原料能最大限度地發揮應有作用，並使加工生產變得方便快捷。杜絕亂購殘次品。

（2）全面確實驗收，保證進貨的品質和數量。

（3）加強貯存原料管理，防止原料因保管不當而降低其品質標準。爲此要嚴格區分原料性質，進行分類保藏。同時加強檢查整理，確保品質可靠和衛生安全。

2.菜點生產階段的控制。自助餐菜點生產階段主要應控制申領原料的數量與品質，菜餚加工、配份和烹調的品質。

（1）原料的加工是菜餚生產第一個環節，同時又是原料申領和使用的重要環節，進入自助餐廚房的原料品質要在這裡得到認可，因此要嚴格計畫領料，並檢查各類將要作加工的原料的品質，確認可靠才可進行加工生產。根據烹調的需要，對各類原料進行加工和切割要明確規定加工規格標準，並進行培訓，督導執行。同時，原料經過加工切割之後，大部分動物、水產品原料還需要進行上漿處理，這道程序對菜餚的色澤、嫩度和口感產生較大影響。因此，對各類菜餚的上漿用料應做出規定，以指導操作。上漿用料見**表4-8**。

（2）配份是決定菜餚原料組成及份量的單位。對大量使用的自助餐菜點主、配料的控制，要求配份人員嚴格按菜餚配份規格表，稱量取用各類原料，以保證菜點肉味（見**表4-9**）。不論是中菜配份，還是西菜配份以及冷菜的裝盤均可規定其用料品種和數量。如有菜餚的翻新和菜餚

表4-8　上漿用料規格表

品種	原料	用量
肉片	精鹽	50克
	水	500毫升
	生粉	150克
	蛋清	5個
	嫩肉	7克

表4-9　菜餚配份規格表

菜餚名稱	主料	輔料	料頭	盛器	備註

成本的變化，自助餐廚房管理人員還應及時調整用量、修訂配菜規格，並督導執行。

（3）烹調是菜餚從原料到成品的成熟環節，這裡決定了菜餚的最終品質，其品質控制尤其顯得更重要。除了對廚師水平的提高以外，有效的做法是，在開餐前，將經常使用的主要味型的調味汁，進行集中調製，以減少因人而異的偏差，保持出品口味品質的一致性。調味汁的調製應由專人按一定的規格比例調製。

3.自助餐菜點消費階段的品質控制。自助餐菜點由廚房烹製完成後，即交予自助餐廳出售服務。在這裡主要由兩個環節容易出差錯，需加以控制，其一是自助餐的備餐服務；其二是自助餐的上菜服務。

（1）自助餐備餐要爲菜餚配齊相應的佐料、食用和衛生器具及用品，加熱後調味的菜餚（如蒸、白灼、炸等菜餚），大多需要配作料。如果疏忽，菜餚則淡而無味，有些菜餚的食用需藉助一定的器具用品，食用起來才方便雅觀。因此，自助餐備餐間有必要對有關菜餚的作料和用品的配帶情況作出明確規定，以督促提醒服務員上菜時注意（見**表4-10**）。

（2）自助餐的上菜服務。這裡應包括開餐前的上菜準備，開餐中的添加上菜以及爲客人取菜等環節。在自助餐開始出售前的十五分鐘，所有的菜點必須準備完畢，迎候客人。切忌客人已經用餐，廚房還不時上菜，這樣往往就給客人菜餚不豐盛或準備不足的不良印象。當自助餐菜點在食用的過程中，其量約剩下1／3量時，根據餐廳用餐人數的實際情況，要及時添加。這時，服務人員要和廚房密切配合，儘可能在短的時間裡將菜點添加至自助餐檯上，以降低客人的等候時間，特別是那些受歡迎的菜點。另外，在替客人取菜時，一方面要快速，另一方面要準確、安全、衛生，不失菜點的原貌。總之，自助餐的上菜服務，始終注意保持廚房產品在賓客中的完美形象。

階段控制法強調了自助餐廚房產品在各階段應制定一定的規格標準，以控制其生產行爲和操作過程；而生產的結果、目標的控制，還有賴於各個階段和環節的全方位檢查。爲此，建立並實行嚴格的檢查制度，是自助餐廚房產品階段控制的有效保證。

表4-10　菜餚作料、用品配帶表

菜名	作料	用品	備註
清蒸大閘蟹	薑醋汁、薑茶	洗手盅、蟹鉗、叉	均每客一份

自助餐菜點品質檢查、重點應根據生產過程，控制好生產製作檢查、成菜出品檢查和服務銷售檢查三個方面。自助餐生產製作檢查，指菜餚加工生產過程中每下一道手續的員工必須對上一道手續的食品加工製作品質進行檢查，如發現不合標準，應予以退回，以免影響成品品質。成菜出品檢查，指菜餚送出廚房前必須經過廚師長或菜餚品質檢查員的檢查。服務銷售檢查，指除上述兩方面檢查外，自助餐廳服務員也應積極參與菜點品質檢查。服務員直接與賓客打交道，從銷售的角度檢查菜點品質，往往要求更高，尤其是對菜點的色澤、裝盤及外觀等方面。因此，要注意調動和發揮服務人員對菜點品質檢查的潛力，切實改進和完善出品品質。

重點控制法

重點控制法，是針對自助餐廚房生產與出品在某個時期、某些階段或環節秩序相對較差，或對重點客情、重要任務和重大餐飲活動而進行的更加詳細、全面、專注的督導管理，以便及時提高和保證某一些方面、某一次活動的生產與出品品質的一種方法。

1.重點客情、重要任務控制

根據自助餐廚房業務活動性質，要區別對待一般正常生產任務和重點客情、重要生產任務，加強對後者的控制，對自助餐經營所生產的社會效益和經濟效益有著較大的影響作用。

首先，從自助餐菜單制定開始就要強調以針對性爲主，在原料的選用到菜點的出品，要注意全部過程的安全、衛生和品質可靠。其次，自助餐廚房管理人員，要加強每個單位環節的生產督導和品質檢查控制。儘可能安排技術、心理狀況較好的廚師爲其製作。每一道菜點，在儘可能做到設計構思新穎獨特之外，還要安排專人跟蹤負責，以確保製作和出品萬無一失。在客人用餐結束後，還應主動徵求意見、累積資料，以方便日後改善的工作。

2.重點部門、環節控制

透過對自助餐廚房生產全部過程的檢查和考核，找出影響或妨礙生產秩序和菜點品質的環節或部門，並以此爲重點，加強控制，以提高工作效率和出品品質。例如，爐灶烹調出菜速度慢，菜餚口味時好時差，透過跟蹤檢查發現，炒菜廚師動作不俐落，重複浪費操作多，工作漫不經心，每菜必嚐、口味把握不住（見**表4-11**）；經過分析，原來多爲新招聘廚師，對經營菜餚的調味、用料及烹製缺少經驗，有些廚師還存在著責任心不強的問題。因此，廚房管理者就必須加強對爐灶烹調單位的指導，培訓和出品品質的把關控制。同時，對員工進行思想意識方面的教育，以提高烹調速度，防止和杜絕不合格菜點送出廚房。當然，作爲控制的重點單位和環節是不固定的，這個時期的幾個薄弱環節透過加強控制管理，問題是解決了，而其他環節新的問題又可能出現，應及時調整工作重點，進行新的督導控制。這種控制法的關鍵是尋找和確定自助餐廚房控制的重點，對自助餐廚房運轉進行全面確實的檢查和考核則是其前提。自助餐廚房產品品質的檢查，可採取管理者自查的方式，也可憑藉顧客意見表，向用餐客人徵詢意見以獲取訊息，另外還可聘請專家檢查，進而透過分析，找出影響品質問題的主要原因，加以重點控制，以改進工作、提高菜點品質。

3.重大活動控制

自助餐的重大活動，不僅影響範圍廣，而且爲其經營所創造的營收也多，同樣消耗的原料成本也高。加強對重大活動自助餐菜點生產製作的組織和控制，不僅可以有效地節約成本開支，增加經濟效益，而且透過成功地舉辦大規模的自助餐活動，向社會宣傳其實力，進而透過用餐客人的口碑，擴大自助餐經營的影響，自助餐廚房管理人員對此應有足夠的認識。

自助餐廚房對重大活動的控制，應從菜單制定入手，要充分考慮到客人的層次結構，結合廚房原料庫存和供應情況以及季節特

表4-11　廚房出品速度慢的原因跟蹤分析表

主要環節	影響因素
打荷	1.尋找餐具時間長。 2.盤頭裝飾慢。
爐灶	1.火力小。 2.爐頭不夠用。 3.操作速度慢。
備餐間	1.劃單速度慢。 2.跑菜不及時。 3.作料準備不齊或用具不齊。
切配間隔	1.臨時備料或備料不足。 2.規格不熟悉。

點，開列一份（或若干）具有一定風味特色，而又能爲其活動團體廣爲接受或廚房生產力所能及的菜單。接著要精心組織各類原料，合理安排廚房人手，計畫使用時間和廚房設備，妥善及時提供各類出品。自助餐廚房管理人員，主要技術負責人員均應親臨第一線督導，從事主要單位的烹調製作，嚴格把關各階段產品品質。

同時，重大活動時的前後檯配合十分重要，要隨時溝通，及時通知爐灶等單位。自助餐廚房應設總指揮負責統一調度，確保出品次序。同樣，在重大活動期間，尤其應採取切實有效措施，控制菜點生產製作的衛生，嚴防食物中毒事故的發生。大型活動自助餐冷菜生產量較大，其衛生特別重要。對冷菜的裝盤、存放及出品要嚴加控制。大型活動結束以後，要及時處理各類剩餘原料和成品，注意蒐集客人反映，爲其他活動的承辦累積經驗。

自助餐菜點數量控制

自助餐菜點數量，包括菜點道數和每份菜點的加工烹製數量。

數量的確定，既爲自助餐訂、領原料準備工作所必需，又是保證正常開餐秩序、保證消費者用餐泰然而又不致產生浪費的重要基礎工作。

自助餐消費者食品結構

自助餐消費者雖對各類食品喜好程度各不相同，對各類食品的取食數量因人而異，然而，就總體而言，消費者對自助餐食品的食用結構是有其共同特點的。

按自助餐食品的冷熱劃分

若將自助餐食品按溫度劃分，主要有涼菜和熱食，熱食包括熱菜、熱湯、熱點等。通常消費者均按先涼菜、再熱食的用餐次序進食，而涼菜和熱食取食次數和數量也多在1：2～3左右。在計畫菜點品種、生產數量和餐檯布局上也應以此比例掌握爲宜。

按自助餐食品的乾濕劃分

自助餐食品有乾、稠、稀等不同狀態，比如炒菜、炸菜、炒飯、烘烤點心等菜爲乾態食品；燴菜、羹餚多爲稠狀食品；湯、粥等食品水分含量最多。通常乾、稠食品體積、容量小，耐飢餓，難消化；稀、濕食品則與之相反，易飽腹、易消化、易飢餓。因此自助餐菜點品種必須乾濕兼備。綜觀自助餐消費者取食次數和數量，通常乾濕食品比例爲2～3：2，即取食一次羹湯、取食兩到三次乾一些的菜餚，最後再取食一次湯或甜羹。這種結構要求設計菜單時不宜安排太多湯湯水水的菜點，以防消費者虛假飽腹，食後時間不長，出現飢腸轆轆之感。對飯店產生不良口碑。早餐自助餐該方面結構比例與午、晚正餐自助餐有所不同。早餐自助餐稀、濕品種食品應多些。

按自助餐菜品的菜餚與主食劃分

習慣上，人們將菜餚稱之爲副食，米麵製品，即飯、粥、點心作爲主食。其實，現在的餐飲消費者，都將菜餚作爲主要攝入食物，而飯、粥、點心則占進食量的很小比重。前後兩者的比例，通常爲3：1，即吃三份冷熱菜餚，取食一份麵點食品。雖然麵點類食品比例較小，但卻是不可或缺的。有許多消費者，在用餐後期習慣於把取食飯、麵、點心作爲必需的程序。

按自助餐食品的葷素劃分

消費者通常將葷菜與素菜（自然包括蔬菜）的比例和時尙流行葷菜的道數作爲評價自助餐消費或售賣標準的高低，而隨著消費者消費行爲的日臻成熟，以及消費者健康保健意識的不斷增強，這方面的評判標準會逐步有所淡化或調整。現行葷、素菜點比例多爲5：2～3：1。葷菜過少，消費者會有物無所値之感。

另外，水果作爲自助餐的組成部分，是必不可少的。水果的進食次序多爲最後，一般不占多少胃容量，故水果與菜點的比例相當小，通常爲1：10即可。

確定自助餐食品數量考慮因素

確定自助餐食品數量，在按通常菜點結構、道數比例確定之後，每道菜點的加工生產量至關重要，而在確定這個變量時，分析並綜合考慮以下因素更是必不可少的重要步驟。

結合消費者身分定量

自助餐不同消費群體，對進食數量有不同的需求。享用自助餐的客人，有工人、有農民、有知識分子、有運動員、有白領、有藍領等等。不同身分的消費者對食品的需求不僅表現在品種、口味的不一樣，對食品的需求數量也會有所區別。因此，若是已知自助餐服務的對象，其身分結構，或以哪種類型的消費者爲主，菜點的數量配備就應與之相應了。

區別消費者年齡、性別定量

不同年齡層次，不同性別的消費者，對自助餐食品數量需求有一定差別。通常情況下，男士、年輕人食量會大一些，而女士、兒童或老年人不僅食品需求量較小，而且品種的安排也要針對其特點，以滿足其特殊需要。

考慮消費者食量習慣定量

自助餐消費者，對食品需求量與其地域構成也是有聯繫的。正如消費者享用宴會，有些地方熱菜部分只需六菜一湯即可，也有些地方的客人則需要十六至十八道熱菜外加羹湯。也有一些地方的客人，排除擺闊、炫耀、浪費的因素，用餐人員的食用量也是相對較大的。因此，在確定自助餐食品數量時，分析用餐客人地域結構也是必需的。針對團隊客人用餐的自助餐，更應結合團隊客人的地域確定菜點數量。

自助餐食品數量的確定方法

自助餐食品數量，以及每道菜點的加工、製作數量，可以透過每人平均食用菜點數量的計算推出總體數量。這裡有兩種情況，其一是既定人數自助餐菜點數量的測算，如聖誕節、會議、單位專題、專場自助餐，其用餐人數大多事先已知，這種自助餐菜點數量比較好計算。比如一個三百人的自助餐宴會，每位客人菜點食用總量爲八百克，飯店每道菜點的配份規格是二百五十克，自助餐菜餚品種為三十種，這樣計算菜餚原料所需總數量為：800克╳300人＝240,000克；具體到每份菜餚的準備數量應是240,000克÷30種＝8,000克。如果按照每道菜配份規格計算，每道菜應準備的份數應為8,000克÷250克＝32份。實際加工生產過程中，自助餐每道菜餚都按均衡統一的份數生產製作是不合適的，應根據經驗累積和估算推測結合客人對菜餚的偏好，對自助餐經營的菜餚品種其生產數量作適當調整，有的可高出平均量，比如配製、烹調四十多份，也有的只烹調二十多份，以防止客人取食有限造成菜餚浪費。其二，是自助餐用餐人數不確定，即未知用餐人數的自助餐菜餚數量的確定，在常規經營的自助餐廳，其廚房的菜餚原料加工、生產多為這種情況。這種情況，菜餚數量的確定主要根據以往來店用餐客人的常規推算，可概用這樣的公式：自助餐菜餚生產數量＝通常用餐人數±天氣因素、節假日因素、促銷等其他因素。將各類相關因素加以綜合分析再制定原料加工及生產數量，則可有效防止浪費，同時也能保證用餐客人的取食需要。

第五章

自助餐餐檯設計

自助餐餐檯設計，是自助餐經營成敗的重要工作，餐檯設計既要具有藝術性、美化性，更要具有實用性和方便性。只有綜合分析考慮各種因素，才可能設計出新穎別緻，爲員工和顧客都受歡迎的餐檯。

自助餐餐檯設計原則

自助餐餐檯是自助餐陳列食品的地方，又叫食品陳列檯，是自助餐餐廳文化的具體表現，同時又是餐廳形象的重要構成部分，它不僅反映自助餐經營理念、格調、等級、情趣，而且還體現了餐廳的文化特色。

現在有許多餐廳受到觀念、技術、場地、資金等條件的限制，自助餐餐檯在設計上出現了明顯的缺陷和不足，爲了提高餐檯設計水平，將不利因素變成有利條件，應遵循以下原則。

醒目而富有吸引力

自助餐餐檯要布置在顯眼的地方，使顧客一進餐廳就能看見，裝飾要美觀大方，在餐檯上先舖上檯布，然後圍上桌裙，這樣顯得更加華麗、整潔，桌裙的長度以離地二釐米爲宜，既要能遮住桌腳，又不要拖到地面上。桌裙的顏色儘量和餐桌桌裙有所區別，給顧客耳目一新之感，吸引顧客。

自助餐餐檯是餐廳內衆所矚目的地方之一，應明亮、顯眼。一般用聚光燈照射或強烈燈光照射檯面，但切忌用彩色燈光，以免改變菜餚顏色，從而影響顧客的食欲。

方便顧客取菜

餐檯與餐桌之間留有一定的空間，便顧客在取菜時不必排長隊和造成擁擠和堵塞的現象，並根據客流的方向安排空間使用。通常平均一個人選一種食品所需地方約三十釐米，所以在設計時應該根據在一個特定的時間裡供應品種的多少和所能接待的客人數，來確定餐檯四周應留的空間的大小。空間留得太大，會影響餐廳的利用率造成浪費；反之空間留得太小，顧客在餐檯旁排隊等待，浪費時間，同時影響餐位使用的週轉率，從而減少營業額。一般大型自助餐爲保證顧客迅速便利地取菜，一般設一個中心餐檯和幾個分散的小餐檯，以便分區域疏散顧客。可將一些特色菜分離出來如：設立沙拉檯、甜品檯、湯品檯、小吃檯、燒烤檯等等。

根據餐廳的面積和形狀來設計

餐廳場地的大小和形狀是固定的不可改變的，而唯一可改變的是餐檯布置的類型。任何餐廳的形狀都有其優點和缺陷，因此在設計餐檯時應儘量掩蓋其缺陷，變不利爲有利。例如，狹長形的餐廳，如果將餐檯設置在餐廳中間，可將餐廳分隔成兩個方形小餐廳，這樣兩邊的顧客到餐檯的距離都很近，避免顧客排隊和堵塞，又使餐廳的空間得到最大限度的利用；再如餐廳是不規則形狀，可在不規則的地方設一些小型餐檯，如點心檯、甜品檯、水果檯等，或者設置一些裝飾檯，這樣既分流了一些顧客，同時又美化了餐廳的環境。

層次感

自助餐餐檯是展示餐廳文化和藝術的部位之一。設計上應有層次性和立體性，給人以錯落有致，意境深遠的感覺，留給顧客一個想像的空間。

靈活性和多變性

餐檯設計應該經常調整和變動，即使一個再有創意的設計，缺乏變動，久而久之，就難以有吸引力，反而使人覺得單調和枯燥無味，甚至產生厭煩的心理。因此，經常改變餐檯設計，不僅引人注意，而且能使顧客精神愉悅，飽滿而振奮，從而留住老顧客。

主題性

餐檯設計要緊扣餐廳經營主題，圍繞主題進行布置，例如，在情人節那天，將餐檯設計成「□」形，把節日的氣氛融於餐廳之中，將產生事半功倍的效果；再如：假如承接某家手機廠家的自助餐，將餐檯設計成某一新穎手機的形狀和在展品上設置手機模型，讓顧客感覺到你是在全心為他著想，為他服務，以此來感動顧客，在顧客心中樹立良好的口碑。

自助餐餐檯的類型

自助餐餐檯的形式多種多樣、變化多端。通常是根據餐廳場地來選擇各種不同形狀的檯面，這些檯面可單獨使用，也可利用空間組合成各種新穎別緻、美觀流暢的檯型。

常用的檯面

自助餐常用的檯面有：長方形、正方形、圓形、半圓形、1／4圓形、螺旋形、梯形、橢圓形、三角形以及不規則異形檯面等等。如**圖5-1**。

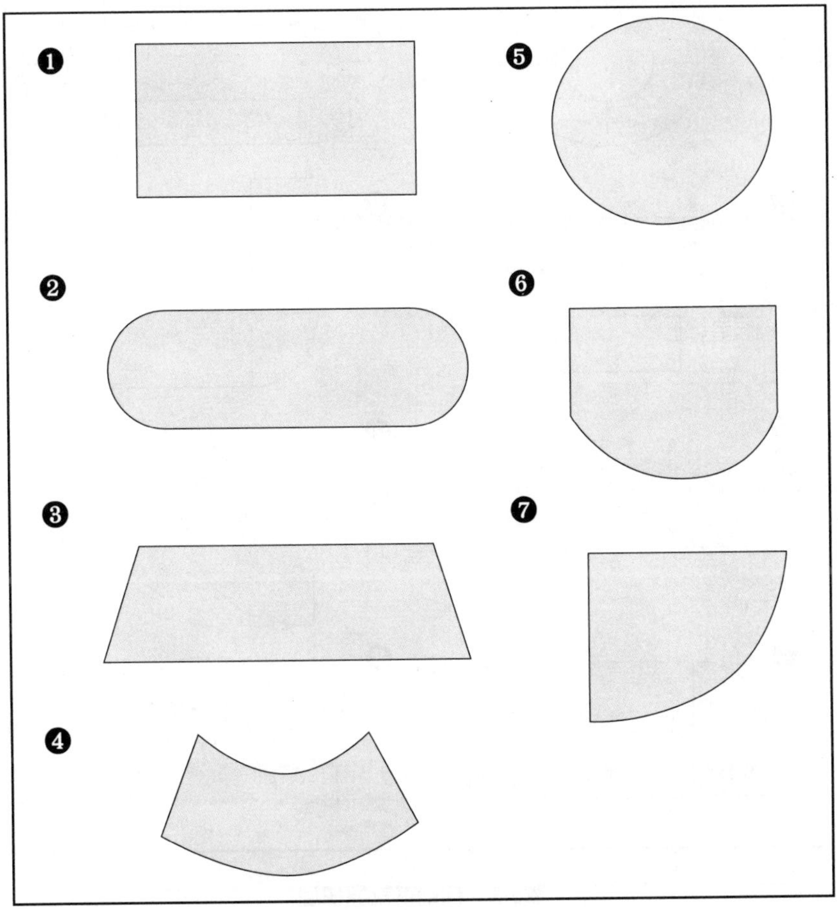

圖5-1　自助餐常見檯面

常用的組合檯型

根據場地特點和顧客的要求，將不同的檯面透過構思拼合成各種獨具匠心的檯型。常見的檯型如**圖5-2**。

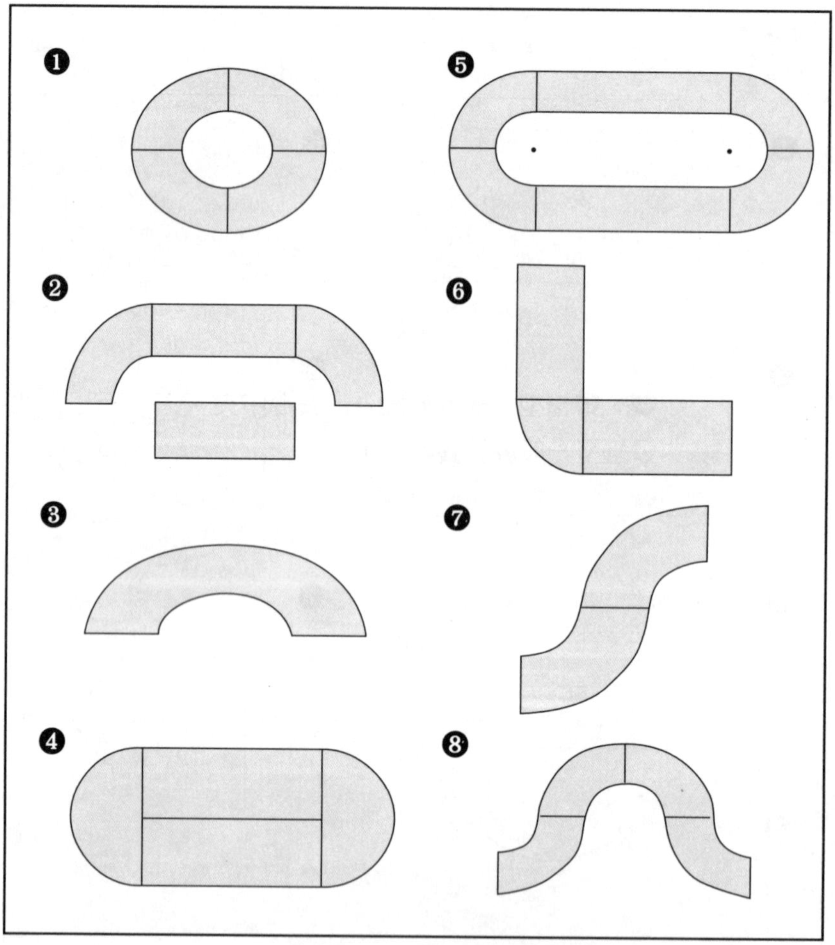

圖5-2　自助餐常見檯型

各種檯型的適用範圍

1.圖5-1中❶、❷、❸是最基本的檯型，常靠餐廳四周牆壁擺放，可放置食品也可用於布置裝飾和展品。

2.圖5-1中❹、❻、❼檯型一般放於餐廳一角，作爲小型餐檯或裝飾品。

3.圖5-2中❺檯型一般放於餐廳中央或餐檯中央，用於放置食品或裝飾品（如食雕、冰雕、果雕、各種花草等）。

4.圖5-2中❶檯型一般適用於長方形的餐廳，放置於餐廳中央，在圓形檯中央可配廚師，幫助顧客取菜或切割大塊食品。

5.圖5-2中❷檯型一般適用於長方形餐廳對稱的兩邊，可用於大型自助餐，設置兩組菜餚時使用。

6.圖5-2中❸檯型可適用於圓形餐廳靠牆擺放。

7.圖5-2中❹、❺檯型一般放於長方形餐廳中央。

8.圖5-2中❻檯型一般放於餐廳一角。

9.圖5-2中❼檯型一般適用於不規則形狀餐廳。

10.圖5-2中❽鐘形檯一般放於餐廳的一面或對稱兩面，可用於年夜飯型，寓意撞鐘之意。

主題自助餐與環境氣氛營造

主題自助餐是自助餐經營的中心思想，確定了自助餐主題，就要圍繞主題來營造餐廳的經營氣氛，餐廳內所有的產品、服務、色彩、裝飾、造型以及活動都爲主題服務，使主題成爲吸引顧客的標誌；同時成爲顧客識別飯店特徵和產生消費的刺激物。

主題自助餐的特點

鮮明的主題特徵

自助餐主題必須鮮明，具有一定的社會性，它是自助餐餐廳生存和發展的資本，自助餐的主題廣泛，涉及不同時期、國家和地域的歷史人物、文化藝術、風土人情、宗教信仰、生活方式等，並透過這些來體現餐飲文化魅力和餐廳的經營特色。

確定了自助餐主題，餐廳的一切都將圍繞主題展開經營活動，自助餐的主題通常有以下幾種方式體現：一、餐廳的外部裝飾；二、餐廳內部裝飾、布置、用具；三、服務人員的服飾、服務方式和程序；四、自助餐陳列菜品；五、透過舉行各種活動等。總而言之，餐廳在經營過程中應以各種方法和手段來體現自助餐的主題。

專業性強的員工

主題自助餐的從業人員除了具有一般餐飲服務的技術和技能外，還必須掌握與主題相對應的專業知識，主題自助餐的成功與否，主要取決於服務人員能否深入主題，挖掘其文化內涵。例如，一家專門面向兒童經營的自助餐，它的主要消費對象是兒童，餐廳服務員就必須瞭解兒童的喜好、習慣和心理，學會和兒童溝通，而廚師必須瞭解兒童喜愛的口味、食物，投其所好，只有抓住他們的心，才能贏得市場。因此主題自助餐的從業人員在主題相關的專業技能方面應有較高的要求，才能深入主題，做主題文章。

個性化的客源結構

「物以類聚，人以群分」。主題自助餐的消費對象，主要是因為主題貼近他們的生活，體現他們的興趣和愛好，他們來此消費不僅僅是爲了滿足人的最基本的生活需求，更主要的是精神上得到共鳴。因而客源相對穩定，回頭客多；他們一般不會因爲服務上一些輕微的過失而放棄該餐廳。但是，餐廳在服務水準、菜餚品質還應不斷提升，深入主題，營造主題氛圍，來鞏固市場。

高利潤、高風險

高利潤與高風險是統一的，高利潤的背後同時也隱藏著高風險，任何主題都很難得到永恆。隨著社會的發展，時間的推移，一旦這一主題得不到共鳴，被人淡漠，此時風險將至。因此主題自助餐是高利潤、高風險並存，是機遇同時也是挑戰。

主題自助餐的作用

形成穩定的客源

當今餐飲市場競爭加劇，消費者的選擇餘地大，流動性較強，一般的餐館很難擁有一批對其忠誠的顧客，消費者看哪家對其有利就往哪家跑，很難形成穩定的客源結構，而主題自助餐生存在市場的夾縫中，市場雖小，相對份額卻很大。顧客大多是針對主題而來，且絕大部分是老顧客，客源相對穩定，不會因爲競爭加劇而流失客源。

形成餐飲品牌

一家有特色的餐廳有可能成爲當地餐飲文化標誌，甚至成爲當地旅遊項目。例如，南京夫子廟有一家百年老店，以經營小吃聞名遐邇。「遊夫子廟品秦淮小吃」已被旅行社作爲招徠遊客的一個旅遊項目，夫子廟每天接待遊客數以萬計，該飯店生意久盛不衰，已經成爲南京的餐飲品牌，它做的不僅僅是餐飲而且還有文化。

優化餐飲市場結構

主題自助餐是市場區隔的產物，是以主題方式營造一種深層次的文化經營理念，因其高回報而引發人們對主題自助餐的研究和實踐，利用市場規律將餐飲市場競爭提高到一個全新的層次，這對優化餐飲市場結構，促進餐飲業繁榮產生一定的推動作用。

引導個性化消費

主題自助餐是建立在顧客需求的基礎上，以顧客需求爲第一原則，顧客來此消費不僅是爲了用餐，同時還能瞭解到自己感興趣的東西，增長見識，例如，以名人字畫爲主題的自助餐餐廳，顧客來用餐的同時能學到字畫方面的知識，以此來吸引字畫愛好者，最終鎖定顧客。

延長餐廳的生命週期

現在餐飲經營是以規模取勝，以雄厚的資金、人才、技術來壟斷餐飲市場，以規模大爲特色，但這種特色很容易被後來者所取代，一旦規模更大的飯店出現，它將不再受寵，意味著將被市場淘汰。而主題餐廳是以主題爲特色：一方面競爭者很難仿製；另一方面即使被同行所仿製，但顧客始終認同市場第一原則，不但不能吸引顧客，還具有東施效顰之嫌。因此，主題自助餐是以多樣化、個性化和差異化取勝，是一般的餐廳不能替代的。回顧歷史，那些百年老店至今不衰，依靠的就是經營主題和特色。

主題自助餐的分類

由於市場高度細分，各類主題自助餐餐廳如雨後春筍般的不斷湧現，各餐廳風格迥異，主題涉及面很廣，既有地理、菜系、民族習俗、歷史年代，同時又包含消費者的年齡層次、職業、文化類型等等。

透過對主題自助餐的分類，以便人們根據自身環境，透過市場調查研究，選擇適合於自己經營的主題自助餐（見**表5-1**）。

表5-1　主題自助餐分類表

按菜系分	中國	廣東菜系	廣州風味自助餐
			潮州風味自助餐
			東江風味自助餐
		江蘇菜系	南京風味自助餐
			淮揚風味自助餐
			蘇錫風味自助餐
			徐連風味自助餐
		四川菜系	成都風味自助餐
			重慶風味自助餐
		山東菜系	濟寧風味自助餐
			濟南風味自助餐
			膠東風味自助餐
		福建菜系	福州風味自助餐
			閩南風味自助餐
			閩西風味自助餐
		浙江菜系	杭州風味自助餐
			寧波風味自助餐
			紹興風味自助餐
		安徽菜系	皖南風味自助餐
			沿江風味自助餐
			沿淮風味自助餐
		湖南菜系	湘江風味自助餐
			洞庭風味自助餐

（續）表5-1　主題自助餐分類表

按菜系分	中國	湖南菜系	湘西風味自助餐
		北京風味自助餐	
		上海風味	上海本幫風味自助餐
			上海外幫風味自助餐
		湖北菜系	蘇南風味自助餐
			襄陽風味自助餐
			鄂州風味自助餐
			漢沔風味自助餐
		陝西菜系	關中風味自助餐
			陝北風味自助餐
			漢中風味自助餐
		官府菜	孔府菜自助餐
			譚家菜自助餐
			隨緣菜自助餐
		港澳台菜系	香港風味自助餐
			台灣風味自助餐
			澳門風味自助餐
	日本料理自助餐		
	朝鮮菜自助餐		
	韓國燒烤自助餐		
	法國風味自助餐		
	澳洲風味自助餐		
	新馬泰風味自助餐		
	歐洲風味自助餐		
	美洲風味自助餐		
按年齡分	兒童自助餐		
	青少年自助餐		
	中年自助餐		

（續）表5-1　主題自助餐分類表

按年齡分	老年自助餐
按文化類型分	文學自助餐
	字畫自助餐
	音樂自助餐
	舞蹈自助餐
	體育自助餐
	戲劇自助餐
	集郵自助餐
	時裝自助餐
	攝影自助餐
	雕刻自助餐

主題環境氣氛的營造

主題自助餐是以主題來吸引顧客，而主題又必須透過餐廳的環境氣氛來體現，因此，餐廳的結構布局、裝潢設施、主體色調、音樂、光線、服務員服飾、娛樂休閒活動都得緊扣主題，貼近現代人的生活方式和品味。

菜系風味主題自助餐餐廳的環境氣氛營造

用菜系風味爲主題自助餐的餐廳，其內部環境必須和菜系所在地域的地理環境和風土人情相一致，給人以一種眞實感，例如，川菜自助餐餐廳，在裝飾布置時應儘量將巴山蜀水、樂山大佛等，自然環境和名勝古蹟融於餐廳，服務員的著裝、舉止能體現川妹子的形象，讓顧客一進餐廳就能體會到一股濃濃的川味。給顧客留下一個難忘的第一印象。爲其擴大消費和再次光臨打下一個堅實的基礎。

休閒主題自助餐餐廳的環境氣氛營造

現代人們生活節奏加快，市場競爭日益激烈、工作壓力和精神壓力逐漸加大，人們在工作之餘抽空休閒一下、釋放一下壓力，在這種情況下，休閒餐廳應運而生。餐廳在營造氣氛的同時應滿足顧客放鬆休閒的需求，達到顧客減壓和宣洩的目的。南京名門大酒店內部採用瀑布、沙灘、椰林、小橋流水、庭園來營造一幅大自然的景象，顧客一進餐廳就有一種回歸自然、融於自然，達到忘我境界，一切的煩惱、壓力煙消雲散，眞正達到休閒放鬆的目的。

農家主題自助餐餐廳的環境氣氛營造

現代生活在都市裡的人們，時常想起和嚮往農家生產方式。農家主題自助餐餐廳布置時儘量營造農家、田園生活氣息，可在餐廳放置農家生產工具。如鐵耙、鐵鍬、鋤頭，懸掛一些農作物，如玉米棒、高粱、乾紅辣椒；布置一座農家土坯房；舖設一些田間小道。來體現農家眞實生活寫照。

懷舊主題自助餐餐廳的環境氣氛營造

自助餐餐廳在設計過程中，將歷史上發生的重大事件，歷史上著名的人物，透過文字、圖案或雕塑，布置於餐廳之中，勾起人們對歷史的追憶，懷舊主題環境的營造應注意以下幾點：

1.選題要嚴謹。
2.科學對待歷史。
3.觸景生情，以情感人。
4.歷史和現代相結合。

節日主題自助餐餐廳的環境氣氛營造

適逢一些節日，可將餐廳適應布置一下，把節日的氣氛融於餐廳之中，給顧客一個愉悅的心情，同時也產生促銷的作用。可以作爲自助餐主題的節日有：春節、元宵節、婦女節、端午節、兒童節、中秋節、元旦、情人節、母親節、父親節、復活節、感恩節及聖誕節等。例如，元宵節可在餐廳中懸掛各式各樣的花燈；感恩節和聖誕節可用深藍色或深紅色檯布來襯托宗教氣氛。

自助餐餐檯菜點陳列

自助餐餐檯是餐廳核心和最爲搶眼的亮點，菜點陳列是否得當直接影響顧客的食欲和心情。

布檯的順序

1.第一步先上燉品、湯羹、甜品、燒、燜製的菜餚

燉品、湯羹、甜品、燒、燜製的菜餚，不會因爲盛放時間長而影響菜品的品質，因此，開餐前，可事先準備好，留下時間準備其他菜點。

2.第二步上冷菜，炸、烤製的菜餚和點心

因爲這些菜點放置時間長，表面會乾癟、失去光澤，同時炸、烤製的菜點會回軟，影響口感和質感。

3.第三步上爆炒的菜餚和蔬菜

因爲爆炒的菜餚放置一會兒，菜餚內的水分會流失，質感變老，而蔬菜顏色會變黃且影響口感。

菜點擺放的要求

1.自助餐菜品陳列一般是按顧客取食習慣來排列：以開胃品、湯、羹、冷菜、烤炸製菜餚、其他熱菜、蔬菜、點心、甜品、水果爲順序排列。

2.某些自助餐設置特色菜餐檯，其擺放順序基本同上。

3.每道菜品前面正對著顧客擺上菜名（中、英文）指示牌、各種菜品跟配的調料要與菜品放在一起，以便顧客取用。

4.將成本較低的菜品放在引人注目的地方，方便顧客取用，同時又節省價格昂貴的菜餚的用量，降低成本。

5.擺放菜點時注意色彩的搭配，顏色相同的菜品儘量錯開放置。冷色、暖色、中性色搭配要溫和，同時避免色彩反差太大，整體要美觀大方，有立體感。

6.盛器選擇要多樣化，可以用銀器、砂鍋、竹器、藤器、異形盛器、瓜盅等等。

7.餐檯裝飾物。如食雕、冰雕、果雕、鮮花等，可以放置在中央或兩邊，同時也可以點綴在菜點中間，將冷菜、熱菜、點心、水果分隔開來，產生美化餐檯的作用。

自助餐餐檯公共用具的配置

根據菜點的特點來選擇不同公共取菜用具，並且放置於每道菜點旁邊的盤上。

1.沙拉和帶有滷汁的菜餚配置湯匙。

2.小形塊狀的食品（如炸製菜餚、麵包、包子、西點）可配置食品夾或筷子。

3.湯羹類菜品配置湯勺。

4.大塊的食品可配置刀和叉。

5.水果類如西瓜片、葡萄、草莓等配置水果叉。

自助餐現場操作檯設計與布置

自助餐現場操作檯的具體表現方式通常有在自助餐廳煲湯、汆灼時蔬、現場表演、製作食品等。此類操作檯的設計與布置雖有廚房烹調功能，而更顯著的特點、更加著重考慮的因素是在餐廳操作。

熱食明檔、餐廳操作檯的作用

在自助餐廳布置現場製作食品的操作檯，對宣傳餐飲產品，擴大產品銷售，具有多方面的作用。

渲染、活躍自助餐廳氣氛

客人來到自助餐廳用餐，除了滿足裹腹充飢的生理需要之外，更多、更高層次的需求，是爲了溝通，爲了交際。因此，沉悶的用餐環境，很難滿足客人的需求；輕鬆、活躍的餐廳氣氛，爲客人普遍歡迎。

自助餐廳的裝修等級色調、風格多已固定，給經常光顧的客人已無新鮮感可言。因此，在自助餐廳陳列熱食明檔、現場製作食品的操作檯，在提供客人風味美食的同時，使客人更加形象、直觀、藝術地觀賞到自己所需風味食品的製作過程，更加增添客人用餐的情趣，客人進食、交際的內涵在擴大，話題在增多，用餐的綜合效果自然更好。如山西迎澤賓館在迎澤廳現場製作風味甩餅，將一個不足一百克的小小麵團，在客人面前飄飄悠悠，拋甩成近一平方公尺的薄餅，功夫獨到、情趣盎然，用餐客人無不稱絕。

方便賓客選用食品

客人的生活習慣不同、用餐經歷不同，對食品的成品品質要求也不盡相同。單點菜點客人可以透過向點菜服務員交待，以得到其想要的出品。宴會菜點，在訂餐時，可以說明要求，以保證在用餐時各取所需。這兩類經營，都必須透過服務員轉達客人的需求，才可能滿足客人的需要。若中間環節溝通不暢，或出現偏差，客人很難如願。

自助餐廳設檔，現場製作，客人既可透過服務員即刻轉達對食品要求，更可以在觀賞現場製作的同時，直接向現場製作的廚師提出具體要求，如早餐自助餐煎蛋，煎蛋的數量是一個還是兩個；煎蛋是單面煎，還是雙面煎；煎蛋的成熟度是要求嫩一點，還是老一點；煎蛋的配、調料，是放黃瓜還是配火腿，是加鹽還是放糖，還是原味煎蛋等等，都可以透過及時溝通，使客人及時得到滿足。

宣傳飲食文化

飲食文化是衆多消費者共同感興趣的文化範疇。中國飲食文化更是博大精深，奧妙無窮。自助餐廳布置工作檯現場製作，將傳統習慣上只在廚房區域製作的工藝，尤其是後期熟製成品階段的工藝，移至餐廳，在賓客面前現場製作，這不僅讓消費者直觀的瞭解自己所需產品的製作工藝，更加增添其用餐情趣，而且使烹飪技藝在儘可能廣的範圍內得以弘揚光大。客人更加全面細緻地瞭解、認識產品，更加深其形象、立體的記憶，乃至宣傳產品。這對消費者來說，可以將用餐當作一種趣味投資，對感興趣的菜點可以回去仿製；對飯店來說，不僅對社會做了應有的貢獻，更對社會的潛在市場做了廣泛的宣傳活動。無論從哪個角度講，其積極意義都是不可忽視的。

擴大產品銷售

餐廳設檔、現場製作，在渲染氣氛的同時，更加吸引了用餐賓客的注意力，一些玲瓏鮮美、色形誘人、香氣四溢的菜點很快激起客人的購買欲望，嘗試消費（帶著試試看的心理購買）和倣仿消費（隨他人購買而繼起的消費），將為現場製作產品打開銷路。產品自身的優勢和魅力，更在後續消費（客人購買後認爲值得，繼續有目的地購買）中發揮更大的作用。

便於控制出品數量

通常情況下，廚房出品越多，意味著銷售越佳，飯店受益越多。而在標準既定的自助餐銷售中，此情況並不盡然。標準確定了的自助餐，菜點品種安排和數量的準備是有一定比例的。這裡既要有足夠的不同類別品種的食品供客人各取所需，又要有議定數量、比例的、消費者公認的高級食品以吸引賓客，給賓客物有所值的回報。還要考慮飯店應得的經濟效益和客人間對高級食品取食的平衡性。因此，在自助餐開餐服務期間，對計畫內出品的、可能引起客人普遍需求的食品，要進行有技巧的服務，以產生儘可能滿足客人需要且能有效控制成本。在自助餐廳安排現場製作、現場分派的方式，讓需要同類菜點的客人自覺排隊，依次限量（應需供應）服務，是達到上述目的有效而不失體面的做法。比如，某些地區對自助餐供應白灼基尾蝦、生蠔等採取現場生灼、現場加工等，秩序、效果都很好。對一些不一定限量，而製作成本較高，可能因客人一次取量較多而食用不盡，導致浪費的菜餚，採取現場製作，或現場服務，也可以產生控制生產出品數量、控制食品成本的效果，如西式烤牛排、烤火雞等。

自助餐現場操作檯設計要求

自助餐現場操作檯，由於其位置和作用的特殊性，決定了其設計的特殊要求。

設計要整齊美觀，進行無後檯化處理

現場生產操作檯設計在餐廳，整個設計包括現場操作人員就成了飯店產品的一部分。除了生產製作人員要衛生整潔、著裝規範、操作俐落，設計同樣要做到整齊別緻，產生美化餐廳的作用。餐廳操作檯，雖然與廚房烹製、切割一樣，需要一系列刀具、用具，會出現一些零亂現象，會有垃圾產生，但在設計時應力求完美，將不太雅觀的操作及器皿進行適當遮掩，使操作檯既便利操作，功能齊全、流程順暢，又不破壞自助餐廳格調氣氛，不礙觀瞻。

簡便安全，易於觀賞

在自助餐廳設計、布置操作檯，有時是為了一段時期的需要，有時是為了一種活動的需要，可能不是長久之計。因此，拼搭工作檯，無論用材還是製作工藝，應相對簡便，便於調整和重複使用。在設計製作簡便的同時，不可忽視安全因素。在自助餐廳生產、在賓客面前操作，不僅要注意生產人員的安全，更要注意操作檯附近觀賞客人的安全。對可能出現的濺燙、黏油等污染、傷害賓客的現象，都要進行妥善設計，嚴格杜絕。如在自助餐廳進行山西刀削麵、煮麵；在自助餐廳烙餅、煎餃；在自助餐廳現場批片烤鴨、斬剁鹽水鴨等，在煮麵鍋、烙餅爐前要加防護板；在批片、斬鹽水鴨的砧板、烤鴨的檯板前加玻璃罩等。餐廳的明檔、操作檯要設計得便於客人觀賞，對關鍵、精彩的操作場面要儘量充分展示在客人視線範圍以內。將操作演示的正面要設計成面向大多數賓客的角度，

儘可能使用餐的客人想觀賞時，都有所見；想離席觀賞時，進出通道方便。

油煙、噪聲不擾客

無論是在自助餐廳操作檯上煎蛋、煎餃，還是烙餅、煮麵條、灼時蔬、汆活蝦，都要在設計的過程中，充分考慮油、蒸氣和噪聲的處理。創造和保持良好的用餐環境是前提。因此，在長期用作明檔或操作檯的上方，應設有抽排油煙設備。臨時陳設的明檔、操作檯也應選擇在餐廳回風口，或餐廳空氣流動中不易朝客人多的區域吹風的下風區域。同時自助餐廳現場操作，尤其是加熱設備，要避免選用振動大、噪聲響的器具，防止產生不悅耳的雜聲，破壞餐廳環境氣氛。

與菜品相對集中，便於賓客取食

自助餐現場操作檯，在餐廳選擇設置位置時，應考慮除了醒目、便於賓客觀賞，以及排除油煙外，還要儘可能安排在靠近廚房、便利客人取用的地方。即使由服務人員根據客人需要代為取食，也可順道遞送，節省勞動，同時這也方便了與廚房的聯繫。在自助餐廳設置現場操作檯，應考慮儘量靠近食品餐檯，使賓客在取自助菜點的同時，順便選取操作檯食品，縮短客人的取菜距離，減少餐廳的人流。

自助餐現場操作檯設計示例

自助餐現場操作檯設計示例見**圖5-3**。

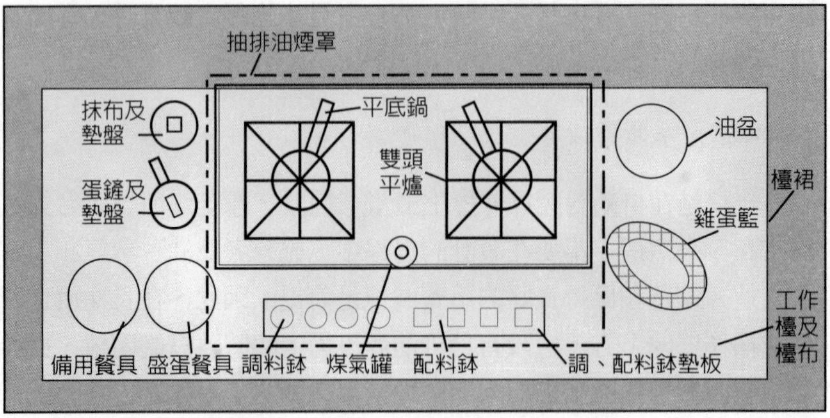

圖5-3　自助餐現場操作檯設計示例

第六章

自助餐產品知識培訓

自助餐產品包括供消費者自由取食的各類菜點食品，還有餐廳的環境、氣氛和服務。要設計、經營好自助餐，對於自助餐相關人員進行業務知識培訓是必不可少的；而要提高自助餐經營氣氛和效果，培訓更是不能間斷的。

自助餐培訓意義與程序

正確理解培訓意義，是生產、經營好自助餐的前提；科學、有效地實施培訓，是不斷提高自助餐經營效果的有效步驟。

自助餐培訓的意義

自助餐培訓的意義，不僅在於教會員工如何操作，更要讓員工理解之所以這樣操作的道理；同時，透過培訓，對服務的主動性、提高賓客的滿意率更有現實意義。

增強員工自覺服務意識

透過積極引導和擴大知識面的培訓，員工可以更加明確賓客之於飯店的重要地位，賓客消費有哪些方面的需求，員工如何透過積極有效的服務滿足賓客表現的或潛在的需求。透過這些培訓和正確引導，激發員工積極思維，主動服務，提高賓客的滿意度。

使員工知道如何服務

員工服務發生差錯，輕則造成飯店損失，成本增大，重則導致賓客不滿，影響飯店聲譽。而要使員工主動服務，提供及時、周到服務，培訓是使員工獲得正確服務方法和服務技巧正規、可靠的管道。實際工作中，服務員錯誤操作、盲目工作、頻繁失誤、屢屢出錯的根本原因，大多是缺少切實有效的培訓所致。當然，管理考核不力，也是其中原因之一。

提高員工工作效率

培訓可以提高員工自身素質，使員工操作熟練程度提高，進而提高工作效率。自助餐餐檯布置、檯型設計、菜點、酒水、包餅、奶油、果醬等等的分布陳列，既需要有較高的審美觀，又需要熟知賓客消費心理，只有接受過系統培訓，且十分熟悉餐廳實際和出品知識的人，才能高效率、得心應手地工作。自助餐餐中服務，包括撤收餐具、服務飲料、結帳送客等，培訓後的服務員也會以高效的服務滿足客人不時的需求。

培訓員要求

自助餐培訓可以用於傳授菜點產品知識和操作服務技巧，也可用於幫助改進工作態度。培訓是否有成效取決於培訓員的能力和受訓人員的學習願望。一般說來，餐飲新的員工或老員工對新的出品及服務知識或是他們認爲應該掌握的知識是願意並迫切希望學有所成的。這表示，培訓員對自助餐培訓的成功產生十分重要的作用。而成功的培訓員應具備如下要求：

1.教的願望。自助餐培訓員必須有教的願望。樂於幫助、指導他人的自助餐組織管理人員，一般都喜歡從事培訓工作；反之，技術保守，視手藝爲私有的管理者，則不宜作培訓員。
2.知識面。儘管培訓員不必是自助餐生產、服務每個職業的權威，但對要求培訓的部分業務必須能做講解與示範。如培訓餐檯布置，培訓者必須擅長策劃布置，並具有這方面較全面的理論和操作知識技能。

3.能力。要具有溝通的能力，培訓員必須與受訓人員進行有效的溝通。如果培訓員的語言表達或手勢受訓人員無法理解，其培訓效果是不理想的。

4.耐心。要有耐心，教員必須做到客觀、有耐心，而不能輕易失去信心，對新從事烹飪工作的廚房人員和一線基層服務人員尤其應如此。

5.幽默感。要有幽默感，在對廚房、餐廳員工進行營養衛生、菜點知識等理論培訓時更應注意發揮幽默的作用。

6.時間。要有較強的時間觀念，培訓課開始不能推遲，下課也應準時，否則，可能妨礙開餐或引起受訓人員的不耐煩。

7.尊敬。教學雙方應互相尊敬，防止同行相輕。

8.熱情。對培訓工作、對受訓學員要熱情。

培訓的原則

由於自助餐廚房生產廚師、餐廳服務人員大部分是年輕的成年人，因此培訓工作必須體現成年人學習的特點：

1.學習的願望。受訓人員必須對學習新技術、獲得更多知識具有強烈的願望。另外，廚師和服務人員往往是在他們認爲有必要學習時才接受培訓。大多數第一線員工是講求實際的，他們想知道培訓對他們到底有多大好處。因此，在培訓初期，培訓員應該盡力宣傳培訓的必要性。這種宣傳應該成爲初期培訓活動的一部分。

2.邊做邊學。廚師和服務人員是以手工操作爲主的工作，要邊做邊學。被動的學習（聽、記等）比主動學習（學員參與培訓）效果要差，自助餐生產服務人員尤其如此。另外，培訓要集中解決現實問題。應該讓受訓廚師、服務員看到教給他們的知識技巧是可以運用到他們所處的具體環境中去應用的。因此，自助餐人員的技能培訓，應儘可能以解決某些生產和服務品質問題爲主。

3.以往經歷的影響。自助餐人員以往經歷會對他們的學習產生影響。參加培訓的員工有不同的經歷，培訓要與他們的經歷結合起來。有經驗的自助餐經營管理人員用現身說法培訓，其效果均較好。另外，學員在一個非正式的學習環境中受訓，學習效果更好。同時還要注意，自助餐培訓的教員應該把受訓員工看作是同行加同事，不應該把他們看作是下級或孩子。

4.培訓方式。採用各種不同的培訓方法可以使培訓變得生動活潑。自助餐的純理論課程培訓，也應儘可能多舉案例的方式加以說明。培訓的重點應放在提供引導而不是評分。員工希望瞭解他們現在做得如何，然而他們更需要瞭解他們的學習方法是否正確，以及是否理解培訓員傳授給他們的知識和技巧。自助餐生產和服務人員培訓，有條件的要讓受訓者充分參與操作練習，培訓員從中發現問題，及時予以糾正，效果尤佳。

自助餐培訓，除了遵循上述原則，還應注意如下幾點：

1.一次培訓活動的時間不應超出員工的注意力集中限度，必要時安排幾次休息。

2.員工學習的進度是不一致的，培訓員要有足夠的耐心，要給那些手腳較慢、不太容易掌握要領的人提供更多的機會。

3.培訓的開始階段不要強調提高工作速度，而要講求動作的準確性。培訓中強調的重點要反覆講、反覆練。

4.在一項工作、一個菜點製作、現場服務分解成幾個步驟培訓之前，必須完整地示範一次。只有在受訓人員懂得了完整的工作怎樣做以後才可以讓其分步練習。

5.自助餐受訓員工應該知道培訓要達到什麼要求。培訓員有責任讓學員透過培訓得到明顯的效果。學員應該有機會評估他們的學習，看是否達到了預期的要求。

培訓工作程序

培訓工作是自助餐生產服務管理的重要內容之一，透過培訓可以解決自助餐生產經營中的若干問題，但也不是所有問題都能透過培訓得到解決的。要根據具體情況分析問題產生的原因，假如透過對問題的尋找和分析，找到了問題的癥結不是工作條件或其他方面的缺陷而是缺乏培訓，那麼培訓就是解決問題唯一有效的手段。培訓不但可以用來解決經營管理中的問題，還可以幫助自助餐新員工掌握規定的工作技巧或者指導員工學習新的工作程序。培訓應按下列步驟進行：

確定培訓需求，考慮費用

自助餐經營管理者可以根據幾個方面來確定何時需要進行培訓，管理中發現一些與工作有關的且普遍性的問題，諸如客人不滿、士氣低落、原料的浪費、出菜速度慢、生產、服務效率低、員工牢騷很多或者發生事故等等，這時候就可以認為培訓是必要的了。管理人員只要對客人和員工的不滿稍加觀察和分析，對營業水平的波動作評估及研究，並透過檢查或透過員工和餐廳及其他人的反饋就能確定是否需要對員工進行培訓。確定需要培訓以後，找出最迫切需要培訓的項目，把它放在培訓的首位。考慮培訓計畫時，費用是一個重要的因素。顯然培訓應該得大於失（透過培訓得到的好處應該大於培訓的開支）。透過培訓，問題應該明顯減少，使人們確實感到培訓是正當需要。在確定培訓項目的同時，自助餐經營管理人員不僅要先評估培訓的開支及預算，也要考慮假若不進行培訓，則損失又會有多大。

計畫、制定培訓目標

培訓過程包括大量的預先計畫工作。為了能評估培訓的效果（學員學到的東西），在培訓開始前，自助餐培訓員必須瞭解員工的工作水準。如果透過培訓，員工的工作比培訓前更接近要求，那就可以判定培訓是有成效的。

一旦作出了培訓決定，就要確定總的培訓目標。一般說來，培訓要著眼於提高實際工作能力，而不只是為了瞭解一些知識。培訓員必須明確地規定受訓者經過培訓必須學會做哪些工作和工作必須達到什麼要求。

選擇學員，規定達到要求

無論自助餐生產、服務新員工還是老員工都應該接受培訓。新進員工開始工作時，要經常教給他們有關工作的技巧和知識；對老員工來說，隨著新菜單的推出和工作程序的改變等，他們也需要培訓或重新調整。不少員工工作沒做好並不是他們不想把工作做好，而是不知道應該做些什麼，如何去做，以及為什麼要這樣做。自助餐經營管理者應該挑選那些透過培訓可以再提升的員工（儘管他們在廚房、餐廳工作的時間有長有短）作為培訓的對象。選定了學員，還要規定透過培訓員工應達到的要求。這些要求是指員工在培訓的各個階段要達到的技術水準，因此，它們不能是籠統的，應該很具體明確。

制定培訓計畫

有了具體的培訓目標，就可以制定培訓計畫。各項技巧的培訓必須按照邏輯順序合理安排。所有原料用具必須先備齊。凡是工作需要改進的方面都要進行培訓。要制定培訓計畫並確定授課安排。每個培訓計畫應列明要開展的活動。每次活動要與培訓計畫中的具體目標相對應。培訓計畫實際不是培訓工作所有方面的概括。有了培訓計畫就可以做出授課安排，簡要說明每一堂課有哪些具體的活動。然後，每堂培訓課再確定受訓人員要達到這堂課規定的工作目標要做哪些具體的事情（見**表6-1**）。

制定培訓計畫的同時，應選擇好培訓方式。可根據培訓內容分別選擇小組培訓、全員培訓、理論培訓、操作培訓、研討式培訓、講座培訓或示範觀摩培訓等等，亦可幾種方式兼用。

表6-1　自助餐生產、服務人員培訓計畫表

總目標			具體目標（目的）		
參加人員					
日期		時間		地點	
培訓方式		培訓內容		培訓員	
培訓用品					
評估／考察方式					
備註					

讓學員做好準備

在參加實際培訓之前，受訓人員至少應對他的工作有一個基本的瞭解。受訓者總想知道能學到什麼，因此，應向他們說明每堂課是如何安排的。另外，在制定計畫時如能聽取員工的意見，將會對培訓有很大的幫助。自助餐經營管理人員要保證員工有一定的時間去參加各種培訓活動，要儘可能少採用傳統「忙裡偷閒式」的培訓，必須讓員工懂得參加培訓並不是一種懲罰，還應該讓他們認識

到對他們進行培訓既不是浪費時間，也不蔑視他們的才智。

培訓的實施

培訓內容不同，培訓的實際做法也不一樣。培訓計畫制定以後，有關各方要積極準備，保證人手、場地、時間等一切培訓條件具備，並在培訓負責人的主持下順利進行。

培訓的評估

需要對培訓進行評估以確定培訓是否實現了它的目標。也就是說，員工經過培訓，他們的工作能力提升了多少。

對培訓工作可以從兩個方面進行評估：

1.採用的培訓方式。
2.培訓的實際效果（包括對受訓人員的考核）。

把這兩方面的情況結合起來就容易確定培訓是否獲得成功，是否需要再一次進行培訓。透過評估，自助餐經營管理人員也容易確定員工在實現培訓目標方面是否正在進步。

自助餐食品知識培訓

自助餐食品包括中、西餐菜餚、麵點、酒水等等，生產和服務人員全面系統瞭解食品生產和服務知識對積極、主動、優質提供出品和服務有著不可忽視的重要意義。

西餐菜系知識

通常西餐泛指西方國家，主要是歐美國家的菜點。西餐起源於歐洲，最早形成於古羅馬時期，在中世紀基本定型。隨著西方國家在科技、文化上逐步占據領先地位，西餐也隨之興旺起來，並向世界其他地方傳播。由於自然條件、歷史條件和地理環境的影響，西餐的各個流派之間形成既有聯繫又有區別的風味流派。

法國菜

法國農業、畜牧業、漁業都很發達，物產豐富。豐富的農產品為選料廣泛、用料新鮮、做工精細、滋味鮮美、花式品種繁多的法式菜提供了物質基礎。加之經濟發展起步早，推動了飲食文化和烹飪技藝的迅速發展。法國菜在西餐中最為著名，影響最大，地位最高，被稱為西方文化最亮的明珠，以至世界各地的西餐館都以能夠擁有法國廚師和能夠烹製法式菜餚而感到自豪。

法國菜在原料使用上的特點是鮮、精、廣，因為法式菜比較講究生吃，其加熱的溫度和時間往往達不到殺菌的標準，所以在選擇原料時力求新鮮精細，以保證食者的健康。法式菜選料之廣泛是其他流派的西餐望塵莫及的，例如，蝸牛、馬蘭、椰菜心等材料都可以列入法國菜。法國菜在烹調上講究製作精細，以原汁原味著稱，並且喜歡用酒調味，在使用酒時不僅量大，而且用酒的品種繁多，例如，製作清湯要用白葡萄酒，烹製海鮮要用白蘭地，烹製肉類和禽類要用雪莉酒，烹製野味要用紅葡萄酒，製作點心和水果要用甜酒。此外，法國菜還精選許多蔬菜用作配菜。

英國菜

和法國菜相比，英國不太精於烹飪。這與歷史傳統有關係。英國人一般不願把很多錢花在飲食上，而注重度假、旅遊、娛樂。所以即便是英國王宮所舉辦的宴會，也比較簡單。一般英國人，中午是名副其實的快餐，往往只喝一杯飲料加上一份三明治或一塊糕點。晚餐則是每日主餐。一般家庭都有一道熱菜，或魚或肉或雞，配以馬鈴薯、番茄、豆類、蔬菜等。週末，星期日再加一道湯、一份沙拉或甜食，就算有客人登門拜訪也不過如此。但英國飲食的一大特色是早餐豐盛。早餐一般有雞蛋、培根、火腿、香腸、奶油、果醬、烤麵包、咖啡、牛奶、果汁、玉米餅等。這個傳統習慣一般家庭雖已淡化，但在飯店、餐館仍保存著。

英國菜在烹飪上特點突出，主要表現爲清淡、少油，很少用酒。製作過程較簡單，而調味品如鹽、胡椒粉、醋、沙拉油、芥末醬、辣醬油、番茄醬等都是擺在餐桌上，由用餐者自己選用。這幾點都是和法式菜很不相同的。英國菜的名菜也不少，有雞丁沙拉、烤大蝦蘇夫力、蘇格蘭羊肉麥片粥、麵包布丁等等。

美國菜

美國菜是在英國菜的基礎上發展起來的，烹調方面繼承了英國菜的簡單、清淡等習慣，口味上鹹裡帶甜。美國菜用水果作配菜比較普遍，而且量大。美國人很喜歡吃水果和蔬菜沙拉，原料有香蕉、蘋果、梨、菠蘿、柚子、橘子、芹菜、生菜、土豆等等。在美國的重大節日，如感恩節、聖誕節，人們都喜歡吃火雞菜餚。

義大利菜

在羅馬帝國時代，義大利曾是歐洲的政治、經濟、文化中心，雖然後來進入資本主義發展時期，義大利相對落後了，但就歐洲烹飪（即通常所說的西餐）來說，義大利卻是始祖。就是現在，義大利菜也可以與法國菜、英國菜媲美。

義大利菜以原汁原味聞名，不喜歡熟透；一般六七分熟即可，紅燜、紅燴的菜較多，燒烤菜較少，保守重傳統。

義大利傳統菜式中，以通心粉入菜聞名世界。通心粉煮好以後，再以濃稠汁調味，其汁有黃、白、紅多種色澤。義大利肉末通心粉是一道名菜。此外，通心粉還可做湯。義大利餛飩、義大利餃子、義大利肉餡春捲、炒飯、麵疙瘩等，也都很有特色。

俄羅斯菜

沙皇俄國時代，上層人士非常崇拜法國，貴族不僅以說法語爲榮，而且飲食和烹飪技術也主要學法國，但經多年演變，特別是俄國地處寒帶，菜點逐漸形成了獨特風味。俄國人喜歡吃用魚肉、各種碎肉末、雞蛋和蔬菜製成的包子、肉餅。俄式各種小吃享有盛名，因此有「英法大菜，俄國小吃」之說。

俄式菜口味較重，喜歡用油，製作方法較簡單。俄式菜口味以酸、辣、甜、鹹爲主，酸黃瓜、酸白菜往往是飯店和家庭餐桌必備食品。在烹調方法上，以烤、薰、醃等爲主。

北歐國家地處寒帶，日常生活習慣和俄羅斯人相似，中歐諸國則多是斯拉夫民族，生活習慣也與俄羅斯人相似，都愛吃醃製的各種魚肉、薰肉、香腸、火腿以及酸菜、酸黃瓜等，所以俄式菜也是西餐中影響面較大的一大菜系。俄式名菜有：魚子醬、冷鰉魚、串烤羊肉、羅宋湯等。

德國菜

德國菜的特點是食用生菜、生肉較多，如韃靼牛排就是生牛肉拌生雞蛋。在口味上，酸味菜較多，如酸燜牛肉等。德國香腸種類繁多，豬肉腸、牛肉腸、血腸、肝腸達一百餘種。香腸可冷食、可炸吃、煎吃。德國人還愛食野味。德國菜其烹飪方法比較簡單，用啤酒調味是德式菜的一大特色。

中餐菜系知識

中國地域廣闊，菜系豐富，不同菜系的菜點風格各異，特點明顯。

廣東菜系

廣東菜系亦稱「粵菜」，由廣州、潮州、東江等地方菜發展而成，廣州菜為其主要代表。廣東位於我國南部沿海，處於熱帶和亞熱帶，四季常青，江河縱橫，物產豐富。盛產十大名鮮——石斑魚、尤利魚、鱘龍魚、鱖魚、對蝦、肉蚧、羔蚧、響螺、鯿魚、鱸魚，為菜餚的製作提供了豐富的原料。

廣東菜在國內外久負盛名，主要特點是選料精細，花色繁多，新穎奇異。它取料之廣泛，為全國其他任何地方菜所不及。在動物性原料方面，除了用雞、鴨、魚、蝦以外，還擅於用蛇、狸、猴等野生動物製成佳餚。早在南宋時，就有廣東人「不問鳥獸蟲蛇，無不食之」一說。

廣東氣候冬暖夏長，平均氣溫較高。炎熱的氣候條件下，人們一般喜愛清淡的口味。廣東菜特別注重色、香、味、形俱佳，尤其講究形態美觀，故花色菜較多。此外，由於廣州是我國南方主要通商口岸，與海外交往較多，廚師在烹調技術上還吸取了許多西菜的特長，使有一些廣東菜餚帶有西菜的特點。廣東菜中比較突出的烹調方法有煎、焗、扒、炸、焗、燴、燉等十幾種，著名的菜餚竹絲雞燴王蛇、脆皮雞、烤乳豬、鹽焗雞、蛇油牛肉、冬瓜盅等。

江蘇菜系

江蘇菜系由揚州、南京、蘇州三地的地方菜發展而成。其中揚州菜亦稱淮揚菜，是指揚州、鎮江、淮安一帶的菜餚；南京菜又稱京蘇菜，是指南京一帶的菜餚；蘇州菜是指蘇州與無錫一帶的菜餚。

江蘇省境內河流縱橫，大小湖泊星羅棋布，著名的湖泊就有太湖、陽澄湖、洪澤湖，是全國聞名的魚米之鄉，物產富饒，盛產蝦、蟹、菱、藕等。

江蘇菜選料嚴謹，製作精緻，注意配色，講究造型，菜餚四季有別。烹調方法擅長燉、燜、蒸、燒、炒；又重視調湯，保持原汁，風味清鮮，肥而不膩，淡而不薄，酥爛脫骨而不失其形，滑嫩爽脆而不失其味。

江蘇菜中的淮揚菜，因它形成較早，與川、魯、粵菜同被譽爲四大風味，在國內外有很高的聲譽。揚州地處運河與長江的會合處，是南北交通的要道，歷史上一直是商業經濟中心之一。在這繁華的都市裡，烹調技藝也相應得到發展，逐步形成了它獨特的風格。淮揚菜具有選料嚴格、製作精細的特點，烹調方法擅長燉、燜、煮、燒等，注重用原湯原汁。菜餚口味清淡適口，甜鹹適中，適應性強，南北皆宜。著名的菜餚有雞湯煮乾絲、清燉蟹粉獅子頭、雙皮刀魚、拆燴鏈魚頭、野鴨菜飯、水晶餚蹄、百花酒燜肉、銀芽雞絲、清蒸鮑魚等。

四川菜系

四川菜簡稱「川菜」，整個菜系以成都、重慶兩地的菜餚爲代表，還包括樂山、江津、自貢、合川等地的地方菜。四川菜歷史悠久，風味獨特，口味多樣，在中國菜中享有很高的聲譽。菜餚常用的原料除雞、鴨及肉類、蔬菜外，山珍野味亦頗多，但水產較少。

四川菜系的最大特點是十分注意調味，調味品既複雜多樣，又富有特色。一般多用辣椒、花椒、香醋、豆瓣醬等。不少調味品都是當地有名的土特產，如保寧的醋、郫縣的豆瓣醬、茂汶的花椒、涪陵的榨菜、資中的冬菜等。

這些複雜多樣的調味品經過廚師的巧妙調和，可以形成千變萬化的口味，如荔枝、酸辣、麻辣、椒麻、怪味等，口味種類之多，使四川菜享有「一菜一格、百菜百味」的聲譽。四川菜烹調方法也頗有特色，擅長小煎小炒、乾燒乾煸。四川菜系中名菜很多，有樟茶鴨子、香酥雞、乾燒明蝦、怪味雞、回鍋肉、麻婆豆腐、魚香肉絲、宮保雞丁、乾煸牛肉絲等。

山東菜系

山東菜系由濟南和膠東兩地的地方菜發展而成。濟南菜指濟南、德州、泰安一帶的菜餚；膠東菜起源於福山，包括青島、煙台一帶的菜餚。山東省位於黃河下游，其東部的膠東半島處於渤海與黃海之濱，氣候適宜。沿海一帶盛產海帶、明蝦、蟹、海螺、鱲黃等海產品，內地出產的山果和淡水魚、蔬菜也很多。

山東菜在北方享有很高的聲譽，華北、東北的菜餚受山東菜的影響很大。山東菜系中主要的烹調方法如爆、炸、炒、扒等在北方流傳較廣。

山東菜系中的濟南菜十分講究清湯和奶湯的調製，清湯色清而鮮，奶湯色白而醇。膠東菜則以擅長烹製各種海鮮聞名。山東菜在口味上注意保持和突出原料本身的鮮味，以清淡、鮮嫩爲主，名菜有油爆海螺、炸鱲黃、㸆大蝦、鍋燒肘子、九轉大腸、清湯燕窩、奶湯雞脯、奶湯銀肺等。

浙江菜系

浙江菜系主要由杭州、寧波、紹興等地的地方菜發展而成，其中最負盛名的是杭州菜。杭州位於杭州灣內，是錢塘江的入海口，氣候溫和，物產豐富，江河湖泊之中，盛產淡水魚蝦，並有西湖蒓菜、四鄉豆腐衣等特產。杭州又是我國著名的風景勝地，湖山清秀，山光水色，雅淡宜人。杭州菜也恰如其景，具有清鮮、細嫩、製作精細的特點。如西湖醋魚，就是用湖中捕獲的草魚活殺烹製而成。擅長的烹調方法有爆、炒、燴、炸、燜等，著名的菜餚有生爆鱔片、叫化雞、龍井蝦仁、乾炸響鈴、東坡燜肉等。

福建菜系

福建菜系又稱「閩菜」，起源於福建省閩候縣，整個菜系由福州、泉州、廈門等地的地方菜發展而成，以福州菜爲主要代表。

福建位於我國東南沿梅，盛產多種海產品，如琅岐島的鱘、河鰻，長樂的竹蟶、樟港的海蚌等，都是當地的特產。福建菜多以海鮮爲主要原料，常用的原料有海鰻、蟶子、海參、魷魚、黃魚、燕皮（燕皮爲福建的特產，用豬肉製成）、香菇等。福建菜系素以製作精細，色調美觀，滋味清鮮著稱，在南方菜系中獨具一格。烹調方法擅長於炒、溜、煎、煨等，菜餚口味偏重甜、酸和清淡。常用紅糟調味，是福建菜系的顯著特色之一。著名的福建菜有橘燒巴、小長春、燒片糟鴨、蟶溜奇、太極明蝦、小糟雞丁、清湯魚丸等。

福建菜系中的名菜「佛跳牆」的製作方法和風味特色尤其別緻。傳說清代有幾個秀才，有一天團聚在春風菜館，遍嚐百味後已感厭膩。這時菜館主人奉上一個酒壇子，打開蓋子，頓時滿堂馥郁，使秀才們食欲大增，當時那幾個秀才詢悉此菜尚未命名，便趁酒興吟詩作賦。詩末有二句：「壇啓葷香飄四鄰，佛聞棄禪跳牆來」，「佛跳牆」就此得名。

安徽菜系

安徽菜系簡稱「徽菜」，由沿江、沿淮、徽州三地區的地方菜發展而成。沿江菜是指蕪湖、安慶一帶的菜餚；沿淮菜是指蚌埠、宿縣、阜陽一帶的菜餚；徽州菜是指皖南一帶的菜餚，它是徽菜的發源地，是徽菜的主要代表。

安徽省位於華東的西北部，長江、淮河橫貫全省，土地肥沃，物產富饒，特產很多，有馬蹄鱉、斑鳩、山雞、野雞、鞭筍、雁來筍、肥王魚等。一般的原料也較豐富，有鮒魚、鱖魚、青魚、蝦、蟹，以及家禽等，爲烹製菜餚提供了有利的條件。

安徽菜選料樸實，擅長於燒、燉、蒸等烹調方法，菜餚具有「三重」的特點，即「重油」、「重醬色」、「重火工」。「重油」主要與皖南山區的生活習慣有關，因山區人常飲用含有較多礦物質的山溪泉水，再加上那裡是產茶區，人們常年飲茶，需多吃油脂以油潤腸胃。「重醬色」、「重火工」能突出菜餚的色、香、味，使人視覺上感覺肥厚。名菜有無為薰鴨、火腿燉甲魚、火腿燉鞭筍、腌鮮鮭魚（又名臭鮭魚）、符離集燒雞、奶汁肥王魚、毛峰薰鰣魚等。

湖南菜系

湖南菜系簡稱「湘菜」。湖南菜歷史悠久，早在漢朝，烹調技藝即已有相當程度的發展。在長沙市郊馬王推出土的西漢土墓中，不僅發現有醬、醋腌製的果菜遺物，還有魚、豬、牛等遺骨。經考古學家鑑定，這些遺骨在當時都是經烹製過的熟食殘跡，說明許多烹調方法在當時已經形成。

湖南菜系以長沙菜為主要代表。長沙在歷史上曾是封建王朝的重要城市，經濟文化都發達，從而使烹調技術也相應得到了發展。湖南菜常用薰臘原料，薰臘的方法來自民間，現已為當地人民普遍喜愛。

湖南菜地方特色濃厚，在操作上講究原料的入味，口味注重辣，烹調方法以煨、蒸、煎、炒為擅長。著名的湖南菜有東安雞、臘味合蒸、麻辣子雞、紅煨魚翅、冰糖湘蓮、金錢魚等。

北京菜系

北京是我國歷史上的著名古都之一，很早就是全國的政治、經濟、文化中心。北京的特殊地位，既為北京菜系的形成和發展創造了有利條件，又使北京菜系具有綜合漢、滿、蒙、回等民族的烹飪經驗，吸取全國主要地方風味尤其是山東風味的優點，並繼承明、清兩代宮廷菜餚精華的特點。

京菜取料廣泛，花色繁多，調味精美，口感以脆、酥、香、鮮爲特色。由於滿、蒙、回等少數民族長期在北京定居，因此北京菜系擅長烹製羊肉菜餚，烤羊肉、涮羊肉均爲著名的本地風味。在本地風味中，以豬肉爲主料，採用白煮、燒、燎等方法製作的菜餚，也別具一格。京菜的另一特點是吸取了山東風味的優點而在烹調方法、口味特點等方面加以適當的變化，具有自己的特色。

北京菜中比較突出的烹調方法有炸、熘、爆、炒、烤、燒、扒等。著名的菜餚有熘雞脯、烤鴨、糟熘魚片、醬爆雞丁、醋椒魚、拔絲山藥等。

上海菜系

上海菜系簡稱上海菜。它既包括上海本地風味的傳統菜，即本幫菜，又包括匯集並經過變革的各種風味菜，具有多樣性、傳統性和適應性有機結合的特徵。

上海所處的地理環境、特殊的經濟地位和良好的氣候條件，爲上海菜的形成和發展，提供了優越的物質基礎。

上海菜的基本特點是風味多樣，適應面廣，口感平和，質感鮮明，選料嚴謹，加工精細，菜式清新秀美，富有時代氣息，色、香、味、形、質並舉，以滋味媚人。

上海菜擅長烹製魚、蝦、蟹、鱔等水產和時令蔬菜。著名菜餚爲蝦子大烏參、炒蟹黃油、清炒鱔糊、生煸草頭、瓜薑魚絲、鬆仁魚米、乾燒明蝦、乾煸鱔背、香酥鴨、煙鯧魚、芙蓉雞片、乾燒四寶等。

麵點知識

中國麵點百花齊放，風味獨具。自古以來，我國黃河流域、長江流域、珠江流域的人民在飲食中就有明顯的差別，「南米北麵」

的飲食生活，一直是我國人民的習慣飲食方式。我國的麵點製作，無論是在選料上、口味上，還是在製法上、風格上，都形成了各自不同的濃厚的地方特色。

京式麵點

京式麵點，泛指黃河以北包括山東、華北、東北等地區製作的麵點，以北京為代表。京式麵點產生在我國北方，是我國盛產小麥、雜糧的地方，故麵粉、雜糧是其麵點製作的主要原料，特別擅長製作各種麵食品。

京式麵點源於山東、華北、東北地區的農村及滿、蒙、回等少數民族地區，逐漸在北京形成一個流派。北京是六朝古都，南北方及滿蒙民族麵點製作技術相繼傳入北京。因此，這裡既集中了四面八方的美食原料，又匯聚了東西南北的風味及烹製高手，居住在京城的各民族人民，雖有自己的飲食習慣和風味食品，又由於長期共處，相互取長補短，逐漸形成了以北京為中心的京式麵點體系。其麵食品的製作不但技術精湛，而且口味爽滑有咬勁，受到廣大人民的喜愛。京式小食品和點心，如一品燒餅、清油餅、北京都一處燒賣、大澤狗不理包子，以及清宮仿膳的肉末燒餅、千層糕、艾窩窩、豌豆黃等，都享有盛譽。在餡心製作方面，京式麵點的肉餡多用「水打餡」，佐以蔥、薑、黃醬、芝麻油等，入口鮮鹹芳香，柔軟鬆嫩，具有獨特的風味。

蘇式麵點

蘇式麵點，係指長江下游江、浙、滬一帶所製作的麵點，以江蘇為代表，故稱蘇式麵點。江、浙、滬因處在富庶的魚米之鄉，經濟繁榮，物產豐富，飲食文化發達，有製作多種多樣麵點的良好的條件，成品具有色、香、味、形俱佳的特點，是我國「南味」麵點的正宗師承者，在中國麵點史上占有相當重要的地位。

蘇式麵點製作精巧、講究造型、餡心多樣，尤以軟鬆糯韌、香甜肥潤的糕團見長，且重視調味、餡心注重摻料，汁多肥嫩，味道鮮美。如淮安文樓湯包、鎮江蟹黃湯包、揚州三丁包子、翡翠燒賣馳名全國。蘇州船點，形態各異，栩栩如生，被譽爲麵點中精美的藝術品。

廣式麵點

廣式麵點，泛指珠江流域及南部沿海地區所製作的麵點，以廣東爲代表。廣東地處嶺南，由於地理、氣候、物產等自然條件的關係，使得當地飲食習慣與北方中原地區存在著明顯的差異。麵點製作自成一格，富有濃厚的南國風味。

廣式麵點，最早以民間食品爲主，原料多以大米爲主料。如蘿蔔糕、炒米餅、糯米糕、年糕、油炸糖環等。廣式麵點以廣州最具有代表性。長期以來，廣州一直是我國南方的政治、經濟和文化中心，經濟繁榮，貿易發達，外國商賈來往較多。在麵點製作中，廣式麵點多使用油、糖、蛋，清淡鮮爽，營養價值較高，還擅於利用荸薺、土豆、芋頭、山藥及魚蝦等作原料，吸收各地麵點製作技法，製作出多種多樣的美點，如娥姐粉果、炒河粉、叉燒包、蝦餃、蓮蓉甘露酥、馬蹄糕等，具有濃厚的南國風味。

川式麵點

川式麵點，係指長江中上游川、滇、貴一帶製作的麵點，以四川爲代表，故稱川式麵點。西南地區，氣候溫和，雨量充沛，物產富饒，四川自古又有「天府之國」的美譽，其麵點製作和川菜一樣久享盛名。

川式麵點用料廣泛，製法多樣，所用主料遍及稻、麥、豆、果黍、蔬、薯等。既擅長麵食，又愛吃米食，僅麵條、麵皮、麵片等就有近百種，口感上注重鹹、甜、麻、辣、酸等味，地方風味十分濃郁，如成都的賴湯圓、擔擔麵、龍抄手、鍾水餃、珍珠圓子、鮮花餅，重慶的山城小湯圓、雞蛋什錦熨斗糕、提絲發糕、八寶棗糕等。

晉式麵點

晉式麵點，係指三晉地區城鎮鄉村所製作的麵點。它是我國北方風味中的又一流派。山西素有「麵食之鄉」的稱譽。千百年來，山西人利用自己特有的原料製作出風味不同的麵食。早在漢代，就有煮餅水溲餅、湯餅等。到明代，麵食品種已接近現代的品種，當時山西已有炸醬麵、雞絲麵、蘿蔔麵、蝴蝶麵等。

晉式麵點製作精細，用料廣泛，製作各種花樣的麵食，使用各不相同的麵食原料。各種麵食原料，單一製作或三兩混作，各有千秋，風味各異。麵食的吃法也是多種多樣，蒸、炸、煎、燜、燴、澆滷、涼拌等任意製作，有「一麵百味」之譽。代表性的麵點有刀削麵、刀撥麵、剔尖、拉麵、貓耳朵等。

酒水知識

雖然大部分酒水並不含在自助餐消費標準之內，而酒水飲料是自助餐的重要組成部分。中外酒的品種相當豐富，粗略分類，有以下品種（見**圖6-1**）。

中國酒同樣琳瑯滿目，根據飯店經營酒類的情況，主要分白酒、黃酒、啤酒、葡萄酒等四類。

白酒

白酒主要分爲清香型、濃香型、醬香型、米香型和復香型。

清香型：清香型白酒以山西杏花村汾酒爲代表，故又有汾香型之稱。它具有酒氣清香芬芳、醇厚綿軟、甘潤爽口、酒味純淨的特

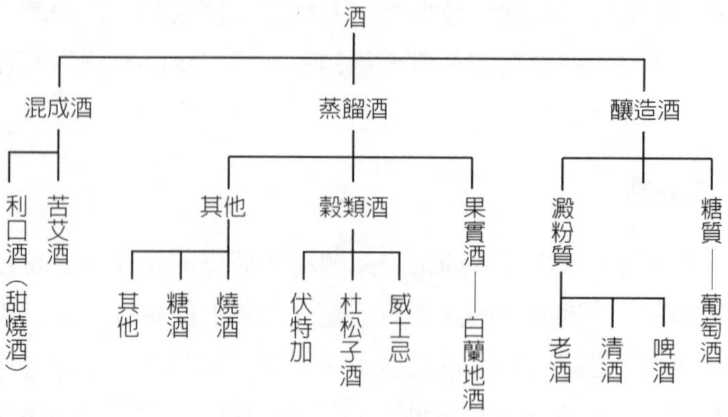

圖6-1　中外酒品種分類

點，代表老白乾的傳統風格。其酒體的主體香是乙醇、乙酯和乳酸乙酯的香味。

濃香型：濃香型白酒以四川滬州特曲和宜賓五粮液爲代表，故又稱爲滬香型或窖香型。它具有香氣「豔郁」，飲時芳香濃郁，甘綿適口，回味悠長，飲後仍香的特點，因而深受飲者的喜歡與好評，其酒體的主體香是乙酯和適量丁酸的香味。

醬香型：醬香型白酒以貴州茅台酒爲代表，又稱爲茅台香型。醬香型白酒的風格是：香而不豔，低而不淡，香氣幽雅，回味綿長，杯空香氣猶存。

米香型：米香型白酒大多是小曲米酒，其代表酒有桂林三花酒、全州湘山酒、廣東獅子泉玉液。米香型白酒其特點是蜜香清柔、幽雅、純淨、入口綿甜、回味怡暢。米香型白酒主體香味的組成是乳酸乙酯、乙酸乙酯、高級醇的香味。

復香型：復香型又稱爲兼香型或混香型。即兼有兩種以上主體香的白酒，如湖南長沙的白沙液既有茅香又有滬香，遼寧錦州的凌川白酒則是清香顯著而回味又有醬香，山東的景芝白乾是清香清冽又有芝麻香。

黃酒

黃酒的品種很多，按地區和原料進行分類，大致可分爲三大類，即江南糯米粳米黃酒、福建紅曲黃酒、山東黍米黃酒。

江南糯米粳米黃酒：此類黃酒產在江南地區，以浙江紹興黃酒爲代表，已有兩千多年的歷史。它是以糯米爲原料，以酒藥和麥曲爲糖化發酵劑釀製而成。其酒質醇厚，色、香、味都高於一般黃酒。存放時間越長越好。由於原料的配比不同，加上釀造工藝的變化，形成了有各種風格的優良品種，主要品種有狀元紅、加飯酒、花雕酒、善釀酒、香雪酒、竹葉青酒、花色酒、土紹興酒等。酒度在13～20°之間。

福建紅曲黃酒：此類黃酒以福建老酒、龍岩沉缸爲代表，用糯米或粳米爲原料，以紅曲爲糖化發酵劑釀製而成。具有酒味芬芳，醇和柔潤的特點。酒度在15°左右。

山東黍米黃酒：它是我國北方的主要黃酒品種之一，最早創於山東即墨，現在華北和京津等地都有生產。此種黃酒以黍米爲原料，以米曲霉製成的麥曲爲糖化劑釀製而成。具有酒液濃郁，清香爽口的特點，在黃酒中獨具一格。即墨黃酒還分爲清酒、老酒、蘭陵美酒等品種。酒度在12°左右。

啤酒

啤酒是用大麥爲主要原料，經過發芽、糖化、發酵釀造而成，它是含有低酒精成分和二氧化碳的一種飲料酒。

因其刺激性小，極富營養，素有液體麵包之稱，特別適合作夏季的清涼飲料。

葡萄酒

葡萄酒是以葡萄爲主要原料，經過發酵釀造而成的。

乾葡萄酒：乾（紅、粉紅、白）葡萄酒，酒度10～13°，還原糖0.5克／100毫升以下，酒的酸度偏高，酸甜適口，醇厚芬芳。代表品種有沙城葡萄酒和北京乾白葡萄酒。半乾（紅、粉紅、白）葡萄酒，酒度10～13°，還原糖0.5～1.2克／100毫升。酒的酸度比乾葡萄酒的酸度稍低。

甜葡萄酒：甜（紅、粉紅、白）葡萄酒，酒度10～24°，還原糖5克／100毫升以上，含糖量較高，酸度低，酒味甘美，香氣芬芳。以煙台紅葡萄酒和中國紅葡萄酒爲代表。半甜（紅、粉紅、白）葡萄酒，酒度10～13°，還原糖1.2～5克／100毫升。此酒含糖量稍低。

服務人員素質培訓

自助餐服務人員素質是服務人員知識、技能、工作經驗和靈活性的綜合體現。服務人員素質高低，對自助餐用餐客人的用餐感受有著舉足輕重的影響。因此，對自助餐服務人員不斷進行提高自身素質的培訓是十分必要的。

服務人員素質要求

自助餐服務人員是自助餐餐廳對賓客提供服務的主要工作人員，其工作不僅是提供餐飲服務，同時還必須讓賓客享有滿意的用餐經歷。因此傑出的自助餐服務人員必須具備以下基本素質：

健康的身心

自助餐服務人員在工作時必須長時間站立及走動，同時還必須耗費精神記住不同賓客的要求，可以說是一項極耗費體力與精力的工作。因此，健康的身心不但是服務人員工作的本錢，也是提供良好服務的基礎。

充足的睡眠、適度的運動及均衡營養的飲食對自助餐服務人員而言是保持身體健康的不二法寶。而適時地緩解壓力，與主管同事維持良好的人際關係，則可以讓自己保持愉快的心情，面對每一天的工作挑戰。

親切有禮

以客為尊，常常把「請、謝謝、對不起」掛在嘴邊，並面帶微笑。讓賓客有賓至如歸的感覺，並隨時記住「顧客永遠是對的」這條準則。

熱忱與眞誠

自助餐服務人員每天必須面對形形色色、各式各樣的賓客，因此服務人員必須對自己的工作充滿熱忱，如此才能眞心誠意地去服務賓客，進而獲得賓客良好的回應。

認眞負責，專心工作

自助餐服務人員在工作時必須全心投入，隨時注意每一餐桌的狀況，並認眞盡責地掌握自己服務區域中賓客的用餐進度，以便適時地提供恰當的服務，並確保用餐過程的順利銜接。

積極進取，樂觀合群

自助餐經營環境極富變化與挑戰性，相對地工作也因此較為繁重而且容易遭受挫折。因此，自助餐服務人員需要有樂觀開朗的個性來面對挫折，要有積極進取的精神去克服困難。同時還要能夠與周邊的工作夥伴同甘共苦、相互幫助，發揮團隊合作的精神，共同為餐廳的目標而努力。

具備專業知識

自助餐服務人員必須對服務的程序、菜點的烹調方法及特色等專業知識有相當的瞭解與認識，如此才能得心應手地服務賓客，並提供專業完善的服務。

良好的溝通能力

在自助餐服務過程中，如果能與賓客進行完善的溝通，不但能夠提供賓客最需要的服務，同時也能降低不必要的衝突與誤會。良好的溝通除了言語上的交談，還包括用心傾聽，傾聽賓客的需求，傾聽賓客的意見，經過充分完整的瞭解，再以誠懇有禮的態度回答賓客的問題。如果沒有辦法立即答覆，也應該誠實地告知賓客，並在最短的時間內給予回應。

良好的外語能力

在加入世貿組織、日趨國際化的現今社會中，自助餐服務人員接觸賓客的機會日益增多，具備良好的外語溝通能力，就能與賓客無障礙地溝通，進而提供完善的服務。

情緒的自我控制

自助餐服務人員與賓客間是一種面對面的互動關係，因此，服務人員必須要能善於控制自己情緒，絕對不可把惡劣的情緒帶到工作上，尤其不能在賓客面前表現出來，否則不但會使賓客對服務產生不滿，更會讓賓客對餐廳留下不好的印象，而影響自助餐的形象與聲譽。

敏銳的觀察力

自助餐服務人員必須具備敏銳的觀察能力，以察知賓客的偏好及需求，並適時地提供必要的服務，讓賓客有備受禮遇及尊重的感覺。

服務基本規則

自助餐服務員的基本規則有：

1.清潔：著裝整潔、善於修飾、衛生。
2.守時：有時間觀念。
3.興趣：渴求發展自己的工作潛力。
4.自我設計：用合理、有程序、有計畫的方式處理問題。
5.助人：關心同事，樂於助人。
6.合作精神：具有團隊精神，為達到共同的目標，最大限度地發揮自己的作用。
7.接受領導：樂於聽從和執行上級的決定和命令。
8.自律：學會在各種情況下的自我控制。
9.責任心和可靠性：具有強烈的責任感，不需監督獨立完成工作，能取得信任。
10.適應性和靈活性：能解決新的、不可預見的問題，熟練地運用既定的原則和程序。
11.領導潛力：能正確理解形勢和同事，激勵和主動幫助他們完成任務，實現目標。
12.自信心：敢於堅持己見，在挑戰中不顯示受挫的態度。

儀表儀容與禮節禮貌

儀表儀容和禮節禮貌是自助餐服務人員始終應注意保持並完善提高自身修養的內容，管理人員應透過培訓和考核協助員工努力做好。

儀表儀容對於飯店經營管理是很重要的，賓客往往從員工的儀表上來評判自助餐的管理水平。當員工一穿上制服，就是這個自助餐廳乃至整個飯店的代表，就成了舞台上的「演員」，意識到這一點是相當必要的。

女服務員

1.保持頭髮梳理整齊。
2.化妝得體，不濃妝艷抹。
3.及時修剪指甲，不塗有色指甲油，保持指甲清潔。
4.保持儀表整齊，使用除臭劑。
5.不用有刺鼻氣味的香水。
6.不佩戴任何飾物（結婚戒指除外），原因是在服務時，不要顯得比客人更富有。

男服務員

1.不要忽視頭髮，要勤剪並梳理整齊。
2.保持刮鬍子的習慣，不留小鬍子。
3.始終保持服務中手指清潔。
4.男服務員也可用除臭劑。
5.穿深色襪子。
6.時時保持精神煥發。
7.皮鞋擦亮。
8.挺直潔白的襯衫是任何一流自助餐餐廳的驕傲。

制服

員工上班時，自助餐廳會提供制服，穿上它會增加魅力，使員工更加有精神，要以穿上為榮。工作服是工作時的制服，不能穿著回家。服務員必須對所發制服負責保管，不穿髒的制服上班。不得隨意修改制服，只允許佩戴名牌，不要戴花或其他任何東西。

紀律細則

1.在自助餐廳及其他任何客人活動場所和廚房都禁止抽煙。
2.不准嚼口香糖，必要時可漱口。
3.接近上班前或工作時絕不允許喝酒。
4.除了在員工餐廳，其他任何地方都不許吃東西，要讓自己在自助餐廳的行爲使上司引爲自豪。
5.喝水時要在客人看不到的地方，從員工餐廳出來不要邊走邊嚼食物。
6.保持站立、站直，沒有什麼比男女服務員靠牆、靠家具更難看的了；在客人活動區域，任何時候服務員都不得坐在客椅上。
7.在行走時注意不要撞客人的椅背，否則會打擾客人。
8.工作時不允許服務員三三兩兩交頭接耳，閒談聊天，一個好的服務員一定不會閒著無事可做。
9.任何時候都不可將托盤放在客人的檯面上，而應拿在手上或放在服務工作檯面上。
10.無論是在服務或撤盤，都不要將杯子和碟子混雜疊放。
11.即使在收杯子時也不要將手指伸入杯子中，任何時候杯子上的店徽或圖紋都應正對著客人，拿附手把的杯子和高腳杯時，不要抓杯身，否則不但失禮，而且手溫會改變酒的溫度。
12.煙灰缸必須保持清潔，換得越勤越使賓客感到備受關照；換煙灰缸時，先用一只乾淨的煙灰缸蓋在用過的煙灰缸上，輕輕一起撤下，將用過的放入托盤，以免使煙灰飄落，然後再將乾淨的煙灰缸放回桌上。

13.清理檯面時定要以托盤來清理，若不用托盤就如玩雜耍一般，不但危險且十分不專業。
14.一旦有打碎的杯子、瓷器和落下的食物要及時清除，以免發生意外。
15.在餐廳內不得跑步，應用輕快的步伐，堅持「三輕」：說話輕、行走輕、操作輕。
16.任何時候在餐廳內不得有下列行爲：挖鼻、梳頭、吐痰、修剪指甲、吸煙、吵架、唱歌、吹口哨、手插口袋、叉腰、聊天、坐客椅等。

禮節禮貌與良好服務

1.接聽電話時報出餐廳和員工自己的名字，語氣柔和友好。
2.如果對方找錯了，請告訴他「請您打……」而不是「你該打……」。
3.和客人開玩笑是危險的，也許有人喜歡有趣的服務員，但絕大多數不喜歡，可以應酬客人的玩笑，表現友好，注意分寸。
4.當經理人員出於某種目的替客人付帳（免費）時，應在客人準備付帳時告訴他「我們經理××先生希望您今天是他的客人」(微笑)。
5.不要讓客人有被催趕的感覺，通常自助晚餐節奏慢，自助午餐節奏稍快，要擅於觀察客人的需求。
6.當客人提出額外的要求和服務時，不要一口拒絕，應設法幫助，儘量滿足。
7.當客人對某個菜品提出疑問時，不要與之爭辯，可請廚師長或餐廳經理解決，不可好勝爭辯。
8.倒咖啡飲料時不要拿起杯子。
9.與客人談話、回答客人問題時，必須站立、直腰挺胸。

10.不要一邊操作一邊和客人說話，不要心不在焉。

11.不要旁聽客人的談話，不要隨便加入客人的談話，當客人或上級經過時應當點頭致意。

12.凡在行動中遇到客人應站在旁邊讓路，不要與客人搶道。

13.在餐廳門口遇見客人離去應道再見、致謝。

14.應儘量記住客人的姓名，以便稱呼。

突發性事件處理

自助餐廳屬於公共場所，聚集了許多前往消費的賓客及工作的員工。自助餐廳裡的明檔和現場操作檯則擺設了許多烹調機器及電器用品，可以說是一個具有危險性的工作場所。因此，自助餐廳工作人員必須具備處理緊急事件的能力，才能在意外或緊急事件發生時將傷害程度降到最低。

一般自助餐廳中較常見的緊急事件大致包括食物中毒、燒燙傷、顧客突發性的疾病及火災等四大類。

食物中毒

食物中毒是指人們食用了有毒食物而引起的中毒性疾病。

食物中毒的種類

較常見的食物中毒種類有：

1.細菌性食物中毒

這類食物中毒又可分為：

（1）感染型：例如，牛、蛋中可能存在的沙門氏菌，海鮮類原料中的腸炎弧菌等。

（2）毒素型：例如，存在膿瘡中的葡萄球菌、土壤及動物糞便中的肉毒桿菌等。

（3）其他：例如，存在人及動物腸道中的魏氏桿菌與病原性大腸桿菌等。

2.天然毒素食物中毒

這類食物中毒又可分爲：

（1）植物性：例如，毒菇、發芽的馬鈴薯、有毒的扁豆等。

（2）動物性：例如，河豚、有毒的魚蟹類等。

3.化學性食物中毒

這類食物中毒又可分爲：

（1）化學物質：農藥、非法添加物、多氯聯苯等。

（2）有害金屬：砷、鉛、汞、鎘等。

4.類過敏食物中毒

主要是指不新鮮或腐敗的魚、肉類。

食物中毒的原因

食物中毒的原因如下：

1.食物冷藏不足。

2.食物加熱處理的時間不足。

3.食物烹調完成後放在常溫狀態下時間過長。

4.生食與熟食交互污染。

5.人爲的污染。

6.設備清洗不完全所造成的食物污染。

7.使用已經受到污染的水源。

8.貯藏不當。

9.使用有毒的容器。

10.添加有毒的化學物質。

11.動植物食品中的天然毒素。

12.廚房積水或沒有裝設紗窗等導致環境的不清潔。

食物中毒的處理程序

食物中毒的處理程序如下：

1.報告自助餐廳、自助餐廚房管理人員，成立食物中毒事故處理小組，安排專人跟蹤工作。

2.就地施予急救措施。先給病患人員喝水，然後將手指插入喉嚨裡進行催吐。讓病患安靜的休息，如果有手腳發冷的現象發生，應立刻給予保溫。如果有嚴重的腹瀉現象，應該持續給病人喝少量溫水，以防止病患脫水。如果爲誤飲農藥、殺蟲劑等藥劑時，應該在最短時間內讓患者喝下牛奶、鹽水、澱粉或麵粉水、生雞蛋等。

3.將可能的致病食物及病患人員的嘔吐物與排洩物等保留下來，以作爲事後檢查或檢驗之用。

顧客抱怨的處理

顧客抱怨是餐飲業中最可能經常碰到的問題，而不論是自助餐服務人員還是餐廳經理都應該重視且誠懇地接受顧客的抱怨，並予以妥善的處理，以免因此而影響餐廳的形象與聲譽。顧客抱怨通常是因爲顧客對餐廳有所不滿而引發的言語，然而顧客抱怨對餐廳而言卻是一項寶貴的訊息來源。一般來說，顧客如果對餐廳不滿，不一定會表達出來，而是在離開餐廳後，以口耳相傳的方式將他對餐廳的不滿四處傳布，如此對餐廳所造成的傷害是無法彌補也無從補救的。因此，如果顧客肯當面向餐廳訴說不滿，餐廳反而應該抱著感謝的心情接受。顧客抱怨可以爲餐廳帶來的好處有二：其一，顧客抱怨可以凸顯出餐廳在管理上或餐食上的缺點，讓餐廳有改正的依據；其二，如果顧客的抱怨能獲得滿意的解決，不但能降低餐廳負面的傳言，更能增加餐廳正面的評價。

顧客最常抱怨的事項

1.菜點食品烹調不佳。
2.菜點食品不合口味。
3.自助餐菜點品種不多。
4.餐檯設計不合理，取食不便。
5.菜點食品中沒有自己想吃的餐食種類。
6.餐廳的環境衛生欠佳。
7.用餐環境過於擁擠及吵雜。
8.服務人員的服務技巧或服務態度欠佳。
9.沒有停車位。

顧客抱怨的處理

適當的抱怨處理要視爲一種一對一的行銷，而且也可以達到加強顧客忠誠度的目的。因此，顧客抱怨的處理對餐廳而言是一項很重要的工作。處理抱怨可以從下列三方面著手。

1.加強對自助餐服務人員及餐廳經理的訓練

自助餐必須訓練餐廳經理及服務人員去瞭解顧客的不滿，同時也要鼓勵餐廳經理及服務人員能在現場採取必要的行動來解決問題。大部分的經理人及餐廳員工在遇到顧客抱怨事件時，會潛意識地有趨吉避兇、立即逃開的想法，在迫不得已一定得面對的時候，通常也會採取自我保護的姿態而顯現出較不友善的態度。因此訓練經理人及員工以友善誠懇而且勇於面對問題的態度來處理顧客抱怨是很重要的。訓練的重點有二：其一，訓練員工要能找出問題之癥結的所在，並表現出餐廳願意不計代價地花費時間、金錢及努力來使顧客滿意的誠心；其二，訓練員工要能表現出餐廳有隨時接受顧客抱怨的準備。

2.設立顧客抱怨的管道

最常見的方法是在餐桌上放置徵求意見卡，當顧客有問題時可直接填卡交給餐廳。或是當顧客用餐接近結束時，由餐廳管理階層的人員出面直接詢問顧客對於此次的用餐是否滿意；也可以用郵寄問卷的方式進行。不論使用哪種方式，最終的目的都是希望能聽取顧客的眞實意見，知道顧客的抱怨不滿。

除了瞭解顧客的意見及抱怨外，還必須要對這些訊息加以記錄及整理，以作爲改進及後續追蹤之用。

3.追蹤抱怨

抱怨的追蹤處理是很重要的工作，最好是由較高階層的管理人員或設置專責人員來負責處理，並與顧客保持聯繫維持關係，讓顧客有備受尊重的感覺。

如果由於顧客的意見或抱怨而指出餐廳在管理上或餐點品質上的缺點，並進而使餐廳在修正時有所依據，則餐廳應對顧客表示感謝，不論是謝卡、禮物或邀請顧客回餐廳免費用餐，只要是眞心誠意地表達謝意，一定能得到顧客良好的回應並提升餐廳的形象與聲譽。

第七章

自助餐餐前準備

自助餐廳的服務不同於單點和宴會服務，其開餐成功與否，在很大程度上取決於餐前的各種準備工作是否充分、完成。所以，自助餐的餐前準備工作，在整個自助餐服務中就成爲十分重要的一個環節。

自助餐餐前準備工作主要包括：業務接洽、各服務人員的組織與分工安排、各種餐用具的準備和擺放、菜餚和相應調配料的準備、對各項準備工作完成情況的檢查督導，以及由專門人員組織召開餐前會等項內容。

自助餐業務接洽

飯店自助餐業務的受理接洽，是自助餐服務中組織管理的第一步。自助餐的業務接洽也就是自助餐的預訂服務。自助餐預訂工作的好壞與否，對於制定自助餐菜單、擬訂自助餐活動的計畫、安排場地、對自助餐場地的裝飾布置以及組織實施各項具體工作等等，都有直接的影響。

自助餐業務接洽方式

自助餐的業務一般是透過以下幾種方式進行洽談預訂的：

來賓面洽

一般主辦方的企業單位或個人會派專人來店面洽預訂，這也是自助餐預訂較爲有效的一種方式。自助餐預訂接洽人員可以和賓客面對面，就自助餐所有的細節、問題進行安排及討論，還可以快速解答賓客提出的一些特殊要求，談好付款的方式，塡寫好自助餐預訂單，並且作出日後雙方進行聯絡的資料，以便在開餐之前能得到進一步的確認。

電話預訂

電話預訂也是飯店自助餐廳和賓客之間聯繫最為常用的一種接洽預訂方式。一般用於較小型的自助餐的預訂、進行查詢核實有關細節，以及促進銷售等等。通常大型自助餐在需要進一步面談時，也必須透過電話來約定雙方見面的時間和地點。

傳真接洽預訂

在現代化通訊工具中，傳真有著電話以及信函所不能具備的優勢。它能夠快速、全面、精確的將賓客的要求反映出來，也可以把飯店自助餐廳的有關訊息及時清晰地反饋給賓客。

電子郵件預訂

這對於完全實行了電腦管理的飯店來說極其方便、快捷，可以完全省卻了對來往信函的等待，和電話的繁瑣。但它的缺點是：並非所有的飯店的自助餐廳都具有接收電子郵件的條件和設備。

信函郵遞接洽預訂

這種方式在現代飯店中採用得越來越少，因為它所耗費的時間比較長，而且不穩定。但是如果賓客預訂的自助餐日期還很遙遠，雙方有足夠的時間進行溝通，一般可以採取這種方式，經濟實惠，而且感覺比較正式，對於一些年紀較長的賓客來說還是樂於接受的。對於所有客戶寄來的詢問信，飯店的預訂處都應該立即作出答覆，並附上建議性的自助餐菜單。之後再透過電話、面談，或者其他的形式來達成訂餐協議。

賓客委託飯店工作人員預訂

一般這種情況發生在賓客正在本飯店用餐之時，他們對飯店的菜餚和服務比較滿意，而賓客近期又有用餐計畫，往往賓客的工作又很忙，於是他們就「近水樓台」，即席要求服務人員代爲預訂用餐。

對於這種情況的自助餐預訂，服務人員一定要準確記住賓客的單位、姓名、電話號碼、用餐人數及需求等。如果一時無法得知更加詳細的內容的話，至少應該記錄下前幾項內容，再及時如數轉告自助餐預訂人員，由預訂員與賓客再行聯絡，最後敲定各項具體預訂細節。

政府有關部門的指令性預訂

當政府有關部門遇有重大接待任務時，會向相應等級的飯店發出通知，進行預訂。政府指令性訂餐具有標準高、要求嚴、涉外性強、保密性好的特點。一般飯店接到這樣的指令性預訂，都會傾盡全力地做好策劃、布置、準備、服務等的所有工作。因爲這不僅影響到飯店的經濟效益，更重要的是對飯店的社會效益有著不可估量的影響。要求預訂處在此類預訂時，對所有的細節不能有任何遺漏。

對外推銷宣傳，主動上門預訂

現代飯店之間的競爭是非常激烈的，光是守株待兔、等客上門，已經遠遠不能夠適應當今形勢的要求了。飯店自助餐的預訂業務也應該主動出擊，積極加強對外聯絡，主動上門推銷。同時也要注意，不但要積極尋找新的客源，還應該「鎖定」那些老客戶，研究他們的心理需求，經常透過各種方式與他們保持聯繫，不斷介紹飯店新的訊息和活動內容，給予他們更多的優惠，以便爭取得到他們更多的自助餐預訂業務。

自助餐預訂人員應具備的素質

自助餐業務接洽是一項專業性較強的工作，預訂人員的形象代表著飯店的門面，他們承擔著飯店與外界洽談，以及餐飲業務推銷的雙重責任。它是以預訂人員的儀表、風度、才識、敬業的精神，以及清脆悅耳的聲音、微笑的面容，來作爲對外交流的工具和橋樑的。所以對自助餐業務洽談人員的遴選至關重要。必須挑選有多年自助餐服務工作經驗、熟悉飯店自助餐廳的情況、瞭解市場行情以及有關政策、具有靈活應變能力、中文標準、外語口語良好、形象可人的人員來承擔此項工作。具體來說，他們應該具備以下素質以及知識和技能：

1.熟悉掌握自助餐廳的布局、面積、接待情況，並且懂得如何根據賓客的要求作出相應適當的調整。
2.熟悉各個等級自助餐的收費標準，以及同類飯店的價格情況，具有與客戶進行「討價還價」的能力。
3.對於本飯店自助餐廳各類菜餚的加工程序、口味特點、營養成分等等方面，都應該相當熟悉和瞭解。
4.能根據季節和人數的變動，對自助餐菜單作出相應的調整；具有解答賓客就自助餐的安排情況所提出的各種問題的能力。
5.瞭解自助餐廳服務人員的專業素質和接待能力，瞭解開餐的時間。
6.掌握各類酒水飲料的知識和價格，熟悉與各種不同標準的自助餐相匹配的酒水飲料。
7.具有認眞負責的敬業精神。

8.儀表端莊，舉止大方，無做作之態。
9.言語得體，語音語調柔和清晰。中文標準，並且能夠熟練掌握至少一種外語的聽說能力，如英語等。
10.具有一定的文字表達能力，書寫流暢優美；在現今高科技時代，還要求自助餐預訂人員懂得電腦等有關基本常識，以及中英文輸入法。

自助餐業務接洽的注意事項

無論哪種形式的預訂接洽，業務接洽人員都應該特別注意禮貌熱情，誠懇細緻，以給主辦方留下良好的第一印象，爲目前以及將來可能的訂餐工作打下良好的基礎。

預訂人員要力求做好以下幾點：

1.對來訪的賓客、賓客的來電、來函、傳眞、電子郵件等，都應在第一時間予以認眞接待和處理。
2.無論是接聽電話，還是與賓客面對面的交談，都應該注意接待人員的儀表整潔、儀態端莊、面帶微笑、語音語調柔和自然、措辭禮貌而恰當；並能夠根據對象適時推銷不同等級的自助餐產品。
3.接洽人員應該對本飯店的接待能力有很清晰的瞭解。比如本飯店餐廳的營業面積、餐位數量、可接待自助餐賓客的最多人數、現有服務人員的數量和素質、廚師的烹調技術水平、廚房的設備條件、餐廳的各種輔助設施的種類和功能等。
4.準確記錄賓客所有要求的內容，並複述確認。
5.記錄賓客的有效聯繫方式，如電話、手機、傳眞號碼、單位或個人的準確地址等。一般爲了保證飯店的預訂的成功率，有時也可根據規定收取一定數額的預訂保證金，稱爲「訂金」；但是爲了加強競爭力度，也避免賓客可能產生的不快心理，很多飯店也對一些信譽度高的老客戶免收訂金。當一切確認無誤後，預訂人員應對賓客的合作禮貌致謝。

6.按照賓客的要求，將洽談確認的內容，如開餐日期、用餐人數、餐費標準、菜餚酒水等種類、用餐方式（坐式還是立式）、餐廳布置、收費方式、音響設施、展檯位置的標示等等內容，發送有關部門和人員，以便各個部門著手進行準備。

7.在距離所訂開餐日期之前的一兩天，還應該與賓客取得聯繫，以確保預訂的內容沒有變化。一旦賓客方有所改變，就可以立刻作出相應反應，開出預訂更改通知單至各部門，對自助餐預訂進行更改或者取消。

8.若賓客取消預訂，預訂員應填寫「取消預訂報告」並送交相關部門，向賓客表達未能提供服務的遺憾及希望能有下次合作的機會。

9.自助餐預訂員在大型自助餐活動舉行的當日應督促檢查其準備工作，一旦發現問題可及時糾正。

10.當自助餐活動結束後，應主動向主辦單位或個人徵求意見，對於出現的問題應處理補救；向賓客表示謝意；與賓客保持聯繫，爭取下次合作的機會。

11.將賓客的有關訊息或活動資料整理歸檔，尤其是賓客對菜餚、場地布置等的特殊要求；對常客更要蒐集詳細的資料，以便下次提供針對性服務。

自助餐預訂表格

自助餐預訂表格包括自助餐預訂登記表、自助餐預訂單、自助餐通知單、自助餐更改通知單及預訂金單，分列如下：

自助餐預訂登記表

自助餐預訂登記表見**表7-1**。

表7-1　自助餐預訂登記表

月　　日　星期

單位名稱	時間	人數	標準	自助餐廳	付款方式	菜單代碼	聯繫人	備註

自助餐預訂單

自助餐預訂單見**表7-2**。

表7-2　自助餐預訂單

編號No.

自助餐名稱：________________________
聯繫人姓名：____________ 電話：____________
公司名稱：______ 地址：________ 電話：______ 傳真：______
自助餐開餐日期：___月___日　星期___ 時間：___時至___時
自助餐標準：______元／人
付款方式：____________ 其他費用：____________
預訂人數：____________ 保證人數：______ 餐檯總數：___
酒水要求：____________ 菜單：____________
____
檯型設計要求：________________________
其他要求：________________________
貴賓席：____ 席次卡：____ 麥克風：____ 錄影設備／相機：________
投影機：____ 講台：____ 幻燈機：___ 鮮花：____ 演出台：________
卡拉OK：____________ 樂曲：____________

（續）表7-2　自助餐預訂單

備註：＿＿＿＿＿＿＿＿＿＿＿＿＿＿＿＿
訂金：＿＿＿＿＿＿＿＿元
接洽人：＿＿＿＿＿＿＿＿ 核准人：＿＿＿＿＿＿＿＿
日期：＿＿＿＿＿＿＿＿ 日期：＿＿＿＿＿＿＿＿
發送：各有關部門

自助餐通知單

自助餐通知單見**表7-3**。

表7-3　自助餐通知單

年　月　日

單位（或個人）名稱					
時間		人數		自助餐廳	
標準		付款方式			
自助餐菜單			場地布置圖表		備註

自助餐更改通知單

自助餐更改通知單見**表7-4**。

表7-4　自助餐更改通知單

自助餐預訂單編號：＿＿＿＿＿＿＿＿＿＿＿＿
發送日期：＿＿＿＿＿＿＿＿＿＿＿＿＿＿
自助餐名稱：＿＿＿＿＿＿＿＿ 舉辦時間：＿＿＿＿＿＿＿＿
發送部門：＿＿＿＿＿＿＿＿ 更改內容：＿＿＿＿＿＿＿＿
由＿＿＿＿＿＿＿＿發送＿＿＿＿＿＿＿＿
預訂處主管簽名：＿＿＿＿＿＿＿＿＿＿＿＿
日期：＿＿＿＿＿＿＿＿＿＿＿＿＿＿

預訂金單

預訂金單見**表7-5**。

表7-5　預訂金單

編號NO.

單位或個人名稱					
自助餐時間		人數		標準	
預訂金額（大寫）＿＿＿＿＿＿ 小寫＿＿＿＿＿＿ 交款人：　接洽人：　日期：					

自助餐檔案的建立和管理

自助餐相關的訊息和活動資料檔案，是飯店的財富和資源。它可以爲飯店領導的決策提供科學的依據；可以爲飯店展開公關營銷活動、提高飯店知名度提供資料；還可以爲今後自助餐廳的組織管理提供寶貴的經驗；也可以爲新員工教育培訓提供更多、翔實生動的案例。

自助餐的檔案管理應儘量做到詳細、具體和完整，具體內容如下：

檔案內容

自助餐賓客檔案一般由以下幾個內容所組成：

1.私人或企業單位自助餐預訂單。

2.政府指令性自助餐的有關文件或通知。

3.所有在本自助餐廳用過餐的VIP客人以及隨行人員的有關資料。
4.大型自助餐中各部門的活動計畫。
5.各種標準的自助餐菜單。
6.自助餐現場偶發事件和應急處理的情況紀錄。
7.飯店所有發放的VIP金卡和普卡等的單位名稱、號碼、持有人姓名等資料。
8.受賓客歡迎的樂曲名稱。
9.賓客對自助餐菜點、服務、用餐環境布置等方面的意見、建議等回饋訊息資料。
10.自助餐帳單存根。
11.自助餐接待活動的錄影和圖片資料等。
12.自助餐工作總結報告。

自助餐檔案管理

檔案的設立是爲了更好的應用，爲了防止賓客檔案的建而不用，就必須加強自助餐檔案的管理工作，以便隨時查閱取用。當然，飯店也需要在財力和人力方面進行相應的投資。

1.設置檔案管理單位，配置符合條件的人員。
2.購置必要的管理設備，用檔案櫃、電腦終端等，將文字、圖片、攝錄影資料歸類、編號、入檔和輸入電腦，以便進行檢索和資料輸出。
3.建立保管和查閱等管理制度。

因爲自助餐尤其是冷餐會等豪華型自助餐，預訂時涉及的文件很多，故對所有有關文件檔案進行科學有效的管理是十分必要的。

建立每月客情分析表

飯店餐飲部每月的客情都是每天登記在自助餐預訂登記簿中的，一個月之後，可以建立「機關、事業單位」、「公司、企業」、「散客、住店客人」等欄目，將每月的客情按客戶的不同性質進行分類，然後進行分析，統計一些有用的數據，如本月的機關事業單位的自助餐共有多少桌數、人數、人均消費金額、占飯店餐飲總營業額的百分比等等；再對應不同的細分市場，來作出銷售策略等方面的調整。

自助餐人員組織與分工

一般小型自助餐的服務相對來說比較簡單，服務人員也不需要做太多的分工，通常只需要幾個服務人員就可以了。但是對於用餐人數比較多，規模較大，或者金額較高的自助餐則一定要在餐前進行縝密的策劃，對服務人員做好科學細緻的分工，才可以確保順利開餐。

通常二十人以內的小型自助餐只需要兩人就可以完成服務工作；五十人以內的自助餐則需要增加到五人左右；而一百人以內的自助餐則至少需要服務人員八人；一百人以上的自助餐則需要相應增加服務人員的數量（以上所說的服務人員均指具有熟練技術的服務人員）。

除此之外，一般還需要根據用餐人數和菜餚的品種數量和標準、服務人員的勞動熟練程度等，對服務人員的分工適當加以調整，來合理組織安排服務人員，對以下工作進行分工合作。

布置餐檯

要求自助餐廳所有人員協助完成這項工作，因爲許多的檯型的成型是由若干個小方檯或者圓檯組合而成的，沒有衆多的人力合作是很難完成的。

食品檯搭檯

一般食品檯的位置應該選擇在自助餐廳的中心處，或者最醒目的地方。通常是根據自助餐的用餐人數，以及自助餐的規格、所提供菜點的品種和數量等情況來設置食品檯的大小的。小型自助餐所提供的菜點數量較少，所以只需要設置一個長檯或者L形檯等即可。大型自助餐檯的設置比較複雜一些，一般是由一個中心裝飾檯，以及幾個分割開來的食品檯組合而成的。比如可以將甜品檯、燒烤檯、海鮮檯、熱菜檯、冷菜檯等等分別擺放，但是彼此之間要注意內在的聯繫，既要方便賓客的取用，又要考慮到是否具有服務的可操作性。

用餐區的擺檯

自助餐用餐區的擺檯要分兩種情形。

1.當自助餐爲坐式時

通常要根據自助餐預訂的要求，準備好桌數，再分別擺放在自助餐廳四周，距離食品檯要留有一定空間，其相距最近處也應該至少保留兩公尺，一來是爲使賓客取菜有足夠寬敞的通道；二來也是爲了保證用餐賓客的環境不至於過分吵雜。各個餐檯之間也要留有相應的空間，以便服務人員和賓客的行走出入。餐檯之間的距離應該均勻，整體效果應該使人感覺美觀、舒暢，可以將餐檯擺成劇場形、魚骨形、眾星捧月形等等。餐檯可以選擇大、小圓檯，也可以是小方檯。無論哪種檯型，都要舖好檯布，圍好桌裙；有的自助餐廳使用的是一舖到底的檯裙，再舖上一層裝飾檯布，就更加操作方便、美觀漂亮了。

餐檯檯面上一般需要擺放下列餐具和用品：

（1）口布（或者是塑料包裝一次性使用的濕餐巾或者餐巾紙)。放在賓客餐位正中的位置上。

（2）餐刀。在口布的左邊約二釐米處，距離桌邊約一指。

（3）餐叉。放在口布右邊約二釐米處，距離桌邊約一指。

（4）甜品叉勺。在口布上方約二釐米處，叉把向左，勺把向右，平行對齊擺放。（如果爲中式自助餐或者賓客沒有要求，可以省去甜品叉勺的擺放，一般賓客可用牙籤或者其他餐具來代替甜品叉勺)。

（5）牙籤。一般放在餐桌中間，靠近花瓶擺放。

（6）冰水杯。在西式自助餐中，冰水杯一般被要求提供，且擺放在餐刀的上方。

（7）煙灰缸。放在花瓶一側。

（8）鮮花一枝（或者絹花)。擺放在餐桌的正中央。

（9）桌號牌。放在花瓶的另一側，一般在賓客一進門就能看見的方向。

一般擺檯時，要考慮食品檯上某些餐具的擺放，如果食品檯上已經擺放了的餐具，那麼，在餐檯擺檯時就不必重複擺放了；如果食品檯上沒有足夠的空間，則可以適當調整餐具的擺放，但是無論怎樣調整，都應該保持一致性。

2.當自助餐爲立式時

當自助餐爲立式時，則不必擺設用餐檯面，所有的進餐用具也基本擺放在食品檯上了。但是需要設置一些收餐檯和座椅，一般在自助餐廳的四周靠牆的位置，距離均等的擺放好小檯（方圓均可)，舖好檯布，圍好桌裙，上面適當擺放一些折疊好的餐巾紙，再配備鮮花一枝、煙灰缸兩只、牙籤盅即可。

在沿牆方向，一字排開，擺放好座椅。

3.當自助餐需要設置貴賓席時

如果自助餐預訂的要求中，有設置貴賓席一項內容時，則還應該留出貴賓席的位置。一般貴賓席的擺放位置放在自助餐廳最裡面靠牆一側的地方，在那裡可以縱觀全廳的景觀。貴賓席可以用一張大的圓檯來布置，也可以用若干個小方檯拼接而成；檯面的布置要區別於其他用餐檯，除了檯布和桌裙的顏色和質地的區別之外，還有擺檯的規格上也有差異。比如，可以在貴賓席上擺設墊盤、鍍金或鍍銀餐具，杯具也可以適當增加種類和等級，餐桌中央是精心插製的鮮花盆景等等。如果需要的話，還要根據預訂處提供的貴賓名單，製作和擺放貴賓名卡（即座次卡），以便服務人員幫助貴賓對號入座。

以上用餐區的擺檯也是要求自助餐廳所有人員一起動手完成的。

致詞檯或祝酒檯的設置

致詞檯的設置一般放在貴賓席前側方，或者設在食品裝飾檯的前方。致詞檯有的是現成的專業用檯，有的則是用小方檯布置而成的。但是基本的設施——音響設備，必須配置齊全。致詞檯上可用小型鮮花作爲裝飾，以烘托氣氛。一般的祝酒檯就用致詞檯代替，合二爲一。

酒水檯或流動收費吧檯的設置

酒水檯的設置可以由自助餐廳服務人員和吧檯人員共同設置擺放，一般根據自助餐規模的大小、自助餐廳場地的條件等來設置酒水檯。通常設置在用餐區，靠近賓客的附近，或者放在一進自助餐廳大門的地方。如果是高級豪華型自助餐，一般需要設置一個或者兩個流動小酒吧，而且酒吧出售的任何酒水飲料都是現金付款的。吧檯的設置也很簡單，只要用一兩張方檯拼接起來後，舖好檯布，再用桌裙將四周圍好即可。

收銀人員則只需要在小小臨時吧檯的一角占有一席之地，有把椅子就可以工作了。

吧檯設置的數量完全根據賓客的人數而定，一般五十人以下的只要一個吧檯就足夠了；五十至一百人左右的大型自助餐則需要兩個。

一個吧檯只需要一個服務員就可以應付，關鍵是各種準備工作必須非常的充分和完備。

配備保溫鍋及用具

自助餐食品檯上熱菜點心的保溫陳列離不開保溫鍋設施，保溫鍋的領用和準備要注意以下幾點：

1.由管事部主管人員根據自助餐廳的通知，從庫房領取所需數量和種類的保溫鍋，並且將它們送交洗滌間清洗乾淨後，擦乾水跡，再交給自助餐廳食品檯服務人員，分別進行分類擺放。

2.酒精等燃料的準備。由自助餐廳服務人員或者管事部人員，根據自助餐廳負責人員開具的清單，從庫房領取相應的固體酒精或者其他保溫燃料，並且將燃料小心放入保溫鍋底座的凹槽內，蓋好蓋子，以免揮發。

3.取菜用具的領取。派專人從餐飲部或飯店倉庫領出所需使用的取菜用具，如服務叉、服務勺、菜夾、長柄湯勺、糕餅鏟、冰淇淋勺等等；領用前應該根據自助餐菜單菜點的種類和數量，計算出各食品檯所需要的各種用具的種類以及數量，這樣才能保證一次完成，不至於丟三落四，不停地在倉庫和自助餐廳之間來回奔波，既浪費了時間，也浪費了人力。

4.取菜用具的清洗備用。取出各種用具後，就立即派專人負責清洗和清點工作，擦乾水跡後，立即送回食品檯準備擺放。對於不鏽鋼或鍍金、鍍銀材質用具的擦拭，一定要注意方法，先在左手平舖開服務巾，再將所需擦拭的用具放上去，擦好之後，再用右手的大拇指和食指隔著服務巾，輕輕拿住餐具的中點，然後再擺放到食品檯上的墊盤中，這樣就不會在金屬餐具上留下不雅的指痕。

各種餐具的準備

餐盤的準備

自助餐廳通常採用的餐盤爲六寸盤或者七寸盤。服務人員提前領取足夠數量的餐盤（一般爲自助餐用餐人數，再加20%左右的備用量），送洗滌間清洗，擦乾水跡以後，再擺放到食品檯邊上。

湯碗以及小勺的準備

根據自助餐預訂人數，再適當多放20%的量，清洗晾乾水分後備用，一般應該擺放在湯類的附近；小湯勺可以和小口碗放在一起，也可以用折疊好的餐巾插袋盛放好後，擺放在食品檯的外側，與餐刀、餐叉等餐具放在一塊。

餐刀、餐叉

根據自助餐預訂的要求來準備相應數量和種類的餐刀、餐叉，洗淨擦乾後可以放在食品檯邊上，用口布插袋裝好；也可以按照單點餐廳的擺檯格式，擺放在用餐區餐檯上。

甜品叉勺

根據自助餐預訂要求領出相應數量的甜品叉勺或刀，並且清洗擦乾水跡後備用。如果食品檯上沒有足夠的空間擺放的話，可以將甜品刀叉擺放在用餐檯的餐位上。

筷子、筷架

如果自助餐用餐賓客多爲國內賓客的話，則還需要準備筷子和筷架，一般可以將筷子清洗消毒後散裝在食品檯上，用折疊好的餐巾插袋來放置，在靠近餐盤外邊的位置擺放好；或者直接在餐檯擺檯時擺放到桌面上去，下面用筷架擺放。

口布或者餐巾紙

如果自助餐預訂中要求提供口布服務，則需要從布草房領出與用餐人數相符的口布，並且按照自助餐的要求折好花形，以便備用。通常花形要折成盤花，如三角、鬱金香、皇冠、扇面等等；可以事先將口布全部折好之後，貯存在工作櫃中，一旦擺檯時再將它拿出，一並擺放；同時也要準備一些餐巾紙備用，這樣也可減少口布的髒污機率和程度；如果自助餐的標準較低，沒有要求提供口布的話，那就更應該多準備一些餐巾紙，可以將每片餐巾紙折成簡單的三角、領帶形等等，用盤子盛裝或者插放在乾淨的水杯當中，再擺放在食品檯、用餐檯或者收餐檯上，以備賓客隨意取用。

牙籤

一般使用牙籤盅盛放，擺在用餐檯上或者收餐檯上，以便賓客自取使用。

冰水杯（有的自助餐不需要，則不必準備此種杯具）

一般在西式自助餐中，習慣於準備冰水杯。冰水杯應擺放在每位賓客的餐位上，餐刀的上方，由服務人員服務免費冰水；而中式自助餐中，一般很少需要擺放冰水杯的，但是如有賓客提出要求，自助餐廳也應提供此項服務。

人員分工

用餐檯值檯人員的分配也是根據用餐賓客人數以及自助餐的形式為立式還是坐式等情況來進行分配的。如果是坐式自助餐，則可以安排一人看數張餐檯，比如一人看大檯五張，小檯則可以看得更多一些。因為自助餐的服務，實際上比起單點餐廳和宴會廳來說簡單很多，已經有許多服務不需要提供，所以只要保證有足夠的人手，對賓客提供良好的巡檯服務就可以了。而對於自助餐廳多餘的人員，則可以統一調配到比較繁忙的宴會廳或啤酒屋、咖啡廳、單點餐廳等處，幫助開餐服務，一旦需要，再聽候調遣。

貴賓席服務人員

自助餐貴賓席一般需要一至兩名服務人員，專門為貴賓進行迎賓、拉椅讓位、鬆筷套、落口布、拿取酒水飲料等餐前服務；以及餐中各種服務，如撤換骨碟、添加飲料等等；除了不需要點菜、分菜等服務之外，其他一切則按照宴會服務的規格進行操作。

收餐檯服務人員

當自助餐爲立式時，就不需要擺放用餐檯了，但是必須設置一些收餐檯，以便賓客手中的空盤、空杯、用過的餐巾紙等物有處可放。

收餐檯的設置也很簡單：將小方檯或者圓檯擺放在自助餐廳四周靠牆的位置，間隔要均匀，舖好檯布後，再圍上桌裙，考究的話，還可以在上面再舖上一層色澤或艷麗或典雅的裝飾檯布。

在靠牆一側，可以一字排開擺放好座椅，以方便賓客的餐間休息和交談。

一般收餐檯的服務人員和用餐區一樣，甚至所需服務人員更少。一百人以下的立式自助餐中，只需要兩到三名服務人員就足夠了。

自助餐服務人員分工應注意的事項

在自助餐人員分工中，還要特別注意以下幾點：

1.分工科學合理

在自助餐人員的分工當中，不僅要有明確的分工，更重要的則是團結合作。一定要合理分配人手，既要使得賓客有人服務，又要使每位服務人員人盡其用；才能不至於當人手充裕的情況下，服務人員聚集聊天，當人手緊張的時候，服務人員疲於奔命，根本無暇顧及賓客的需求，而達到應有的服務水準。

2.隨時調整人手

通常要求在剛開餐時，服務人員的重點放在迎賓、酒水推銷方面；而當開餐一段時間後，服務的重心就將轉移到食品檯方面來。服務人員可以隨時根據重心的轉移而適當進行靈活調整。

自助餐插花

插花作爲一門花卉造型藝術，已成爲飯店室內裝飾的一部分，在各個自助餐廳也得到了廣泛的運用。插花是將具有觀賞價值的花、枝、葉、果等從植株上切取下來，或使用乾花、人造花，根據一定的構思，採用相應的技巧，所製成的體現及超越自然美的藝術品。插花不僅能美化餐廳環境，而且還能爲前來用餐的賓客增加情趣，並且有助於服務人員在工作中保持愉悅的心境。

當今插花藝術分爲兩大流派：東方花藝及西方花藝。東方插花藝術追求線條美、意境美，取材少而精；插花造型趨於自然，構圖多爲不對稱的自由式。而西方插花則要求花朵碩大，色彩鮮艷，構圖多爲幾何造型，較爲注重整體及其色彩的效果，取材較多，層次分明，排列有序。我國的插花藝術可以說是東方流派的起源和代表。早在公元前四百多年前，就出現了佛前供花，成語「借花獻佛」即來源於此。隨著東西方插花藝術的不斷相互傳播和交融，飯店插花也日益趨於完善、多樣。

插花的基本要求

1.設計構思

首先要有明確的主題，即要確定插花所要表達的意境，還要考慮插花所使用的場合、環境、服務對象等；確定主題之後，就要選擇插花的形式，並進行造型設計。

一般飯店自助餐廳常用的插花造型有：橢圓形插花、放射形插花、水平擴展形、半球形、倒T形、三角形、S形、新月形、瓶花等。橢圓形插花適宜擺放在西式長檯、酒吧等處，還可裝飾於自助餐廳的門廳、休息室等場所；放射形插花適宜於冷餐會廳、自助餐檯、展檯等處；水平擴展形插花宜於長方形餐檯、各種會議、自助餐廳等處使用；半球形插花常在餐廳出現，它往往與中式自助餐廳的圓形餐桌更相配，能使賓客從任何角度觀賞到其組合一致的造型；瓶花適於自助餐廳的中式用餐區等處；倒T形插花適合在空間較大的牆邊櫃櫥或展檯上擺放；S形插花較適於西式自助餐廳；新月形插花可擺放在門廳以及窗前。各種造型的插花的布置和裝飾，還要根據具體情況和賓客的喜好而定，只要達到整體協調，都可以收到美化的效果。

2.選擇花材

當確定了插花的主題後，就要根據花草的形態、色彩特徵、花語及習俗來選擇花材。花材是指包括花、枝、葉、草在內的具有觀賞和使用價值的花木部分。花類中有玫瑰、康乃馨、滿天星、觀音蓮、菊花、百合、天堂鳥等；葉類有棕桐葉、針葵、一葉蘭、蘇鐵、腎蕨等；枝類具有特殊的姿態和色彩，如松枝蒼勁古樸，銀柳毛絨潔白，梅枝高雅脫俗，而迎春、南天竹、金桔、枸骨等花可成串，枝可入畫，也是東方插花中重要的花材；當花與花間不夠豐滿，空隙過大時，可用冬青、文竹、天冬草、黃楊等來塡充，可顯得插花枝繁葉茂，鮮艷欲滴。花語是指透過花木的色、香、姿、美的內在含蓄的韻味，來代替人們的語言，表達某種情感和願望。瞭解花語，對於用插花正確表達人們的情感，特別是在對外交往活動中，顯得尤其重要。如康乃馨象徵母性之愛；玫瑰多出現在情人節，以表達男女之間的愛慕之情；百合、玫瑰、常春藤、五龍爪則適用於婚慶場合；菊花則用來表達懷念和惋惜之情等。

不同的地區、國家和民族由於文化、民俗等方面的差異，各自的花語也不盡相同。如法國、義大利、西班牙等許多國家視菊花爲不祥之花，而在我國，則視菊花爲體現民族氣節的花卉之一而備受推崇，在日本，菊花則因其清高、富貴而作爲皇室的象徵；前蘇聯認爲黃色薔薇花意味著不吉利和絕交，法國視黃色的花爲不忠誠的象徵，而許多國家在父親節（每年六月的第三個週日）這天，兒女們以黃色或白色的玫瑰花來表達對父親的崇敬之情。

選定花材後，再根據構思制定花枝的長度，如插盆花、杯花，就需要選擇較短的花型；如插瓶花，則需要較長花型。與花相配的綠葉也要根據美觀大方的原則，進行刪減或添加。

3.花、器相配

插花應與花器、自助餐廳的類型、色調、自助餐廳的燈飾、餐具、布件、地面等相協調。如常用的花器有瓶、盆、籃、杯、盤等。中式自助餐一般常用細頸瓶花，有白色、花色陶瓷材質的，也有玻璃、磨砂玻璃、水晶等材料製成的；西式自助餐常用盆花或杯花，花盆有大小、深淺不同的圓形和橢圓形；花杯是鍍銀或鍍金的高腳杯樣式等；大型酒會則多以花籃配插大花。瓶花不宜插得過密、太短，盆花不宜太疏、過高，否則會缺乏美感；各種盆花、瓶花和杯花的高矮、色彩應一致，以保持自助餐廳插花裝飾的統一性。

插花的注意事項

1.尊重賓客的生活習俗。自助餐廳的插花，尤其是以自助餐形式組織的冷餐酒會插花，要根據賓客的風俗和習慣來選擇用花品種，要特別考慮到宴請對象中的貴賓對某些花的忌諱。

2.注意鮮花的保養。一般自助餐廳使用的鮮花，應考慮季節的變化對花卉的影響，對花葉應經常噴水保鮮，對花器中的水也應時常更換，夏季可每兩天換一次水，冬季則可三四天換水一次。要使花期延長，還可以採用以下方法：插花或換水時將花枝重剪切口；在花器中加入適量糖分；使用冷開水插花；在水中加入適量的阿司匹靈、水楊酸、硼酸、過錳酸鉀或乙醇等；或者在餐後，將插花進行冷藏，其溫度應控制在48℃左右。

自助餐廳常見的插花造型

1.橢圓形插花。通常在西式自助餐中，尤其是冷餐會或酒會中常採用這種花型。
2.半球形插花。這種花型在中式自助餐中常見。
3.放射形插花。一般這種花型常在自助餐裝飾檯上出現，它的花型比較大，在視覺效果上很能渲染自助餐廳的熱烈氣氛。

自助餐檯面插花布置

自助餐檯面的布置是一項藝術性很強的工作，它要求自助餐設計人員，要根據不同類型的自助餐，靈活設計出多彩多姿的檯面。自助餐檯面布置主要是根據自助餐的主題、自助餐的標準、自助餐廳的布局及自助餐的場地和主辦方的要求，在食品裝飾檯、貴賓席面上、酒水檯上以及用餐桌上，用各種鮮花綠草，擺放成花壇、花環等圖形，對整個檯面進行細節性美化裝飾，以烘托自助餐熱烈美好的氣氛，和體現自助餐的格調，滿足賓客對美的渴求。在自助餐檯面設計與布置當中，插花的出現則起了畫龍點睛的作用。

一般在檯面布置擺放花草之前，應將花草沖洗乾淨，並進行適當修剪，等晾乾後再進行插花擺放。

以下為幾種圓桌花草的擺放方法：

1.花壇

一般十四人以上的大圓桌才能擺放花壇，花壇的大小要根據桌面的大小而定，放置在檯面的中心。擺放時，先用草葉做一圓形的底襯，再把綠葉整齊地覆蓋在上面，形成一個帶有坡度的圓形草堆，然後再將不同的鮮花穿插擺放，達到勻稱美觀的效果。有時高級宴會的檯面也擺放用蘿蔔等材料雕刻成的各種形狀、不同色彩的動、植物等造型，如孔雀開屏、丹鳳朝陽、春色滿園等等，然後再附以花草。

另一種方法是在檯面中心擺放一個插好鮮花的花盆、花瓶或花杯，但要注意花的高度不應高於賓客入座後的視線高度；再以花盆爲中心擺放花草，用矮小的碎葉作墊底，再用較長的枝葉蓋住花盆並向外延伸，最後在上面點綴鮮花，同時注意花的色彩與種梗要搭配得當。

這種設計一般用於貴賓席的裝飾美化。

2.盆花

一般十人一桌的大型坐式自助餐多擺放盆花，即在桌面的轉台中心擺放一個花盆，或者西式長檯也用橢圓形花盆。所選用的花器應簡潔精美，盆花的插花應注意花色、種類的搭配，花形應呈飽滿的半球形或者半橄欖型，盆花底部以裝飾布或花草等進行修飾，不能露出花器。

3.花環

在十人和十二人的主桌上多擺放花環，其做法是圍繞桌面的中心處，以青草爲底襯，其寬度約爲十釐米左右，上面點插各種應時鮮花，形成一花環，使主賓席更加光艷奪目。

4.花簇

一般在致詞檯上，或者佩帶在賓客的禮服胸前，多採用這種小型花簇。它是以一兩朵色彩鮮艷雅致的鮮花爲基礎，再在旁邊配以滿天星、綠葉等綠草，然後固定成型即可。

自助餐餐前準備工作的檢查

在開餐前一兩個小時就應該對各個工作環節及各項部署進行檢查。如有不周到之處，還可以立刻進行修正，以保證開餐的順利進行。

檢查工作包括以下幾個方面：衛生檢查、設備檢查、食品以及餐檯檢查和安全檢查幾個方面。

自助餐衛生檢查

任何餐廳的衛生都是非常重要的，自助餐廳也不例外。檢查其衛生清潔狀況，是爲了使餐廳時刻保持在符合賓客要求的衛生狀況，讓賓客在這樣的用餐環境中能夠放心地享受美味佳餚。檢查的內容包括以下方面：

檢查自助餐廳地面衛生

如果自助餐廳地面舖設的是地毯，則要求先用吸塵器將地毯仔細吸過一遍，一定要注意地毯絨毛的逆反一致和美觀。過於髒污的地方，還應該用毛毯清潔劑清洗。

如果是地板、地磚、大理石等硬質材料作成的，則要求根據地面的清潔規定，選擇相應的清潔劑、清潔用具和清潔方法。比如地板就不能用很濕的拖把去拖，否則地板會因爲進水而容易變形翹起；大理石地面也只能用乾拖把拖去地面的浮塵，然後還要定期保養，打上地蠟；地磚則容易清潔一些，可以用較濕的拖把擦淨以後，再用乾拖把把水跡吸乾。

檢查自助餐廳牆面衛生

一般如果沒有特別髒污之處的話，自助餐廳牆面的清潔只需要用毛撢輕輕撣去浮灰即可；如果某些地方比較髒，則可以用乾淨的抹布蘸取清潔劑，然後擦去污跡；如果有必要的話，還可以提前做好準備，用相應的塗料將整個牆面粉刷一遍，使之恢復如初。對於牆上的宮扇等裝飾物品，則用毛撢輕輕掃去浮灰即可。

檢查自助餐廳工作檯的衛生

先將工作檯的外部用濕抹布清潔過後，再把工作檯裡面清理一遍。要求所有的格子分類擺放不同的餐具、用具；相互類似的餐具不要放在相鄰的格子裡，更不要放在一處，否則服務時很難將它們分得清楚，如冷菜刀就不能和餐刀擺放一起，肉叉也不能和魚叉混於一處。

所有的口布、檯布、桌裙等布草要放在工作櫃的最底層，且平舖開來，不能壓出許多不必要的皺折來，以免影響檯面的美觀。

所有的餐具應該擺放合理，如小口碗、骨碟等不能擺放得很高，否則一旦拿取時，就很容易發生坍倒毀損意外，造成餐廳和個人不必要的經濟損失。

檢查各個展櫥、壁畫、屏風、廳柱、扶欄等衛生

打掃檢查各個裝飾展櫥內外，將所有擱板擦拭乾淨；對於壁畫的清潔則要根據其製作材料的不同，而採取不同的方法清潔。總之，要先用吸塵器或毛撢去掉浮灰，再用抹布擦淨表面，但要注意不要用水。

有些自助餐廳的廳柱和扶欄是鍍銅金屬材質的，則要使用專門的擦銅水去污、拋光，否則會使得它們的表面顏色發烏變暗，很不美觀。

自助餐餐檯及食品檢查

自助餐食品檯上的食品擺放是一個重點工作項目，它們的陳列和擺放位置一定要合理、美觀、方便。

自助餐餐檯檢查

1.自助餐檯型檢查

食品檯可以安排在餐廳中央，或某一個角落，也可以緊靠一邊放置；可以將它擺放成一個完整的大餐檯，也可以把裝飾檯、湯類、甜品類和燒烤類、海鮮類等單獨設置擺放，即由一個大檯和若干個小檯組成。

食品檯要布置得有層次感和立體感。可以設置成梯形、L形、U形、一字形、回字形等等。但無論如何，都要將食品檯擺放在自助餐廳最醒目的地方。先用檯布將檯面舖好，再用裝飾檯布舖一層，然後用色澤鮮艷、華麗典雅的天鵝絨或者絲綢材質的多皺折桌裙，將食品檯圍邊，其長度要剛好將桌腳全部擋住。

2.檢查食品檯上菜點的設計、擺放位置是否合適

一般小型自助餐的菜點數量不是很多，菜點的擺放比較簡單，只需要按照冷菜、湯類、薰魚、熱蔬菜、烤炙類、甜品類、水果等的順序擺放就可以了。

但是大型自助餐或者豪華型自助餐，則要求菜點的擺放有所不同。可能要求菜點雙份擺放。比如說，將各種主食、甜點等安排在一個檯上，還要注意它們的色彩搭配美觀、高矮層次和諧才行；而冰淇淋則擺放在靠近點心主食食品檯的一側；旁邊放置著各色水果、冷菜和沙拉，基本呈一字排開。熱菜的擺放則大多需要有可供保暖的餐檯或者保溫鍋，一般設兩排，既長又寬，其位置的設置是按照人們的步幅，基本每走一步，就可以挑選到一種菜餚；排菜

時，一般相同用料的菜餚、相同口味的菜餚以及相同顏色的菜餚都要間隔擺放；油炸、煎烤類的菜餚通常和蘸食的佐料擺放在一起；湯則和點心、主食比較靠近。明爐燒烤類的菜餚則擺放在專門的櫃檯上。

無論怎樣擺放，總之既要美觀，更要注意賓客取菜的動線問題，以免賓客在取菜時發生擁擠堵塞現象。

3.檢查自助餐菜牌的準備情況

賓客們一般是看不見自助餐菜單的，那麼所有的自助餐菜餚一方面是透過陳列直觀展示給賓客，還有就是透過自助餐菜牌來給賓客進一步的說明和解釋。

可以按照自助餐菜單上所有羅列的菜名，採用手寫或者電腦打印的方式，將它們一一顯示在空白小菜牌上；要求書寫非常流暢優美，打印非常清晰；以中文、英文兩種文字表達；使賓客一看到菜牌，就能對面前的菜點的名稱、口味、原料，甚至烹調方法有個大致的瞭解。

這項工作一般交由自助餐預訂人員來完成，往往需要提前一天或者兩天事先把書寫的工作做好，才能在開餐時及時將菜牌擺放在食品檯上，以便給菜餚定位。

檢查每個菜牌是否被擺放在每道菜點之前、每個墊盤之後。

4.自助餐取菜用具墊盤的準備情況

檢查所有的菜點前是否都有一個墊盤，以便用來放置自助餐取菜用具。墊盤的大小可根據食品檯的寬窄大小，以及自助餐廳備用盤的種類而進行選擇。一般不宜太大，以免沒有空間放置。很多自助餐廳使用骨碟來充當墊盤，也是可以的。

5.檢查各種取菜工具的準備情況

檢查所有的取菜用工具如服務叉、服務勺、長柄湯勺、菜夾、糕餅鏟、冰淇淋勺等是否已經準備完畢，並且已分別擺放到各自的墊盤內。所有的取菜用具的柄都朝向一致，一般應該在右下方45°

的位置。所有的用具的擺放要參照自助餐菜單以及菜牌來擺放。

檢查冷熱菜點的擺放

自助餐各種菜點的擺放時間和順序是有相當的要求的。要檢查以下工作內容：

1.菜點擺放的時間

至少在開餐前十五分鐘，應該將所有冷盤、熱盤、湯、甜品、水果、酒品以及飲料是否擺放在合適的位置。

2.調味品的擺放

檢查相應的調味品等是否已經分類上檯擺放齊全。

3.檢查熱菜的擺放

檢查所有的熱菜是否已用保溫鍋盛裝加蓋、保溫；保溫鍋夾層內是否已注入一定量的熱水；鍋底的固體酒精是否已經準備充分並已點燃。

4.檢查冷菜的擺放

檢查那些需要保鮮的冷菜是否已用冰塊冰鎮好，並檢查在冷菜旁邊是否有芥末、醬油等佐料配備，如生蠔、三文魚等類菜餚就屬於這種類型的冷菜，檢查時就要查看是否配好了芥末和醬油等佐料；脆皮乳鴿是否配好椒鹽。

5.檢查各種菜餚的搭配以及裝飾

根據賓客的取菜習慣爲依據，在取菜動線的前端依次擺放開胃品、熱菜、湯類、甜品和水果等；也可以將冷菜、熱菜和甜品、水果分檯另行擺放。對於那些特殊菜餚以及現場加工的菜餚也可以單獨擺放在其他小檯上。菜餚的擺放應該注重色彩的合理搭配，具有美感和立體感；可以採用各具不同特色的容器來盛放菜餚，如用玻璃鏡面、水晶碗、銀盤和木盆等擺放三文魚、沙拉等冷菜；用形態各異的保溫鍋來盛裝熱菜；用竹筒、荷葉、玻璃杯、竹籃、竹箴和擱架擺放甜品和水果等；以上「土」得掉渣的裝飾，往往就能出其不意，達到意想不到的效果。

檢查自助餐裝飾檯的擺放

檢查各種裝飾品如各種工藝品、冰雕、果蔬等雕刻飾品是否擺放得當、美觀；各種鮮花、水果、綠色盆景等是否擺放合理。

檢查裝飾檯是否擺放在食品檯的中央高位，以及是否能烘托出自助餐廳的熱烈氣氛，能否突出自助餐的主題。還可以用玻璃轉盤、高腳杯具和箱、筐、盒等作爲底盤，用一些色澤鮮艷亮麗、質地柔軟光滑的絲綢布料等來作爲裝飾陪襯；在它們的上面再擺放好各式乾花或者鮮花、果蔬雕刻、冰雕、木雕以及各種工藝品等，自助餐的熱烈歡快的氣氛將會得到很好的渲染，主題也會更加突出。

檢查各種用餐餐具是否完備

如餐盤、餐叉、餐刀、小湯碗、小湯勺、甜品刀、甜品叉、甜品勺、筷子、筷架、餐巾或者餐巾紙等。比如檢查餐盤的擺放位置是否在取菜口的最顯眼處；它們的數量是否與用餐人數相符；後檯是否還有一定數量的乾淨餐盤貯備；檢查餐盤的清潔度是否符合自助餐的要求；以及檢查餐盤有無破損、缺邊、有裂紋等等。一般應該將餐盤整齊地擺放在自助餐檯的最前端。

查看各種服務用具是否齊全

因爲每種菜餚都要擺放一種相應的公共用具，如服務叉、勺、糕餅夾或鏟等，它們應該擺放在菜餚盛器前的墊盤內，呈同一方向、統一角度地整齊排列，一般爲斜右下方45°角左右；每道菜餚前還應該擺放好菜牌，上有書寫清晰優美的中英文菜名以及相關的簡短說明；檢查長柄湯勺等是否齊備；各種托盤、服務車、服務巾是否洗淨並擺放在合適的地方。

酒水檯的各項準備工作是相當煩繁瑣的，除了各種酒水飲料的準備之外，還要準備相應的杯具和酒吧用具。

1.酒水準備。檢查酒水檯上是否已經把所有的飲料、啤酒、果汁等準備好，而且按照高矮順序排放整齊。

2.檢查所有的酒水杯具。一般的自助餐則以飲料杯爲主，檢查飲料杯和吸管等是否已整齊擺放在飲料檯上。

3.檢查酒吧工具。檢查各種酒吧用具是否已準備齊全，如開瓶器、砧板、冰桶、冰夾和冰塊、檸檬片、小型果汁機等等。酒吧所需的開瓶扳子、螺絲鑽、調酒壺、冰桶等有沒有被遺漏；用餐區最常使用的服務工具就是托盤了，應該檢查各種托盤的數量是否夠用，並且查看托盤是否已經清潔，不鏽鋼材質的托盤還需要在盤底舖襯乾淨的墊布，並且用清水打濕，以防托舉餐具時出現翻盤意外。

4.其他

（1）根據賓客的要求，是否準備了冷、熱果汁。

（2）咖啡壺是否已裝好咖啡並放在保溫爐上保溫。

（3）牛奶、各種糖料是否已經配好。

（4）各種茶具是否已經準備齊全。

5.檢查現金酒水檯（Cash Bar）的準備情況。現金收費酒吧則需要準備的物品要多出很多來，除了上述用具之外，還要準備各種自助餐廳比較暢銷的酒水品種，比如紅葡萄酒、白葡萄酒、金酒、威士忌、雪莉酒、伏特加等等；不光要求準備飲料杯，還要準備一些用來飲用紅、白葡萄酒的酒杯、香檳杯、古典杯、雞尾酒杯等等；另外還要準備各種調酒用具，如搖酒壺、攪棒、串籤、紅綠櫻桃、水果刀、量酒器等是否放在合適的位置上。

自助餐設備、安全檢查

自助餐設備檢查

自助餐廳的溫度控制也是服務的一個重要環節，許多自助餐廳的溫度不是太熱就是太冷，往往造成賓客的抱怨。一些電器設備不能正常運轉也給服務帶來了不便。所以檢查時一定要儘量細緻周到，以杜絕上述情況的發生。

1.檢查空調設備是否已提前開啓

自助餐廳的面積越大，開啓空調的時間也應越加提前。一般在餐前半個小時開啓，就能達到所需要的溫度。

通常自助餐廳的溫度保持在22～26℃之間，將會使人感覺舒適，冬季稍低一點，22～24℃，夏季則為24～26℃。

2.檢查其他電器設備

（1）檢查人員會同專業人員，檢查所有的電器設備，如電線有無破損、漏電現象。

（2）所有的燈具是否正常發光，如有破損，應該立即更換。

（3）檢查製冰機、電熱咖啡爐、毛巾箱等電器設施設備是否正常運轉等等，以保證自助餐廳的安全用電。

（4）檢查致詞檯的麥克風的音響效果是否理想。

（5）電線是否已被舖設在地毯下面。

（6）電源插頭是否安插妥當。

（7）各種燈光、展檯、表演檯等是否調校適度以及設置在合適的位置上等等。

自助餐安全檢查

爲防患未然，自助餐廳的管理人員對其安全管理也不能掉以輕心。

檢查的內容包括：

1.出入通道。爲保證用餐賓客的安全，確保自助餐的順利進行，還應該對自助餐廳的各個安全系統進行嚴格的檢查和把關，如檢查自助餐廳的各出入口是否暢通。
2.標誌。安全門的標誌是否清晰明瞭。
3.消防器材。各種消防器材是否按有關規定配置齊全並且可以有效使用。
4.滅火器周圍無障礙物。
5.在職人員的安全培訓。所有服務人員均須經過有關部門的培訓，會使用消防器材，會應付失火等緊急情況的發生等等。

自助餐餐前會的組織與召開

當所有檢查工作完畢以後，距開餐之前大約半小時的時候，應由自助餐廳經理或主管（領班），主持召開各餐的餐前會議。自助餐餐前會的時間應該儘量控制在十五分鐘至二十分鐘左右，會議主持人應該力求語言簡練、目的明確。

自助餐餐前會的程序和內容

1.首先要求參加餐前會的所有員工必須身著整潔的飯店統一制服，提前五分鐘上班，在餐前會指定地點排好隊形。

2.自助餐廳經理或主管／領班面對員工站立，首先向員工問候，如早安／午安／晚安，要求員工也給以相應的回應，以此鍛鍊員工的禮貌，也藉此機會鼓舞員工的士氣，使之具有良好的精神面貌。

3.自助餐廳經理（主管／領班）逐個檢查員工的髮型髮飾、衣著化妝、個人衛生等各方面，以驗明其儀表儀容是否合乎飯店的要求。

4.點名，檢查員工的出勤情況，並且將考勤結果記錄在考勤表上，以備月底核實後作爲給付薪資的依據。

5.總結上一餐的開餐情況。對表現良好的員工給以表揚和鼓勵，而對於那些出現的問題和不足之處，也應該指出，毫不留情地予以批評。

6.簡明通報客情和菜餚供應情況。會議主持者應該詳細介紹本餐次將要接待的主要賓客的姓名以及單位的名稱、接待人數或桌數、餐費標準、收費方法、菜餚的品種及數量、酒水飲料的品種等。

7.對於貴賓（VIP）的服務應該特別注意的一些事項。

8.明確自助餐餐中各服務人員的分工。應該明確指派貴賓席的接待服務人員、自助餐食品檯看檯員、用餐檯服務人員、酒水檯服務人員、現金酒水檯收費人員；確定海鮮檯現場烹製廚師人選、扒類菜餚廚師人選等等。經濟型的自助餐需要的服務人員數量很少，一般一人身兼數職即可；但是豪華型的自助餐，或者接待人數衆多的自助餐，如冷餐酒會等，則需要衆多的服務人員，密切合作，才能夠很好地完成。

9.預測自助餐餐中服務可能出現的一些問題，向員工說明如何恰當的應對和處理這些問題，以便員工作好充分的心理準備。

10.介紹對以往相關案例的處理和分析。

11.餐前會結束工作。

餐前會以後，自助餐廳的所有服務人員立刻回到各自的工作崗位前，最後一次對自己的準備工作進行自查和修正，拾遺補缺；並準備開餐。

自助餐餐前會主持人應具備的素質

自助餐餐前會的主持人本身應該具有相應的魅力和素質，才能確保餐前會的有效性：

自身的形象

餐前會主持人自身的形象，對於下屬員工對其指令的服從性，以及執行任務的效率性等方面有著不可低估的重要作用。如果只一味地要求員工服從飯店的規章制度和紀律，身著制服，精神飽滿，面帶微笑，提前五分鐘上班，而自己卻做不到，那麼完全可以想像得到，他（她）的下屬對他（她）所發布的指令的接受度，以及對指令的執行程度如何。即便管理人員可以用自己的權利採取高壓政策，從而獲得下屬暫時的服從，然而這種服從所能維持的時間是短暫的，效果是低微的。要知道：榜樣的力量是無窮的，在任何時候都具有效力。

語言的藝術

餐前會的主持人必須在半小時之內，言簡意賅地把本次的任務安排、人員分工，以及可能出現的問題闡述清楚，那就要求他（她）具有一定的語言表達能力。並非誇誇其談、口若懸河就可以開好餐前會的。

豐富的經驗和閱歷

對於餐前會的主持者來說，相關的實戰工作經驗和豐富的閱歷也是相當重要的。只有這樣，他（她）才可以思維縝密、有條不紊，既能抓住重點，又可以疏而不漏。這對員工的心理來說也是一種無形的穩定劑。

靈活變通性

機要具有獨當一面的專業技能，又要勤於思考，思維靈活。在工作中隨時會出現一些始料未及的突發事件，或者賓客和員工提出的難題，都必須要求管理人員迅速給予滿意的解答或者解釋，這就要求他們具有很強的變通性。

餐前會的形式

爲了儘量避免一般會議慣有的枯燥乏味，可以在會前或者會後，讓員工們高聲背誦一段飯店的誓詞；也可以合唱一首大家都很喜歡的歌曲；在會中還可以穿插一些提問，以檢測員工對餐前會內容的理解和接受的程度。

公正廉明性

餐前會主持者一般也是自助餐廳的基層管理人員，他們對員工、對工作以及其他各項事物是否抱有公正的態度，以及自身是否有廉潔的形象等等，對下屬來說都有著巨大的影響作用。

第八章

自助餐餐中服務

自助餐餐中服務，包括自助餐迎賓、餐中酒水和菜餚服務，以及用餐客人的結帳服務。

自助餐服務的要求

熱情主動

自助餐的服務主動問候賓客，爲賓客拉椅讓座。對於老人、孩子、婦女和貴賓，以及遇有行動不便的賓客，或不熟悉餐廳情況，或不願意自己取菜的賓客，都應該主動上前徵得賓客的意見，爲他們拿取可口的菜餚和酒水飲料。在開餐後一段時間，應該不斷巡視服務區域，以便隨時能發現賓客的需求，爲他們提供快速、有效的服務。

勤巡餐檯

1.經常巡視用餐檯，如有賓客使用過的餐盤、杯子、煙灰缸、空飲料罐、餐刀、餐叉、餐勺等，應在徵求賓客同意後，及時用托盤將它們撤走，並送至洗滌間交管事部清洗。
2.不斷巡視收餐檯，尤其當自助餐形式爲立式的時候。一旦發現有賓客使用過的酒杯、飲料杯、餐巾紙和空盤時，就要立即將它們清空，可以使餐具週轉加快，也會使收餐檯看起來一直顯得非常整潔乾淨，使賓客感到舒暢。
3.保持地面清潔。及時將賓客掉落在地上的菜屑、餐巾紙等物清除乾淨，但要注意賓客用餐時，不能用掃帚，而只能用手來撿取。

4.熱情誠懇靈活。解答賓客的疑問，幫助解決他們的困難；能眼明手快，頭腦靈活，及時發現突發事件並匯報上級主管。

善始善終

1.當賓客用餐完畢後，禮貌致謝並道別。

2.提醒賓客不要遺忘自己的物品。

3.立即清理餐檯，將所有用過的餐具、杯具用托盤送至洗滌間；將髒檯布撤下捲在一起，不要把檯布上的骨刺碎屑抖落在地上。立即按照自助餐廳的要求重新擺檯，準備迎接下一批賓客的到來。

自助餐迎賓服務

迎賓員的形象代表著自助餐廳乃至整個飯店的形象，他（她）們的素質高低、服務優劣與否，都將昭示著飯店的品味和格調。因此任何飯店對於迎賓員無論是外型還是內在素質方面，其要求都是比較高的。

迎賓服務程序

1.迎賓員身著規定制服，提前五分鐘到位。根據自助餐廳預訂紀錄，熟記預訂內容；站姿挺拔，面帶微笑，準備迎賓服務。

2.當賓客來臨時，應主動熱情地問候賓客：早安／午安／晚安（Good morning／Good afternoon／Good evening）

3.立即向前迎候賓客，並且詢問客人是否預訂，如有預訂，是以何種名稱預訂的；若沒有預訂，則問清賓客人數。（Would you have a reservation? /Which name did you used for? /How many persons are there in your group?）

4.如有衣帽架，則委婉徵詢賓客的意見，將賓客的大衣、外套、圍巾、帽子等寄存在衣帽架，並請賓客保管好自己的錢物等；將寄存牌遞交給客人，並提醒他們留意保管。如果賓客有雨傘等物品，也應爲他們妥善保管。（Would you mind take your coat off and keep it here, please? /Here is your label, please.）

5.引領賓客進入自助餐廳。迎賓員應在賓客前方約一公尺左右引領客人，並且要不時的回頭關照他們：這邊請！／請跟我來。（This way, please. /Follow me, please.）

6.根據賓客的要求將其安排在適當的餐位前，徵詢賓客的意見：請問這張餐桌您滿意嗎？（Would you like this table?）

7.幫助老人、女士、殘疾人等拉椅入座。拉椅時應雙手扶住椅把，托起椅子，待賓客進入後再將椅子向前送回，這樣賓客入座會很舒適，而椅子也不會因在地上拖拉而損壞地毯，或者發出刺耳的響聲。（Here is your seat, please.）

8.將賓客的人數以及特殊要求告之用餐區服務人員。

9.預祝賓客用餐愉快，並回到引領位置。（Enjoying your meal, please.）

10.嚴格按照自助餐廳規定接聽電話，並且做好自助餐預訂記錄。

11.協助服務員做好餐前準備以及餐後結束工作。

迎賓注意事項

在自助餐餐中服務時，還要特別注意以下幾點：

1.自助餐廳客滿時。當賓客滿座時，則應該首先表示歉意，並熱情爲賓客做好登記候位手續，並且向賓客打招呼。（Sorry, the restaurant is full now. May I have your name, sir?）
2.儘快記住常客的姓名、喜好、習慣等，提供個性化服務。當賓客用餐完畢離開餐廳時，應主動徵詢賓客的意見，與賓客保持良好的關係。並且不要忘記提醒賓客，將他們的衣帽雨傘等物取回，並對客人的光臨表示感謝。（Thanks for your coming. See you next time!）
3.其他。除了迎賓工作之外，還要負責保管、檢查、更新、派送餐廳酒單和報紙雜誌類物品。
4.衛生。迎賓人員還要負責做好指定區域的清潔衛生工作。如門廳地面、牆面、玻璃大門、吊燈等處的衛生清潔。

自助餐酒水飲料服務

自助餐的酒水檯一般設在用餐區附近，靠近門廳的一側，所以又有服務酒吧的別稱。在自助餐餐費標準固定的情況下，酒水的推銷和服務就成爲自助餐廳工作的又一個重點。

自助餐廳提供酒水飲料的品種

一般的自助餐所供應的酒水飲料比較簡單，只有品種有限的可樂、雪碧、芬達等碳酸類飲料、礦泉水、啤酒和果汁等供應；而豪華型自助餐酒吧的特點是：所供應的酒水飲料種類隨意性大、營業時間短、客流量大。要求調酒員的餐前服務準備工作充分和完備，服務時頭腦清醒，動作敏捷。

自助餐酒吧的結帳方式一般爲餐後一次性結帳（Pay Together）和現付收款。較高級豪華自助餐的酒水檯，則提供的酒水飲料品種就很多，尤其是需要賓客另行付費的現金酒水檯，則品種齊全。常見的酒水有：白蘭地、威士忌、金酒、蘭姆酒、伏特加、馬丁尼、啤酒、香檳、各式雞尾酒，還有各種碳酸類飲料，如可樂、雪碧、芬達等；還有各種果汁，如橙汁、柚子汁、西瓜汁、哈密瓜汁、蜜桃汁、黃瓜汁；各種冷熱飲，如牛奶、果汁牛奶、咖啡、中國茶、英國紅茶、冰水等。一般的冷熱飲大多則是由用餐區的服務人員來提供服務的。比如各種冷熱果汁、咖啡、牛奶、茶等等。

酒水檯服務的要求

賓客需求至上

在服務酒水時，應該根據賓客的要求來選擇和調配酒水。同時也要具備廣博的中外酒水知識，以及熟練的操作技巧。

配備合適的杯具

一般在服務酒水時，要求不同的酒用不同的專用杯具，如紅葡萄酒用紅葡萄酒杯盛裝，五成滿即可；白葡萄酒則用白葡萄酒杯斟飲，七成滿即可；香檳則要求分爲兩次斟滿，用鬱金香型或者淺口型香檳杯盛裝，也是七成滿；啤酒、飲料、果汁等均爲八成滿即可。

酒水與菜點搭配合宜

往往飲酒考究的人對不同的時段、對於不同的菜餚，所選擇搭配的酒水也是不盡相同的，如餐前需要飲用一些開胃酒，苦艾酒、雞尾酒、白葡萄酒等；用餐當中如配海鮮類或者口味清淡的菜餚，則需要飲用白葡萄酒，如配火雞、野味等菜餚時，則要搭配玫瑰紅葡萄酒或紅葡萄酒；用餐高潮時則以香檳最能體現用餐賓客的熱烈情緒，甚至從始至終香檳都可以是賓客最好的佐餐伴侶；餐後人們還可以繼續飲用一些利口酒、雞尾酒，或者咖啡、茶等各種飲料，以緩解興奮和幫助消化。

具備熟練的調酒技巧

酒水檯的服務人員大多爲專職的調酒師，應該通曉本自助餐廳所能供應所有酒水的調配知識。在服務開始前，他（她）就應該著手各種調酒器具的清潔準備；各種酒杯、飲料杯的準備工作；以及對雞尾酒調製所需要的各種原料、輔助原料和裝飾材料的準備。

服務時酒水檯的調酒師要能夠按照賓客的不同要求，及時準確地調配雞尾酒和供應各種酒水，並且保證各種酒水的風格和品味的純正，同時做到動作嫻熟，瀟灑自如，給人美感。

酒水服務

向賓客提供飲料服務時，應同時配上相應的杯墊、餐巾紙等；注意手法衛生；服務結束也要留意觀察賓客的情況，如遇有小孩、飲酒過量及其他異常情況，應立即向上級匯報並採取相應措施。

酒吧清潔衛生

應保證酒吧隨時都有整潔的外觀，應每天下班前清洗出所有杯具、塑料襯墊、不鏽鋼設備、調酒用具等。

酒水檯物資申領及盤存

1.在開餐前按有關規定填寫烈酒申領單，按空瓶或酒牌領貨。
2.填寫葡萄酒申領單，並憑酒牌和申領單的編號領取。
3.按標準儲藏量填寫食品申領單，領取調酒用食品、配料等物品。
4.根據各種烈性酒、葡萄酒存貨單進行清點，已用過的酒按標準份量計算出剩餘量。
5.將酒吧現存實數與盤點表進行核對，對有差異的品種要再次進行檢查。
6.檢查記錄酒水存數並填寫銷售盤點表。
7.將空酒瓶蒐集起來，以便下次領貨用。
8.填寫交接班紀錄。
9.清理垃圾。
10.檢查冷凍設備後關閉照明電源。
11.將冰箱、儲物櫃鎖好，把鑰匙交鑰匙保管處。
12.盤點記錄後將結果報告上級。

自助餐菜餚服務

一般自助餐食品檯的值檯工作，都是由廚師或者服務人員來承擔的。

自助餐食品檯值檯人員的職責

自助餐食品檯值檯人員應該瞭解自己的職責，並且儘量做好以下幾點：

保持食品檯檯面清潔衛生

當賓客拿取食物後，會有湯汁滴灑在菜盤邊或者餐具墊盤上，還會把公用叉勺弄髒，這時就應該立即將其清理乾淨，或者更換公用叉勺等餐具。

時刻注意菜餚的數量變化

要及時補充不足的食物，尤其是那些成本較為低廉的菜餚。盛放食物菜餚的容器不能見底，一般少於1／2時就應該及時通知廚房，立即給予補充，以免後來的賓客對自助餐有菜餚不豐盛的不良感覺。在推銷較低成本的自助餐中，這點尤為重要。

食品檯值檯工作內容

自助餐食品檯值檯工作的具體內容有下列各項：

1.適時通知添加菜點。自助餐食品檯食物添加的方法是：一是先將所添加的菜點用大盤裝來，動作輕盈地把菜點整齊地補充入原來的盛器中；二是將外觀整齊美觀、有相當數量菜點的盤子或盛器直接陳列在食品檯上，同時換下原來將要取用完畢的盛器；三是先端起剩餘食物的盤子，再放上剛剛烹製好的菜餚，然後再將剩餘的食物用服務叉、勺或服務夾，撥到剛添加的食物旁邊，稍加整理即可。這樣既可以避免食物的浪費，也使食物外表看起來比較美觀。但是切不可將原盛器拿到廚房添加菜點，使食品檯發生空缺現象。整個過程中，要求服務人員動作嫻熟，操作衛生。

2.檢查食物的溫度是否適度。應該保證熱菜要熱，冷菜要涼。

當熱菜保溫鍋內夾層中的熱水快揮發盡時，應該及時補充熱水，以免燒乾。同樣，當保溫鍋底部的酒精燒完時，也應及時添加；添加時也應該將酒精盛器拿到安全的地方進行。

爲了安全起見，一般在餐前準備時，就備足一餐所用的量，儘量減少添加的次數。

3.介紹和解釋。爲賓客夾送食物，並且介紹、推薦菜餚，對賓客的提問也應禮貌熱情地給予解釋和回答。

4.聯繫備菜。自助餐食品檯的值檯人員要密切觀察賓客取菜的動向和菜點的消耗情況。隨著開餐時間的推移，賓客對菜點的興趣、取用的偏好，另外還要考慮到廚房加工生產菜點的烹調工藝和週期，以及有無製成品和半成品等因素，及時準確地作出判斷，主動與廚房或者備餐間取得聯繫，以便確保自助餐所供應的菜點品種和數量合適，既不短缺，也不盲目生產，造成不必要的浪費。

5.美化整理菜盤和容器。當賓客在取用菜點之後，將菜型弄亂，將取菜用具放錯地方。這時，食品檯值檯人員就要見縫插針，隨時準備將菜品和取菜的叉、刀、勺、夾、鏟等器具收拾整齊，使其保持美觀；一般當菜點占盛器的六成以上時，仍然需要平舖在盛器內；當自助餐接近尾聲時，菜點也剩餘無幾時，值檯員應該將菜點集中靠近賓客的一側，以便於客人的取用；當值檯人員在整理美化餐盤的同時，也要注意不時地將保溫鍋內正在加熱的菜點輕輕翻動一下，這樣可以保證賓客始終都有熱的食物可以享用，同時也可以防止因長時間的加熱，而導致保溫鍋底部的菜點的糊爛和焦化。

6.幫助賓客取用一些不便夾取的食物。如拌涼菜、活珠子、鴿蛋、藕粉圓子等，值檯人員應該主動上前配合客人夾取選用。

7.分切菜餚。食品檯值檯人員要負責整隻、大塊原料烹製的菜餚，比如分切大塊的烤肉、烤豬排、烤全羊、烤羊腿、烤火雞、烤牛柳等，賓客不便取食，則需要值檯人員臨時分割、批片，以便賓客叉食或夾用；有些名貴菜餚，也需要值檯人員進行現場分割，以便賓客少取勤添，避免多取不食造成浪費。分割菜餚時應該注意操作優美俐落，下刀要準，落刀要輕，分割出來的菜餚外型，應儘量保持整潔美觀。

8.現場烹製。食品檯值檯人員還要負責海鮮類菜餚的現場烹製表演，如白灼基尾蝦、文蛤等；現場扒製黑椒牛扒等特色菜餚；現場進行北京烤鴨片皮、包餅表演等；或者一些中式小吃，如現場煮製元宵、炒河粉等。

9.爲賓客切取麵包、爲小朋友挖取冰淇淋等服務。（以上值檯人員一般由專門廚師擔任操作）

10.蒐集回饋訊息。值檯人員還應留意賓客細節反應，善於聽取賓客的評論和意見，並及時將這些訊息回饋給上級。哪怕是賓客無意間的自言自語，或一個眼神，都可能是對將來自助餐發展的一個良好啓示。

11.值檯人員還應幫助賓客答疑解惑。當用餐的賓客對某樣菜特別好奇，或者有疑慮時，都會向身邊的值檯人員提問的。值檯員應該準確、耐心地給予解釋；當賓客由於風俗習慣、宗教信仰不同而產生的疑慮，值檯人員更有義不容辭的責任去幫助他們。比如信奉伊斯蘭教的賓客可能對菜點的原料、配料、用油甚至盛器等都很關心，值檯員就應該耐心解釋：菜餚中完全沒有豬肉，以解除他們的顧慮，請他們放心享用。而對於印度客人，則不能盲目推薦黑胡椒牛柳等以牛肉爲原料製作的菜餚，以免激怒客人，引起不快。

有的對美食感興趣的賓客，對於一些菜餚印象非常深刻，就很想求教，值檯人員就要儘量用簡潔易懂的語言，向賓客介紹其原料、加工、烹調、成品特點以及製作要領，同時對客人能對自助餐的菜餚感興趣表示感謝。不過，也要注意區別對待，千萬不要把自己的創新菜餚和招牌菜餚等「機密」，毫無保留地洩露給競爭對手。

還有些賓客會出於保健或美容的目的，向值檯人員順便諮詢有關事宜，則值檯員也應該盡己所能，給賓客一個滿意的答覆。如老年賓客可能詢問哪些菜點容易消化、清淡鮮嫩、油少營養；婦女可能會打聽能美顏瘦身、強身健體的菜點做法，同時也很想學幾招孩子喜歡吃的菜餚做法；糖尿病人則很想知道哪些菜點既有甜味又不含糖；膽囊炎患者應選取低脂肪、高蛋白、富含維生素A，如蘿蔔之類的食物等等。

自助餐結帳

自助餐的結帳服務是整個自助餐對客服務環節當中最後的一環，也是非常重要的一個組成部分。雖然有許多員工在自助餐的前期進行了精心的策劃和準備，在餐中也有熱情而周到的服務，卻因爲沒有良好的結帳服務，而使整個服務前功盡棄，那將是所有員工所不願見到的。

自助餐結帳方式

自助餐的結帳方式一般有以下幾種：

1.餐費標準固定，其中包括規定品種的不含酒精飲料。這種方式就是賓客進入自助餐廳後隨意選取食物，再拿到餐桌旁進餐，餐後結帳。此方式一般適用於餐廳已規定好各客統一的價格，它包括每位賓客的食物，再加上規定的酒水飲料價格，只按人頭計算金額。

這種形式除了賓客需自己動手拿取食物以外，其他的一切則由服務人員完全按照單點餐廳的規格提供服務，這在我國各大小飯店的自助餐廳內被廣泛採用。賓客在這裡既可以嚐到「自助」的樂趣，又可以享受到細緻的服務。

2.半自助式。這種方式則是由賓客選取食品飲料後，再用托盤端托到收銀處付款，然後再到餐檯進餐。這種方式一般是按賓客選擇的不同食物的種類和數量計額，再加上飲料的價格。這種收費方式的自助餐是名副其實的「自助」餐，除了打掃衛生以外，一切都要賓客自己動手，在歐美及一些小型的自助餐廳裡常見。

3.對於一些常駐飯店或相關單位的老客戶，他們需要長期穩定地在飯店用餐，自助餐廳還可以採取發售餐券的方式，來統一集中收費結帳。每張餐券有固定的金額，賓客在用餐時，可以自選喜愛的食物後，到收銀台結帳，多不退，少則補。

4.有些自助餐廳的定價只包括各種菜餚食物，對於酒水飲料則是另行收費的。尤其是一些豪華型宴會自助餐，如冷餐酒會等，還需要另外單獨設置一個流動酒吧和收銀台，對酒水專門收費，這種酒吧也被冠名爲“Cash Bar”。

自助餐付款種類

從另一種角度來看，根據賓客的付費支付辦法的不同，自助餐的結帳方式還可以分爲以下幾種類型：

現金結帳

大多數賓客都是以現金來支付餐費的。一般自助餐廳的收費不需要服務員經手過問，當賓客用餐完畢後，自行去到收銀台付款結帳，服務人員只要注意賓客的用餐進度，給予必要的指點就可以了。當然對於極少數惡意逃帳的人，服務人員也應密切關注，細心觀察，以禮貌的笑容、非常婉轉的方式示意他們結帳，千萬不要激怒對方，造成喧嘩，對其他在自助餐廳用餐的賓客留下不好的印象。如有必要的話，可以請示上級主管，或者通知保全人員或警察出面解決。

現金結帳時特別要注意假鈔的辨別。

信用卡結帳

一般消費較高，或者數額較大的集團用餐，都傾向於用信用卡結帳。

信用卡結帳的關鍵之處在於：首先，是要確認賓客所持有的信用卡，爲飯店方所能接受的信用卡種類，同時要求賓客出示身分證或駕照等有效身分證明。其次，是檢查此信用卡是否爲過期卡、惡性透支卡、失竊卡等，一般在銀行定期發送的「黑名單」上可以查出。一旦發現屬於上述卡類，則告之原因，要求以現金結帳，同時也應及時報告上級主管，以妥善解決。第三，是要準確無誤的操作刷卡。在電腦刷卡操作當中，當賓客簽字完畢後，一定要仔細核對賓客的簽名，再將賓客聯撕下，連同賓客的有效身分證明一起交還賓客本人。對賓客的配合禮貌致謝。

支票結帳

一般單位的公關用餐或集團用餐，使用支票結帳的情況比較多見。採用支票結帳關鍵是要檢驗支票的眞僞，並要求賓客留下本人的姓名、身分證號碼、單位名稱以及聯繫電話等。

簽單結帳

一般是爲了方便一些信譽良好的老客戶，爲免除一頓飯結次帳

表8-1　自助餐結帳程序

程序	標準
1.結帳準備	(1) 當賓客示意要求結帳時，服務人員應迅速禮貌地迎領賓客到收銀台處。 (2) 收銀員認真核對人數。 (3) 迅速打出賓客消費數額帳單，雙手遞給賓客，面帶微笑說：「您的帳單」，並誠懇致謝。 (4) 不要主動報出金額總數，如賓客要求除外。
2.現金結帳	(1) 將賓客支付的現金當面點清。 (2) 用驗鈔機驗明鈔票的真偽，並向賓客致謝。 (3) 為賓客找零以及帳單雙手交給賓客，並再次致謝。 (4) 如賓客要求開具發票，則立即開好後交給賓客。
3.信用卡結帳	(1) 確認賓客所持信用卡為本飯店能夠接受的種類。 (2) 再要求賓客出示身分證等有效身分證明。 (3) 透過「黑名單」查驗信用卡是否有效。 (4) 進行刷卡。 (5) 將信用卡付款單連同飯店帳單一起，交賓客簽字或者由賓客提供信用卡密碼。 (6) 將已簽過字的信用卡付款單和飯店帳單的姓名和金額進行核對。 (7) 將信用卡、身分證、付款單副聯、發票交還賓客，並禮貌致謝。
4.支票結帳	(1) 檢驗賓客的支票。 (2) 請賓客在支票的背面填寫本人姓名、身分證號碼、單位名稱以及聯繫電話。 (3) 將支票賓客留存聯以及發票交給賓客，並禮貌致謝。
5.協議簽單	(1) 核對用餐者的身分是否為允許簽單對象。 (2) 根據協議規定，必須為有效簽名才能生效。 (3) 根據協議，飯店定期與消費單位或個人聯繫，上門統一辦理結帳手續。
6.房卡結帳	(1) 當賓客要求以房卡簽單時，禮貌地請賓客出示房卡或鑰匙牌，並立即與前檯聯繫，驗證其為住店賓客。 (2) 立即提供簽字用筆，請賓客在帳單上簽上姓名和房號。 (3) 仔細核對賓客的簽名、房號及有效期。 (4) 禮貌致謝，並交還房卡。 (5) 將帳單留存。

的尷尬，可以在每次餐畢後簽單，然後飯店定期與客戶統一結帳。

房卡結帳

對於那些住店的賓客在自助餐廳用餐以後，還可以憑其房卡或者鑰匙牌，經賓客簽名後，在他（她）離店時與房費及其他費用一起結算。

自助餐結帳程序

自助餐結帳程序見**表8-1**。

第九章

自助餐餐後收拾

自助餐餐後收拾既是一餐結束的收尾工作，同時又是下一餐順利開餐的預備工作。因此，收拾工作的好壞不僅對當餐的效益、工作狀態具有總結性意義，對自助餐的連貫經營同樣也是至關重要的。

自助餐結束收拾要領

自助餐結束收拾不能片面地理解爲僅僅是剩餘食品的回收，同時也不是不加以區別地將自助餐餐檯上的食品、物品統統撤至後檯，即告完成。只有正確認識收拾的意義、明確收拾的要領和步驟，才能全面、系統做好自助餐結束收拾工作。

自助餐結束收拾的意義

自助餐結束分門別類、按部就班收拾有如下幾方面意義：

安全生產經營的必要保證

自助餐餐檯除了冷菜、水果，還有大量的菜點食品是放置在加熱的保溫爐裡供客人選用的。這些加熱爐多採用固體石蠟（也有少數飯店用液體酒精）作爲加熱介質，而與之彼鄰的多是檯布、桌裙、口布等棉織品。開餐期間，多有廚師或服務人員値檯、巡視；開餐結束，客人離去，巡台人員會自然放鬆，若不及時熄滅，去除加熱源，這些就成了餐廳安全的隱患。不僅如此，若不及時關滅加熱源，待保溫鍋內水、汁等燒開之後，持續乾烤，同樣會釀成大禍。自助餐及時收拾，還便於檢查是否有客人遺留的煙蒂、火種；或布檯使用的電源、電器有無不安全因素，以確保生產和經營安全。

節約經營的有效措施

自助餐結束及時收拾對節約經營至少有三個方面的積極作用，其一是將剩餘食品及時、衛生地加以撤除、回收，不管怎樣再利用，都可以防止污染、浪費；其二是及時收回餐、用具，及時檢查設備、器皿，便於發現問題，儘快修復，防止造成流失和更大浪費；其三是保溫使用的石蠟及時熄滅可再作利用。

保持餐廳整潔必須及時進行的系列工作

一個管理有序的餐廳，應保持窗明几淨，陳設整齊，可隨時供客人參觀、預訂選用。因此，自助餐開餐結束，及時進行收拾是保持餐廳良好環境必不可少的工作，並且此項工作要結合餐廳工作標準在第一時間內完成。

自助餐收拾工作內容

自助餐結束收拾除了收回剩餘的菜點食品，還有兩項重要的回收不可或缺，即收回餐具、用品和收回相關訊息。

菜點食品收拾

自助餐開餐結束，最讓人不忍心丟棄的是各類芳香誘人的菜點食品，因此，食品也自然成了自助餐收拾的首要內容。自助餐菜點食品冷熱兼備，門類齊全，及時、妥善收撤無疑爲再利用創造了前提條件。

餐具、用品收拾

自助餐的餐具包括供客人取食準備的各種規格的盤子、湯碗；陳列食品及擱置取菜夾、勺等使用的各種墊盤、墊碟；盛放菜點、甜品使用的各種玻璃盤、碗等。自助餐用具、用品則包括筷、勺、保溫爐具、餐具保溫車、鏡盤、銀盤、裝飾點綴用品等。自助餐餐具、用品的及時收拾，不僅是爲了保持自助餐檯整潔，更便於及時清點、保養餐、用具，防止流失和損壞。

相關訊息蒐集

自助餐相關訊息主要包括用餐客人數、客人對菜點的評價、菜點受歡迎程度、菜點食用率等等。這些訊息及時蒐集、整理，對改進、完善自助餐經營有重大指導作用。若無人蒐集，或蒐集不及時，則可能導致自助餐低水平或高成本重複經營，造成浪費不說，喪失市場也實屬難免。

自助餐收拾的合理進行

既然自助餐收拾是一項多方面回收的綜合工作，那麼收拾過程中就應該有所講究、有所區別，這樣才能保證收拾的效率與效果。

分工合作原則

自助餐收拾按規範的工作分工，應有三個部門同時介入進行，這分別是廚房廚師到餐檯鑑定菜點可利用價值，收回再利用食品；餐廳服務員收回餐具、用具，交洗碗間清洗、消毒；餐務組員工收回保溫鍋具，及石蠟、酒精，收回布檯裝飾品，以備再用。三個部門，既有分工，又相互幫助，互爲提醒，以便再布檯時提高效率。

分門別類進行

自助餐結束收拾，應針對所收拾內容的不同，分類進行，否則不僅妨礙工作程序，影響工作效率，而且還有可能喪失應收內容和訊息資料。自助餐收拾至少應分菜點食品回收、餐具用品回收、裝飾品回收、爐具回收、訊息專題回收等幾大類進行。回收後及時再整理，工作效果才能明顯。

分步驟實施

無論是收菜點食品、收餐具用品，還是收鍋具石蠟都應前後有序，分類進行。首先應貫徹安全第一的原則，關滅加熱源，然後，收回菜點食品；與此同時應先收易碎的玻璃器皿、易被污染的布草；體大身重的保溫爐具可最後搬撤。若是固定的自助餐廳，且檯型不變，不必每次餐後都收保溫爐。所有收拾工作結束，應進行系統檢查，確保收拾完整，沒有遺漏。

自助餐剩餘食品的合理利用

自助餐菜點羹湯、甜品水果等食品剩餘在所難免，若是遇到準備充裕，而用餐客人稀少，或因天氣原因導致用餐客人嚴重不足的情況，剩餘食品甚至多得驚人。因此自助餐剩餘食品的開發利用是飯店低成本運作經營、貫徹綠色消費概念不可迴避的主題。

自助餐剩餘食品開發利用的意義

自助餐剩餘食品開發利用，對社會、對飯店、對消費者都是大有益處的，避免將自助餐收拾撤回的菜點食品隨意浪費糟蹋。

開發使用，降低成本

自助餐收回菜餚再生利用，可以有效減少當日或次日原料申購，對降低成本有積極作用。餐飲成本降低，或爲飯店創造更高經濟效益，或者飯店將更多實惠讓給用餐客人，客人花同樣標準消費可品嚐、進食更多品種的菜點。

倡導綠色餐飲消費，節約使用原料

綠色餐飲消費提醒人們注意節約日益稀少的各種原料資源，讓有限的資源爲人類創造儘可能多的產品和財富，發揮更大更加久遠的作用，自助餐剩餘菜點是精選各類烹飪原料加工烹製的成品，在原料的去雜留淨、去粗取精上已經做了大量的工作，因此對自助餐剩餘菜點的回收再利用既是前期廚房勞動的認可、肯定，更是對原料精華的珍惜；反之，對原料資源的重複浪費是令人心痛的。

激發廚師潛能，鍛鍊廚師隊伍

自助餐剩餘菜點的回收、開發利用，給廚師們提出了新的課題，這不是簡單地將原料組合，進行由生到熟的烹製，而是將已經是成品的菜點進行再創造，生產出色、香、味、形仍俱佳的出品，因此，這既是烹飪，又更是藝術的再創新和技巧的翻新，這對激發廚師的潛能、提高廚師綜合素質有特殊意義。當然，一位技術嫻熟、精益求精的廚師並不僅僅局限於烹製初配菜餚，在這方面也是應該有所作爲的。

自助餐剩餘食品開發利用的原則

自助餐剩餘食品開發利用本是好事，富有積極意義，但若粗心大意，敷衍了事，其結果不僅不能發揮積極作用，反而使自助餐失去了應有魅力，使自助餐經營走入困境。

開發製作菜點以客人滿意爲前提

自助餐剩餘菜點回收再加工製作菜餚，不能簡單地僅憑廚師想像，任意組合、烹製，應以受消費者歡迎及接受爲標準。

重新製作的菜餚，尤其要觀察客人食用情況，若複製菜餚在自助餐檯上幾乎無人問津，說明複製是失敗的，所投入的勞動及調料、燃料是不值得、沒有回報的；若複製的菜餚爲大多數客人接受，與新菜受歡迎程度相當，證明複製創造性的勞動是有效的，此法應保留，或不斷改進提高。

開發製作菜點以節約成菜爲準則

自助餐回收菜點開發做菜雖不像新做菜可以一次投料，一次成菜，相對簡單、容易，但也不宜爲製作改良菜餚，投入太多精力，花費太長時間，動用太多人手、浪費太多調料、佐料，應以力求較少的投入，改製出良好效果的菜品出來。

菜點再製作以順勢利導爲途徑

自助餐回收複製菜餚，在原菜的質地、造型、色澤等基礎上，加以改良、組合、創造，製作菜餚比較方便，也比較節省。不必刻意標新立異，將原菜餚面貌徹底翻新。將大塊改成丁、條、絲，將清炒改成紅燒、咖哩味，將已蒸、煮熟爛的菜改成香酥菜等等，這樣不僅容易成功，而且還很少留下舊菜改做的痕跡。

自助餐剩餘菜點開發利用的方法

自助餐剩餘菜點開發利用通常情況下比烹製新菜更需要積極的探索，靈活的思維。具有豐富、紮實烹飪功底的廚師，在這方面開發菜餚相對比較容易。因此，應集思廣益，群策群力，以切實減少浪費，降低成本，擴大經營。

加熱使用

對一些原本燜煮、紅燒、蒸、扣、燉、煨的菜餚，回收後經鑑定，質地、口味、色澤變化不大，在開餐前進行加熱處理即可出品使用。不過，加熱時不能破壞菜餚造型、刀工成形。對一些原先生食的菜餚，亦可透過刀工處理，並進行適當搭配，烹調出品使用，比如刺身鮭魚，可改刀成條，裹粉炸成椒鹽鮭魚柳。

改變造型

改變造型，是指將回收的自助餐菜點，經過刀工處理，使原有造型或刀工成形發生變化，並配以相應烹調，再行出品。比如，本來劈片烤鴨回收後改爲火鴨絲，配韭黃可炒；改火鴨粒，配薺菜可燒羹。再如，收回的饅頭，改刀成片，上面蘸上肉餡，炸成秋葉土司，變成菜點合一的出品，或將饅頭切成小丁，炸後用作拌沙拉亦可。

改變口味

將自助餐剩餘菜點回收後，重新調味，給消費者新鮮感。這種做法通常菜餚的色澤也隨之被調整。如清炒魷魚絲，改製成豉椒魷魚絲，口味由鹹鮮變成清香微辣，色澤也由清白變成醬紅色；清炒雞丁，改成紅油雞丁或醬爆雞丁等口味，變辣、變濃的同時，菜餚的色澤也變紅，變醬色了。這種改變口味的方法，要防止原菜烹製口味太濃或太鹹，因此，一般宜加些佐、配料重新烹製比較穩妥。

改變質地

菜點的質地主要是指脆、酥、嫩、爛、鬆、軟、硬、韌等客人消費食用感受。大部分菜點客人追求滑嫩，也有要求乾香的，比如油條、椒鹽魚條等。改變菜點質地，可以給消費者一種新鮮的感覺，如五味燉鴨，鴨肉是爛的；將鴨肉拆出，裹粉炸後便成了酥香口感的菜餚。薺菜豬肉水餃，水鍋下熟後出品，吃口香鮮，嫩滑爽口；將回收的熟餃再煎，則外香裡嫩，別有滋味。通常質地改變只能由嫩到老，由老到酥，由酥到爛，很難逆向改變。因此，應遵循烹飪規律，開發新質感菜點。

綜合調整創造新菜

將自助餐回收的菜餚，加以重新組合，或重新配置輔料或主料，可以烹製出原自助餐沒有的新菜。如香辣雞翅回收後，配上新鮮板栗，製成板栗燜雞翅，香鮮汁濃，鹹甜微辣，開胃可口。有些回收的主料，在重新組合中要退居配料位；有些配料，也只能相當食料的角色，如奶汁南瓜，收回後將南瓜打成茸，配上小元宵，製作甜品「瓜茸浮玉」等。總之，只要新組合的菜點給消費者新鮮、可口的感覺就好。

自助餐銷售資料的彙總與整理

自助餐銷售一段時間以後會積累一些非常寶貴的原始材料，科學合理、及時有目的地整理、研究這些資料，會找出改進、完善自助餐經營的方法和技巧，這對提高自助餐經營效益也是至關重要的。

自助餐銷售資料彙總與整理的意義

及時彙總與整理自助餐銷售資料，並在此基礎上加以分析，對完善餐飲生產與銷售配合、改善賓客關係具有多方面積極意義。

便於瞭解消費者對產品的滿意度，提高出品針對性，擴大經營

自助餐菜單制定後，廚房根據菜單開列之原料，進行生產；餐廳按照菜品特色布置餐檯，提供服務，那麼到底消費者對產品的滿

意度如何，不是憑想像可知的。最有說服力的材料來自第一手數據。透過對自助餐不同類別、不同品種菜點客人食用情況、添加頻率、次數、剩餘數量等的觀察、統計，並填表分析，及時發現受客人歡迎和客人不感興趣的菜點，進而調整產品結構或烹製方法，客人的滿意度會在較短的時間得以提升，自助餐經營更能不斷提升，不斷進步。

便於及時消除誤會，強化前後檯的理解和溝通

客人需要什麼樣的出品，廚房產品設計是否方便客人取食，客人在用餐過程中有哪些零星、積極的意見和建議，服務人員向客人提供的服務是否準確、貼切，某些菜點取食量偏少是布檯的位置擺放問題，還是服務人員配備的取食用具不配套，如此等等。廚房與餐廳在生產和服務過程中，難免有溝通不暢、銜接不順的地方，餐廳及時將有關訊息透過正規管道回饋、傳遞到廚房，廚房積極主動加以調整改進工作，自助餐的總體效果才會不斷提高。

便於累積資料，完善管理

及時、準確對自助餐消費情況進行資料蒐集、整理，除了方便當時、近期的經營調整、菜單修訂外、從長計議，對修訂自助餐經營目標、策略，制訂自助餐經營預算，以及客觀、眞實地對經營管理人員進行業績考核都是不可或缺的。

自助餐銷售資料蒐集彙總內容

自助餐銷售可蒐集的資料比較多，但也比較散碎，平時要透過管理人員的巡視、服務人員的用心、有關表格的及時填寫，才能比較完整地蒐集到一系列有價值的訊息資料。

菜點客人滿意度及食用率

這是自助餐是否受客人歡迎、能否長期經營的一個重要指標。自助餐檯上的菜點，客人食用得越多，剩餘食品越少，證明受客人歡迎程度越大，客人的滿意度就可能越高。當然，消費者很多，自助餐檯菜點食品很少，兩者不成比例，遠不能說明菜點的食用率高。客人對自助餐菜點的滿意度，可以透過不時觀察餐檯的方式獲得，也可以透過補充加菜的頻率得知。菜點的食用率與滿意度密切相關。食用率即自助餐盛器內菜點客人食用的百分比。食用率數據的獲得途徑與客人滿意度相同，還可以在自助餐結束收拾時，觀察各類菜點盛器內剩餘食品的多少，結合中途添加次數獲得。統計菜點客人滿意度及食用率，還應該做過細工作，將不同菜點品種，自助餐食品結構即冷菜、熱菜、葷菜、蔬菜、主食、點心、甜品、水果等分別進行統計、分析，這樣對改進分析和控制更加方便有利。

調整、改進自助餐生產及銷售建議

這方面的訊息資料相當零星而散碎，但往往是美食家或餐飲同業才會有這方面的眞知灼見。譬如客人用餐時告誡服務員此菜應該配什麼用具取食，此點心應該用什麼盛器裝盤，明檔應該移到餐廳的什麼地方，某某菜餚應該搭配些什麼佐料，現場切割的品種要怎麼調整一下就更好等等。這些建議實用價值極大，若是充分吸收，及時整理，再分析可行性後，有計畫地調整、完善，客人用餐的趣味更濃不說，回籠客也會明顯上升。

自助餐銷售情況

自助餐銷售情況，包括自助餐當餐營業收入、當日營業收入、當餐用餐人數、當日用餐人數、每人平均食用食品數量（可以食品消耗總重量除以用餐人數）、每人平均取食次數（可透過統計各類餐盤的用量再分別除以用餐人數獲得）、每人平均成本等。在蒐集記錄這些數據資料的基礎上，繪製經營營收曲線和成本消耗曲線，以便對比分析，改進完善工作。經營或成本日報表還應備註當日天氣、星期幾，這樣使用起來更方便，更有對比性。

自助餐銷售資料蒐集彙總方法

自助餐銷售資料依靠飯店內部管理、檢查進行蒐集，同時也可以透過徵求消費者意見來獲取相關訊息資料。

資料的組成越廣泛，價值就越大。

透過自助餐餐後總結會回顧分析當餐情況

通常開餐前都有餐前會以布置、分配工作為主，餐廳、廚房分別召開。開餐結束若開個餐後會，對當餐情況及時總結、點評，對改善生產、服務和管理也是很有裨益的。在餐廳的餐後會，廚房可派一管理人員參與、聆聽，這對蒐集第一手資料，最短的時間調整、完善自助餐出品是極為有利的。

藉助賓客徵求意見表的回收，彙總訊息

用餐客人就自助餐的服務、出品、環境等方面品質進行評估，真誠感謝客人的光顧和關愛，進而進行整理分析，可以蒐集到來自店外的反應和評價，這是蒐集訊息不可忽視的管道。見**表9-1**。

加強前後檯的聯繫，採用表格、會議等形式，蒐集相關資料

自助餐廳與廚房的聯繫，不僅表現在開餐期間，即餐中的聯繫十分密切，而且在開餐之前、開餐之後的聯繫同樣不可忽視。有預訂的自助餐或專場自助餐餐前聯繫相當重要，用餐人數的變化、客流高峰何時出現、用餐過程中是否有節目穿插等等。這些餐廳首先

表9-1　自助餐用餐客人徵求意見卡

NO：

尊敬的賓客：

　　衷心感謝您選用我們的自助餐，在您用餐過程中有愉快或不愉快的事請告訴我們，我們將即時調整，以便您下次用餐更開心。真誠感謝您的厚愛！

	優	良	中	差
菜點口味	□	□	□	□
品種數量	□	□	□	□
食品溫度	□	□	□	□
陳列布置	□	□	□	□
取食方便程度	□	□	□	□
餐廳環境	□	□	□	□
服務及時性	□	□	□	□

珍貴建議	

您的姓名：

聯繫方式：

用餐時間：　　　　年　　月　　日

獲知的訊息，對廚房生產具有十分重要的指導作用，必須於第一時間讓廚房知曉。餐後訊息，對改進、完善以後自助餐出品，協調提高自助餐出品與服務總體品質也是十分有價值的。餐後餐廳可以在收檯、撤菜之前詳細觀察檯面，及時認眞填寫自助餐用餐情況一覽表以積累原始訊息資料。見**表9-2**。

　　另外，自助餐銷售資料的蒐集彙總還可以透過定期召開消費者（尤其是常客）座談會，或餐廳廚房前後檯協調會的方式獲取眞實、有用的訊息。將各種管道所獲得的訊息加以分類整理，即可用於指導以後的自助餐設計、生產、經營工作。

表9-2　自助餐用餐情況一覽表

年　月　日

<table>
<tr><td colspan="2">用餐人數</td><td></td><td>標準</td><td></td><td>高峰時間</td><td></td></tr>
<tr><td rowspan="7">菜品情況</td><td rowspan="2">冷菜</td><td colspan="2">添加最多品種</td><td colspan="2">剩餘最多品種</td><td>取而未食品種</td></tr>
<tr><td colspan="2"></td><td colspan="2"></td><td></td></tr>
<tr><td>熱菜</td><td colspan="2"></td><td colspan="2"></td><td></td></tr>
<tr><td>羹湯</td><td colspan="2"></td><td colspan="2"></td><td></td></tr>
<tr><td>點心</td><td colspan="2"></td><td colspan="2"></td><td></td></tr>
<tr><td>甜品</td><td colspan="2"></td><td colspan="2"></td><td></td></tr>
<tr><td>水果</td><td colspan="2"></td><td colspan="2"></td><td></td></tr>
<tr><td colspan="2">餐廳建議</td><td colspan="5"></td></tr>
</table>

餐廳經理：＿＿＿＿＿＿填表人：＿＿＿＿＿＿

自助餐前後檯協調配合

無論什麼餐飲活動，要使消費者感覺舒服，一個起碼的條件就是餐廳服務和廚房生產，即前後檯關係要融洽、配合要密切，否則，難免漏洞百出，消費者掃興而歸。自助餐的生產、經營同樣離不開前後檯的協調配合，不過，自助餐的前後檯協調配合內容比起單點和宴會更有自身特點。

自助餐開餐前協調配合

自助餐開餐前餐廳和廚房都有大量工作要做，及時溝通和協調是高效率、高品質做好開餐準備工作的前提。

餐檯布置必須知曉客情、熟悉出品

自助餐餐檯設計與布置是自助餐餐前準備的核心工作。餐檯檯型、數量規模、客人用餐動線設計對用餐程序、餐廳氣氛都有直接影響。餐檯布置包括檯型結構、餐檯組別、餐檯寬度長寬、餐檯層次、餐檯藝術裝點等等。自助餐餐檯設計，是自助餐經營統觀全局性的基礎策劃工作。做好這項工作，除了具有豐富的實踐經驗，全面瞭解餐廳規模、結構、富有藝術構思和思維技巧外，最主要的是要知曉客情，即開餐期間的用餐人數、用餐對象以及高峰期間用餐人數；熟悉廚房自助餐出品，即菜點分幾組出品，冷、熱、湯、點等結構、數量如何，又分別由哪些品種組成等。只有在充分掌握客情、廚房出品等各類相關訊息的基礎上，餐檯設計才可能快速完成、實用美觀。而要全面、準確獲得上述相關訊息，則必須加強前後檯的溝通與聯繫，熟知兩方面的業務知識。在此基礎上，雙方配合、互爲支持，才可能出現設計精品。

宣傳培訓產品知識

自助餐開餐期間可以由廚師親臨自助餐餐檯進行值檯，也可以由服務員進行值檯。不管誰值檯，客人對產品不甚瞭解之時，提出一些有關菜點食品方面的疑問，都應該第一時間內給予客人準確的解答。因此，餐前廚房大廚應該給餐廳人員進行菜點知識、菜點原料組成、成本構成、流行趨勢、掌故軼事，以及服務方式、現場分割、現場烹製技巧等培訓。透過培訓，應力求使自助餐廳每一個服務人員都能夠準確、全面掌握菜點食品知識。這樣不僅開餐服務起來工作效率會有很大提高，而且服務員工作也會更加主動，服務更容易有針對性，客人對用餐的總體滿意度會有較大提高。

溝通客情、時間

客情除了設計、布置餐檯人員需要，餐廳其他服務人員，廚房生產人員也都迫切要求準確瞭解，客情應包括用餐人數、高峰人數、是否有不同民族、不同宗教信仰的客人同批用餐，客人的性別、年齡結構、職業、文化特徵等等。時間主要是指開餐時間。若是專場、專題自助餐，還要考慮演出、演講所需的時間及結束時間等。客情和時間的及時溝通，是提供優質出品、高品質服務必不可少的工作。

自助餐餐中協調配合

自助餐開餐期間，廚房與餐廳溝通協調的重點集中在菜點出品上，其他方面相對其次。

上菜速度與數量的協調

自助餐開餐期間，隨客人取食數量的多少決定是否或何時添加菜點。部分品種上菜速度過快，可能導致其他品種菜點的過多剩餘；上菜速度過慢，用餐客人可能產生不滿。因此應把握好上菜的節奏。在開餐人潮高峰過去之後，或專場自助餐取食高峰過去以後，要儘可能放慢上菜速度，以免造成大量積壓和浪費。上菜的數量與速度相似，也要因用餐客人數、客人用餐進程而定，盲目大批量製作上菜，同樣會導致出品品質下降和成本的無端增大。上菜的速度和數量主要由自助餐值檯人員透過巡視檢查分析後發布指令，廚房據此生產出品。因此，值檯人員既要有責任心，還要有一定的值檯和分析問題的經歷和能力，以客觀判斷、準確決策。一旦通知上菜或加菜，廚房應積極配合，在一定的時限提供優質出品，以保證餐檯良好的形象，方便客人取食。

控制與推薦菜點

適當的技巧可以控制或推薦自助餐菜點，比如放慢某些菜點的添加，可迫使客人先取食先上菜點。而更有效的做法是明檔或現場切割菜點，需要控制的可讓客人排隊少取，或食完再取；需要推薦的可主動招呼客人，請客人品嚐。這些現場製作的菜點不僅能增添、活躍餐廳氣氛，更主要的是便於控制出品品質與數量。因爲現場製作的菜點往往是成本比較高的原料或大菜或名貴產品，如烤牛柳、烤乳豬、煮魚湯小刀麵等。這些現場製作、供應品種也都是廚房根據客情事先準備的，開餐期間哪些準備了而沒有客人取食，哪些即將告罄而客人需求強烈，這都需要前後檯及時溝通，才不致於被動。

滿足消費者特殊要求

有些消費者用餐期間會提出一些超出自助餐正常服務的特殊要求，如白灼基尾蝦，統一搭配的豉油皇汁，客人卻偏偏要油醋汁；椒鹽里脊肉，會沾以花椒鹽及蔥花，若來了位不吃蔥的客人，他不僅想吃不帶蔥的椒鹽里脊，還想吃其他菜餚，但都要去掉蔥。如此等等，飯店都應該想辦法讓客人滿足。這就要求餐廳服務人員及時與廚房取得聯繫，並儘可能按照客人的意見，烹製出客人需要的菜點。類似客人特殊的要求，如客人認爲菜餚太嫩需要燒透一點，菜餚偏淡則做鹹一點，菜餚味不濃加辣一點等等，只要條件許可，廚房應密切配合餐廳，及時爲客人製作，保證客人用餐滿意。

自助餐餐後協調配合

自助餐餐後前後檯協調配合，可以彼此換位思考，互換角色，充分溝通，共同探討，改進完善出品服務工作。

蒐集彙總訊息資料

自助餐開餐結束以後，前後檯聯手採取經濟有效的辦法，蒐集整理有關訊息資料，對調整完善自助餐生產和服務是十分有益的。

商討計畫，改進工作

自助餐餐廳廚房透過分析、研究，找出存在問題與不足，進而探討切實有效的措施，制訂明確具體的工作計畫，不斷改進工作，提高出品品質，完善自助餐經營。

第十章 自助餐促銷

自助餐促銷是指飯店向目標顧客宣傳介紹自助餐產品和服務項目，說服顧客前來消費，並保證使其滿意的市場營銷活動。

自助餐促銷是自助餐經營過程中的重要組成部分，其目的在於擴大飯店在公衆和目標市場中的聲譽和影響，促進自助餐產品和服務的展示與銷售。

自助餐促銷的意義

自助餐經營管理的目的在於提高自助餐產品及服務品質，擴大銷售，爲飯店創造更好的社會效益和經濟效益，也就是說，管理必須與經營有機地結合起來，在研究市場把握顧客需求的基礎上，生產適銷對路的產品，並努力將其推銷出去，創造和實現其應有的價值。產品的推廣銷售不僅僅是飯店管理者的事，廚房餐廳服務人員，也都應站在銷售的角度，從顧客的需求出發，嚴格把握廚房產品和餐廳服務品質，並主動參與，集思廣益，透過舉辦靈活多樣的促銷活動，豐富產品形象，擴大銷售。

自助餐的推廣銷售，實質上是一種溝通、激勵活動，成功的促銷活動，將給飯店帶來良好的外部環境和明顯的經濟效益。

適應市場競爭的必要手段

促銷的重要性是由飯店所處的市場經營環境條件決定的。中國有句俗語說「酒好不怕巷子深」，這種經營觀念在過去市場面狹窄的賣方市場條件下，可以稱爲「金科玉律」，隨著改革開放，社會經濟的發展，市場經濟取代計畫經濟；賣方市場變成買方市場，中國已正式成爲WTO中的一員，國外的餐飲經營模式和管理方式不斷地湧入，餐飲業之間的競爭逐漸增強，即使「酒好也得吆喝著賣」，不然將會被市場拒之門外。

聯繫顧客和飯店之間的紐帶

隨著經濟的高速發展，消費者收入不斷的提高以及對飯店消費的逐漸成熟，顧客對飯店的挑選更加廣泛，因此，飯店與消費者客觀上存在著訊息分離，一方面，飯店不知道誰需要什麼產品，什麼樣的服務，何時需要，何地需要；另一方面，廣大消費者也不知道某種產品和服務由誰供應，何時供應，何地供應，價格高低等。客觀上存在這樣的產銷矛盾。決定了飯店必須進行促銷活動，把產品的生產和服務情況告訴顧客，以求得顧客的瞭解和信任，實現潛在交換，擴大銷售。

鞏固自助餐的重要舉措

隨著自助餐市場範圍的進一步擴大，飯店與顧客之間的空間距離也越來越遠，在這種情況下，飯店就更應加強推廣促銷活動，宣傳及發布新的產品和服務方面的訊息，這對老客戶而言是一種再提醒和再動員，同時增加擴大潛在顧客對自助餐產品服務的瞭解，強化對自助餐產品和服務的信任。對鞏固及擴大市場占有率有著不可忽視的作用。

調節自助餐使用原料的有效途徑

舉辦自助餐推廣促銷活動，可以就某些品種的原料或食品進行集中加工、生產和銷售，這樣對庫存積壓原料，可以做到適時處理，減少資金占用和浪費；對新近採購到的時令、特價原料或食品進行快速銷售，可以加速資金回籠，快速產生效益；對即將流行的原料和食品可以搶先應市，迅速占領市場，形成良好口碑，使飯店明顯受益。因此，推廣促銷活動爲調節使用原料，方便管理，提高自助餐經營效益，提供了便利高效的途徑。

激發企業活力的積極方法

調動和激發員工的聰明才智，積極穩妥地策劃餐飲促銷活動，爲飯店創造良好經濟效益的同時，讓飯店員工在促銷中受益，在促銷中獲得學習的機會，在飯店效益的增長中不斷改善福利待遇。這不僅是企業步入良性循環的標誌，同時也使員工在每次活動中得到訓練，進一步增強了員工忠於企業熱愛本職工作的榮譽感和責任心，爲企業的可持續發展，積蓄了後勁。

自助餐促銷的方式及活動組織

自助餐促銷的方式是指自助餐經營爲了達到銷售目標，而採用的一定的手段，在實際操作過程中，往往將幾種促銷的方式相互配合使用，以實現最佳的促銷效果。

自助餐促銷方式，按範圍劃分，有飯店內部促銷和飯店外部促銷；按活動舉辦的時段劃分，有節假日促銷和平日促銷；按活動參與的對象劃分，有全員促銷和部分管理者及員工參與的局部促銷等。每種促銷活動均有其特定的影響和效果。下面針對幾種常用的促銷方式加以簡述。

店內促銷

店內促銷是針對住店顧客和顧客進店後而舉辦的富有新意、能提供顧客愉悅或吸引顧客參與的一些促銷活動。其目的在於儘可能擴大銷售領域和提高顧客每人平均消費水平，店內促銷有其自身的優勢，因在飯店內部所做的促銷，所以並不需要花費大量人力、物力、財力去組織促銷，而且減少顧客牴觸心理，容易被接受。店內促銷是一種經濟方便而富有效果的方法：

店內促銷活動的原則

1.話題性。舉辦促銷活動要具有新聞性，容易產生話題，引起大眾傳播的興趣，間接帶動顧客。

2.新潮性。促銷活動要具有現代感，陳詞濫調的花樣，非但不能產生推銷的作用，還可能影響飯店的聲譽。

3.視覺性。人的感官所獲得的訊息，有70%是透過視覺感受到的。舉辦促銷活動時，採用圖文並茂的方法，更具有吸引力和親切感。

4.奇特性。即「以奇取勝」，人們普遍存在好奇心理。促銷活動儘量找一些新奇的主題，以與眾不同的活動，引起顧客的注意。

5.即興性、非日常性。促銷活動一般在很短的時間內產生效果。拖泥帶水，空洞冗長的活動不但帶動不了顧客的激情，反而使人乏味。

6.單一性。要突出活動的主題。有時一件極富有創意的促銷活動，由於摻雜其他事務，或過分的拘泥細節，而變更複雜化，失去了效果。

7.舉辦促銷活動應儘量吸引顧客參與，以提高顧客興趣並加深其印象。歌星獨唱、鋼琴演奏遠不如KTV的參與性高。

舉辦店內促銷活動注意事項

1.能否加強顧客對飯店的印象。
2.策劃時具體環節必須考慮周詳，對活動的內容與預算要有整體的計畫。
3.主題必須具有獨特性。
4.促銷活動要有涉及到顧客的興趣和關心的事物。

店內促銷的方式

店內促銷的方式多樣，根據自助餐的規模、等級、促銷主題，可分別選用不同的方式或幾種方式組合使用。

1.節日促銷。自助餐促銷要善於抓住各種機會，甚至創造機會，吸引顧客消費，增加銷量。適逢大型節日慶典時，人們常以團體或居家的形式在外用餐，飯店在原有的基礎上創新，使菜品形式、製作方法、餐檯設計、經營模式有一定的規劃和突破，突出自身的特點、風格、擴大自助餐的影響力。因此節日是難得的促銷時機，廚房應配合餐廳一般每年都要做節日促銷計畫，使節日的促銷活動生動活潑，富有創意，以取得較好的促銷效果。

（1）春節：這是中國的民族傳統節日，同時也能讓外賓領略中國的民俗和文化，在自助餐菜品中，可推出餃子、湯圓、年糕食品等，同時舉辦守歲、撞鐘、喝春酒、謝神、戲曲表演等活動，烘托春節的氣氛。

（2）元宵節：農曆正月十五。在自助餐菜品中可增加各式元宵、湯圓等食品，同時組織客人看花燈、猜燈謎、舞獅子、踩高蹺、划旱船、扭秧歌等活動。

（3）中秋節：中秋晚會，可在庭院或室內布置人們焚香拜月，臨軒賞月，增添古箏、吹簫和民樂演奏，推出精美月餅自助餐，品嚐花好月圓、百年好合、鮮菱、藕餅等時令佳餚，共享親人團聚之樂。

（4）聖誕節：十二月二十五日，是西方第一大節日，人們著盛裝，互贈禮品，盡情享受節日美餐。在飯店裡，一般都布置聖誕老人贈送禮品。同時推出火雞、聖誕蛋糕、聖誕布丁、碎肉餅等，舉辦唱聖誕歌，化妝舞會、抽獎等各種慶祝活動。還可以推出自助餐外賣來擴大銷售。

（5）復活節：每年春分月圓後的第一個星期日爲復活節，復活節推出巧克力蛋、蛋糕等食品，同時可贈送繪製彩蛋和當地工藝品等，舉辦木偶戲表演。

（6）情人節：二月十四日，這是西方一個浪漫的節日，現在越來越被中國的年青人接受。餐廳內多布置一些二人餐桌，並在餐桌上放上蠟燭和玫瑰花。設計布置「心」形自助餐檯，推出情人自選食品，如彩風新巢、鴛鴦對蝦等，同時舉辦情歌對唱娛樂活動，贈送巧克力、玫瑰花等具有象徵意義的禮品。

另外，還有很多其他節日，如端午節、「七夕」情人節、重陽節、感恩節、萬聖節等。只要認眞挖掘，精心設計，藉機推廣促銷，就能吸引到更多的顧客。

2.內部宣傳促銷

（1）服務指南：這是飯店內部既簡單經濟而有效的促銷工具，一般自助餐餐廳的門口或迎賓檯處，上面標明自助餐餐廳本週、本月活動的節目表，餐廳的位置、行走路線、營業時間、電話號碼等。

（2）餐廳門口告示牌：張貼當日或近期活動節目、新增的特色菜品和服務項目等。

（3）閉路電視促銷：在飯店大廳內放置電視，平時播放一些知識性和娛樂性的節目，中間穿插播放飯店自助餐的特色菜品和服務吸引顧客，渲染氣氛，但時間不宜過長。

（4）走廊與電梯內廣告促銷：走廊和電梯內可張貼自助餐菜品和餐廳情景圖片，一方面可產生促銷的作用，同時又可以美化走廊和電梯的環境。

3.禮品促銷。自助餐經營過程中常採用贈送禮品的方式來達到促銷的目的，贈送禮品的類型和贈送方式多種多樣，可根據自身的經營狀況進行選擇，常見的禮品類型有：

（1）禮品類型

・廣告性禮品。這種禮品主要是產生宣傳作用，讓更多的人瞭解飯店，提高飯店的知名度，一般價廉物美，如印有餐廳地址、電話號碼的口布、打火機、杯子等等。

・個人禮品。主要是針對一些老顧客而贈送的禮品。如生日蛋糕、節日禮物等。

・獎勵性禮品。這種禮品是根據顧客一次性消費額或一段時間內消費額的多少，而贈送不同等級的禮品，目的是刺激顧客在餐廳內多消費並能經常來消費。

・商業禮品。主要是贈送給有業務往來的旅行社、企業、單位。

（2）贈送禮品的要求

・禮品要符合不同年齡的心理需求。為使禮品達到最佳的贈送效果，應根據不同的贈送對象選擇不同的禮品。見**表10-1**。

・禮品要以品質為第一。禮品要和餐廳的形象、等級相統一，才能產生積極宣傳促銷效果，在實施小禮品促銷前，應進行必要的預算。在有限的預算範圍內，可

表10-1　不同年齡禮品饋贈表

<table>
<tr><th>年齡</th><th colspan="2">年齡細分</th><th colspan="5">祝賀</th><th>禮物特點</th><th>其他贈品</th></tr>
<tr><td rowspan="2">0～14歲</td><td>0～6歲</td><td>嬰幼兒期</td><td>祝賀出生</td><td rowspan="3">祝賀新入園／入學／開學</td><td colspan="2"></td><td rowspan="8">祝賀生日</td><td rowspan="2">雙親皆喜歡的東西
表現成長的東西
有趣可玩的東西</td><td rowspan="8">紀念品
藝術品
專業用品
獎品</td></tr>
<tr><td>7～14歲</td><td>學童期</td><td rowspan="2"></td><td colspan="2"></td></tr>
<tr><td rowspan="2">15～29歲</td><td>15～20歲</td><td>學生期</td><td rowspan="2">祝賀畢業</td><td rowspan="2">祝賀就職</td><td rowspan="2">配合流行的東西
有情調的東西
新奇的東西
實用的東西</td></tr>
<tr><td>21～29歲</td><td>結婚期</td><td>祝賀畢業</td><td>祝賀生產</td></tr>
<tr><td rowspan="2">30～43歲</td><td>30～34歲</td><td>新家庭期</td><td>祝賀生產</td><td></td><td rowspan="4">祝賀晉升</td><td rowspan="4">結婚紀念日</td><td rowspan="2">實用的東西
小孩也喜歡的東西
高級的東西</td></tr>
<tr><td>35～43歲</td><td>成年期</td><td></td><td rowspan="3">祝賀新家庭落成／喬遷</td></tr>
<tr><td rowspan="2">44～45歲</td><td>44～45歲</td><td>中年期</td><td rowspan="2">退休紀念／賀高壽</td><td rowspan="2">高級的東西
有趣味的東西
有紀念意義的東西
貴重的東西</td></tr>
<tr><td>46歲以上</td><td>更年期</td></tr>
</table>

以尋找購買價廉而富有意義的禮品。「價廉」並不意味著質差，尤其在開支預算，選擇禮品時，應當切記一點，與其大量贈送低價位的禮品，不如用同等的價錢購買精緻的小禮品，例如，贈送一打劣質的湯匙，不如送一個品質優良的杯子更受歡迎。贈品是聯繫客人的最佳溝通管道，因此要控制禮品品質，其次，在

其設計和選購時要有一定的獨創性、紀念性和實用性。

・禮品包裝要精緻。包裝美觀能提高人們對禮品價值的評價，一件有創意禮品，再附帶賀詞或致謝詞的精美卡片贈送給顧客，將產生不可估量的促銷效果。因此禮品的包裝一定要精緻、漂亮、獨特。

・贈送禮品時氣氛要熱烈。在贈送禮品時要儘可能創造熱烈的氣氛，增加顧客的幸運感，同時，也能感染其他顧客，從而達到最佳的贈送禮品效果。

4.利用客戶檔案促銷。客戶檔案是飯店的財富和資源。它是服務人員爲顧客提供針對性服務的依據，給顧客有賓至如歸之感。它對融洽餐廳與顧客的關係，聯絡員工與顧客的感情，促進顧客多次消費產生重要的作用。

（1）客戶檔案的具體內容：客戶檔案的內容一般由顧客的常規（基本）檔案、個性檔案、習俗檔案、回饋意見檔案等組成。

・常規（基本）檔案：一般記錄顧客的姓名、性別、年齡、地區、電話號碼、工作單位、消費模式等資料。

・個性檔案：一般記錄顧客的外貌特徵、言談、舉止、服飾、性格、愛好、志趣、經歷等資料。

・習俗檔案：一般記錄顧客的民族風格、飲食習慣、宗教信仰、顏色習慣、各種忌諱等。

・回饋意見檔案：一般記錄顧客對自助餐菜品和服務品質的評價，對餐廳設施的要求，對某個服務員的印象和對自助餐的建議等。

（2）其他內容

・私人或企業團體的預訂表。

・VIP顧客的資料及隨從人員的有關資料。

- 顧客對自助餐的贊譽題詞和饋贈感謝的資料。
- 顧客對自助餐的投訴複印件。
- 顧客對自助餐菜品的反映。
- 自助餐活動的拍攝錄影、照片資料。
- 自助餐餐前、餐中配套活動（如文藝演出節目單、服裝表演、國畫、書法當衆表演技巧）的資料。
- 餐廳領班的工作彙報總結資料等等。

（3）訊息來源

- 透過餐廳服務人員在服務過程中留心觀察、詢問獲得。
- 透過餐廳推出的各種調查表來獲取。
- 透過老員工瞭解歷史情況。
- 從飯店檔案室已有的資料中取得訊息。
- 從其他飯店與其相關行業獲取訊息。
- 透過企業團體獲取。
- 透過顧客預訂時所提出的要求獲取訊息。
- 透過貴賓的至親好友、司機、秘書、廚師、保母等去打聽。
- 從電視、新聞報導中蒐集。

（4）客戶檔案的管理方法

- 配置專門人員管理。
- 設置必要的檔案文件櫃，有辦公場地。
- 對檔案內容進行檢查。
- 建立保管和查閱等管理制度。
- 用現代化手段，將文字、圖片歸類、編號入檔，及時補充新資料。設電腦終端，及時將檔案資料輸入電腦，以便進行檢索和資料輸出。

餐廳現場烹製促銷

自助餐的營業過程中，將部分菜餚的烹製過程在餐廳內完成，先將原料做成半成品，放在餐廳烹調車上，根據顧客的需要，由廚師現場製作。如生煎牛排、煎蛋、鍋貼等。讓客人看到菜餚的烹製過程，聞其香、觀其色、看其形，產生渲染和活躍餐廳環境氣氛。從而達到促銷的目的。

店外促銷

店外促銷是飯店旨在開拓自助餐銷路，擴大銷售針對目標顧客而進行的宣傳活動，激發其消費欲望，進而促成購買行為的全部活動。

自助餐外賣

外賣是指在飯店餐飲消費場所之外進行的餐飲銷售、服務活動。它是餐飲銷售在外延上的擴大。它不占用飯店的場地，可以提高銷售量，擴大餐飲營業收入，在旺季可以解決用餐場地不足的矛盾；在淡季也可增加銷售機會，使生意相對平穩。

1.自助餐外賣促銷的對象

（1）外國派駐的使館和領事館等官方機構。這在首都和一些大型口岸城市較多。

（2）外國的商業機構、辦事處。其頻繁的商業往來活動會給飯店帶來許多生意。

（3）大中型企業。大中型企業的年慶，酬謝員工的活動、自己的店慶、新產品的研製成功、工程落成等都會舉行一些活動來慶祝。這些企業往往有一定規模，場地條件好，是外賣的好買主。

(4) 金融機構。金融機構舉辦的活動也較多，尤其是銀行的年會。

(5) 政府機構。政府機關、單位在本單位舉辦適當規模的自助餐，花費既少，又可產生聯歡的作用，也不違背廉政政策。

(6) 大專院校。大專院校由於活動經費較少，一般適合於舉辦一些自助餐。通常在開學、畢業、結業、教師節等時候舉辦。

2.自助餐外賣活動的注意事項

在選準外賣促銷對象，確認有外賣業務的基礎上，首先要制定周密詳細的計畫，包括餐具的準備、人員組織、外賣場地的布置以及衛生、安全、消防等措施的落實。要有針對性地制定好外賣自助餐的菜單，儘可能安排，選能在飯店廚房加工成半成品或成品，然後再到外賣單位烹製、組裝，而不至於影響產品的品質。要有專用的貨車和專門的司機、裝卸人員，貨車應有保溫設備和低溫冷藏設備，以保證食品品質。再者，外賣促銷同樣可產生廣告宣傳和樹立自助餐在店外的口碑作用。因此，外賣既是廣告宣傳作用的結果，同時，又是廣告宣傳的媒介和機會，應注意外賣貨車外觀廣告設計，產生宣傳效果，擴大影響。

自助餐廣告促銷

自助餐廣告是指飯店透過各種大眾傳播媒體，如廣播、電台、電視、報紙、雜誌等以支付費用的方式向目標賓客傳遞有關自助餐的訊息，展示自助餐的產品和服務。透過廣告，一方面，可以幫助消費者瞭解飯店，輔助飯店推銷人員的親自推銷，使顧客有可能接觸到飯店的推銷力量；另一方面，好的廣告能引起公眾的興趣，不僅可以誘導顧客消費，而且還可以激勵需求，創造需求，從而擴大飯店自助餐的銷售。因此廣告的作用是長期的，有時甚至是潛移默化的。

自助餐常用廣告及其特點：

1.大眾傳播媒體廣告

（1）電台廣告。電台廣告具有傳播迅速、靈活性強、活動量大、選擇性強等優點，但效果短暫，聽衆分散。

（2）電視廣告。電視廣告既有文字、情景、色彩、圖像畫面，又有聲音、感情。它是向大衆展示服務的最佳媒體，具有印象深刻、覆蓋面廣、靈活性強、反覆宣傳等優點，但費用昂貴，消逝速度快。

（3）報紙廣告。報紙廣告具有覆蓋面廣，流傳迅速，靈活性強，能較詳細描述自助餐服務項目，聲譽較高等優點，但壽命短、複製效果差。

（4）雜誌廣告。雜誌廣告具有時效長，針對性強，權威性等優點，但覆蓋面窄。

2.直接郵寄廣告

直接郵寄廣告是事先透過有效的策劃和選定目標市場，採用郵寄的方式，將自助餐的產品和服務，特別是最新的產品和服務，以及自助餐餐廳新的動向和特殊的惠贈活動，傳遞給老客戶和潛在顧客的一種促銷方式。其具有親切感、針對性強和靈活性大等優點，但成本較高，回饋率低等缺點。

（1）郵寄對象

· 自助餐的老顧客。

· 老顧客的親戚和朋友。

· 與老顧客有關的生意來源。

· 電話號碼簿。

· 工商企業名稱。

·雜誌和報紙訂閱名冊。
·旅行指南名冊。
·參與旅行展銷會和旅遊會議的代表名冊。
·信用卡持有者名錄冊。
·政府機構、商務部門出版的名錄指南等。

(2) 郵寄內容

·生日卡、賀年卡、聖誕卡。
·飯店宣傳明信片、小冊子。
·飯店優惠卡。
·客人調查表。
·小禮品等。

3.戶外廣告

飯店戶外廣告是飯店透過戶外建築物、交通工具、道路指示牌、飯店招牌等，進行宣傳促銷的廣告方式，戶外廣告一般設立在行人較多馬路邊和鬧區市中心，它主要是增加曝光率及喚起顧客對飯店的注意力，建立飯店外部良好形象。它具有展示時間長、印象持久等優點，但訊息量少，跟不上自助餐經營步驟。

兒童促銷

許多家庭到餐廳用餐，常常是因兒童要求的結果，兒童是影響家庭用餐決策的重要因素。因此現代餐廳針對兒童的服務和促銷是不容忽視的。常見的促銷方式有：

1.娛樂活動。兒童對新奇好玩的東西感興趣，重視接待兒童的餐廳常常在餐廳一角設有兒童遊戲場，放置一些木馬、積木、翹翹板之類的玩具，還有的專門爲兒童開設專場木偶戲表演，魔術和小丑表演，口技表演，放映卡通片、講故事等，尤其是在週末、週日，這是吸引居家用餐的好方法。

2.兒童生日促銷。兒童生日當天來餐廳用餐可採用免收兒童餐費並贈送生日小禮品來吸引兒童，從長遠上考慮，這些小朋友是餐廳的潛在顧客。現在兒童的生日越來越受家長重視，飯店通常為以兒童為主題推銷的自助餐有「滿月宴」、「百日宴」、「週歲宴」等。

3.抽獎與贈品。常見的做法是發給每位兒童一張動物畫，讓兒童用蠟筆塗上顏色，進行比賽，給獲獎者頒發獎品，以增加兒童樂趣。

4.為兒童提供一些相關服務。兒童進餐廳後為其準備好兒童座椅、圍兜、兒童餐具等，一視同仁地接待小客人。配備一些不同年齡層次兒童愛吃的食品和飲料，如在自助餐餐檯一角陳列一些花色品種豐富、造型生動別緻，吃起來比較方便且安全的菜點。

5.贊助兒童事業，樹立餐廳形象。可以為孤兒院、兒童慈善機構等希望工程進行募捐，利用兒童節設立獎學金，贊助兒童體育比賽，繪畫、音樂比賽等，可以吸引新聞焦點，樹立餐廳在公眾中的形象。

旅行團促銷

團隊生意是餐飲的主要收入來源之一，尤其是在經營的淡季，餐廳有足夠的場地和服務人員來接待各種團體活動和旅行團。做好旅行團的促銷，必須注意以下幾點要求：

1.瞭解旅行團的構成和特點，包括其來源國、旅行團成員的年齡，消費水平，飲食偏好和其他特別要求，只有清楚瞭解客人的需求，才能合理地規劃產品和服務去迎合他們，使他們滿意。

2.加強與接待單位的溝通和聯繫，特別是掌握有較多客源的當地接待旅行社。主動徵求意見，提高菜點和服務品質，保證顧客用餐滿意，只有這樣，才能取得旅行社的支持。

3.一般旅行團都以觀光爲主，希望多瞭解當地的風土人情、民族文化和自然景色，在吸引旅行團用餐時，可安排一些民族藝術表演和其他文藝娛樂活動，會產生更佳的效果。

優待促銷

透過各種優待的方式，吸引顧客前來餐廳用餐，在一定程度上對廣大消費者均有吸引力。優待的方法有以下幾種：

1.打折優待。爲加速客人流動，提高餐廳利用率，利用打卡鐘在帳單上做時間記錄，凡用餐時間不超過二十分鐘的顧客，折扣優待，極具吸引力。再如：爲了保證餐廳的客座率，避免菜點的浪費，根據客情狀況，採用不同用餐時段，享受一定的折扣，將一天分成不同時段，而每個時段採用不同的價格，如中午打九折；下午五點之前打八折，晚上九點以後打六折等等。目的是調整客情，避免客情淡時，餐廳空閒，而客情忙時顧客又排隊等候，浪費時間，提高餐廳利用率。

2.舉辦優待日活動。爲吸引和穩定客源，可藉各種名義，酬謝老顧客，定期舉辦優待日活動，如每月舉行一次自助餐的免費用餐。針對不同節日，不同對象，開展優待活動，如重陽節老年人一律半價優待。

3.獎品優待。法國某著名餐廳，自開業起贈送顧客編有號碼的明信片，以便統計有多少位客人光臨，它的獎品做法有：

（1）凡第一位或第一萬位光臨的客人，免費贈送蛋糕一個及飲料一杯等。

（2）帳單背面讓顧客塡上姓名、地址，每月舉辦公開抽獎贈送活動，趁此機會蒐集顧客名錄。

(3) 連鎖的餐飲店，可以舉辦集點活動，至不同店消費，每次可蓋一點，待連鎖店蓋滿圖章者，可獲精美贈品的活動。

4.諮詢服務。區別顧客結構，制定不同的招待方案，如：

(1) 餐廳內設置房地產、股票訊息一覽表。

(2) 廳內設置明顯檔案資料。

(3) 餐廳布置徵求筆友專欄。

(4) 餐廳內布置俱樂部會員專欄等。

5.招待券

(1) 贈送動物園入場券。

(2) 贈送溜冰場入場券。

(3) 贈送歌謠大會優待券等。

全員促銷

所謂全員促銷，就是飯店每一位員工，都應盡心盡職的工作，全面配合，主動銷售，在和顧客接觸過程中，透過言談、舉止，樹立餐廳形象，擴大自助餐知名度，使更多的顧客前來消費。

美國飯店大王斯塔特拉（Statler）曾說：「誰是飯店的銷售人員？是所有員工。」這句至理名言影響著一代又一代的飯店經營管理者，美國迪士尼度假地對所有新進的員工皆會先進行教育訓練，灌輸服務和銷售思想，並使他們認識到自身是企業形象的代表，每個人無論從事什麼職業，都有推銷和宣傳企業的責任和義務，這一觀念的形成和深入企業人心，為迪士尼帶來了巨大的聲譽和利潤。

全員促銷的涵義：

1.將促銷作為飯店的經營哲學和觀念，而非將它視作一個部門的工作：它貫穿於飯店經營和為顧客服務的始終。

2.樹立「服務即推銷，推銷即服務」的思想，將餐廳的迎賓員、服務員、訂餐員、酒水員、領班、主管等，都納入到餐廳整個銷售環節中。

3.全員促銷強調的是持續和日常性的工作，而不是某個部門或某些人在淡季和經營不景氣時臨時和突擊性的任務。所謂全員促銷並非要求所有的員工放下本職工作去從事銷售活動，而是指每個員工在日常和本職工作過程中抓住時機，進行積極主動的介紹和推薦。當然，必須講究推銷藝術，而不要強迫、硬性兜售，以免引起客人反感。

4.全員促銷的關鍵在於配合。它要求飯店所有部門和人員能夠樹立全局觀念，顧全大局，相互合作和支持，透過各自不同的工作創造共同的飯店形象，並爲共同的促銷目標而努力。

飯店的全員促銷是現代營銷觀念在飯店實踐中的具體體現，飯店促銷並不僅僅是管理者和專門銷售人員的事，而且包括廚房生產人員和餐廳服務人員在內的飯店全體員工共同去實現的，但絕不像少數飯店管理人員所片面理解的：每個人都去跑推銷，拉客源，更有甚者，有些飯店管理人員將飯店銷售營業目標的業積分攤給每個職員，根據完成情況直接與薪水掛鉤，還美其名稱這叫「全員促銷」。全員促銷強調更多的是日常工作中持久不懈的積極推銷，善於推銷和與其他部門和同事的合作推銷。

自助餐促銷評估

透過自助餐促銷的預算和評估，可以反映出促銷的工作重點，工作目標以及資源和工作配置情況；同時又可以發現計畫與實際工作中的不足，從而有利於飯店及時調整自助餐的經營決策和改進經營管理工作。

促銷費用的組成

促銷人員的薪資福利

促銷人員的薪資福利主要包括底薪、獎金、醫療保險、失業保險費、退休金、員工餐等其他福利費用。

平時管理和日常費用

主要包括：

1.辦公費用，如使用的印刷表格、文具辦公用品。
2.通訊費用，包括電話、電傳、傳眞、信函及其他郵資費用。
3.銷售旅行差旅費用。
4.匯票和訂閱費。
5.市場調查研究費。
6.公關費，包括管理人員、促銷人員和其他員工的交際費。
7.自助餐宣傳資料、小冊子費用。
8.其他各項費用，如陪同餐費、服裝費、培訓費等。

促銷活動費用

自助餐用於促銷活動的費用包括：

1.直接郵寄費，如通訊錄、信封、寫信或由其他代理機構完成這類性質工作的費用。
2.廣告費，其中包括製作費和報紙、電視、電台、雜誌等媒體播出費。
3.禮品和贈品費用，主要包括在促銷活動時，贈送的禮品，如生日蛋糕、打火機、兒童玩具等。

4.促銷用品費，包括餐廳內陳列展示品和布置促銷活動用品。

5.其他費用，如複印、印刷、交通等費用。見表**10-2**。

表10-2　促銷活動費用表

	1月	2月	3月	一季度	4月	5月	6月	二季度	7月	8月	9月	三季度	10月	11月	12月	四季度	全年
工資福利																	
辦公用品																	
待客用品																	
清潔用品																	
電話、電傳、郵資、電報																	
差旅費																	
訂閱費																	
公關費																	
市場調查																	
宣傳用品																	
禮品、贈品																	
陪同餐費																	
服裝																	
培訓																	
直接郵寄																	
代理商																	
媒體																	
匯票																	
印刷和複印																	
其他																	
總費用																	

自助餐促銷費用預算的方法

銷售百分比法

銷售百分比法是按照自助餐銷售額或預計銷售額的百分比來訂定促銷費用。假如促銷費用按銷售額的3%來訂定，那麼今年的促銷費等於去年的銷售額乘以3%，或者以今年預計銷售額乘以3%。使用銷售百分比法來確定促銷費。可以有效地將其控制在一定的水平上，從理論上來講能夠使飯店獲得相應的利潤。其缺點是由資金決定促銷，往往會使飯店失去最佳的促銷機會。由於銷售額會根據市場產生波動，會造成促銷費用不合理分配。

目標任務法

目標任務法是指飯店根據促銷目標，而達到這一目標必須執行的工作任務，估算執行這些工作任務所需的各項費用的總和，來作爲促銷費用。這種方法具有一定的科學性，爲衆多飯店採用。但其缺點是促銷成本較難控制，也許達到促銷目標但所花去的費用遠遠超過所獲取的利潤，而得不償失。

經驗推斷法

這種方法簡便易行，是以去年的促銷費用爲基數，以此預測今年可能發生的增減變動，來訂定今年的促銷費用。這種方法適用經營比較穩定的飯店。

量力而行法

量力而行法是指飯店所能拿出的資金作爲促銷費用。這種方法只考慮到飯店的財力情況，而忽視了促銷的目的，存在一定的片面性。

行業比率法

行業比率法是根據同行業的標準確定促銷預算。這種方法，只要參照同行業的相應費用，再稍微結合本飯店的實際情況，就可確定自己的促銷預算，雖然簡便，但不是最佳的選擇。

競爭對等法

競爭對等法是根據競爭者的促銷費用來確定自己的促銷開支，以保持競爭上的優勢。其實各個飯店都有其特殊性。同樣的促銷費用支出並不意味著就能帶來同樣的效果。這種方法沒有理論基礎和科學依據。

最優利潤預算法

透過飯店獲取最大利潤時所需的促銷費用。一般是透過數學函數來反應，如**圖10-1**。

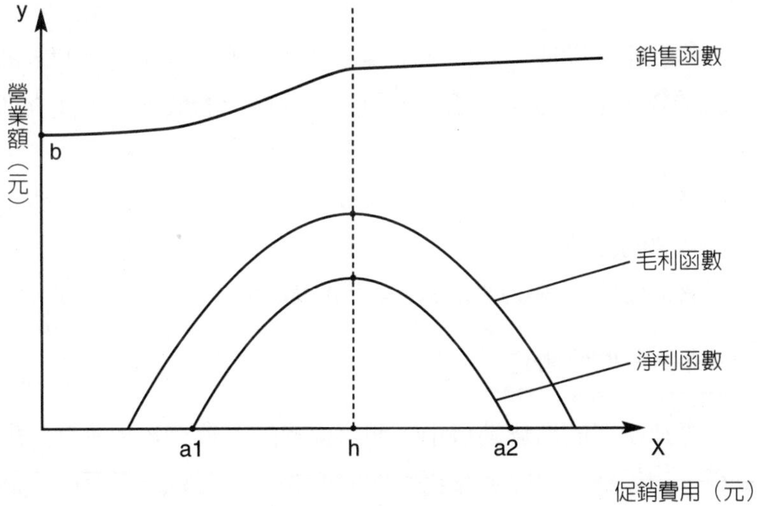

圖10-1　最優利潤預算法

最優利潤函數圖透過以下幾種方法來繪製：一、統計方法，即把蒐集到歷年的銷售數據和促銷因素組合的各種變數加以整理，從中分析、判斷出反應函數；二、實驗法，即在選擇的不同試驗市場區域投入不同的促銷費用，來觀察各自所產生的銷售額；三、判斷法，飯店可以邀請專家對所需的各種數值進行判斷和估計。

圖中反映了幾層涵義：一、在一定範圍內促銷費用和銷售額成正比關係，當營業額達到飽和狀態時，它們就不成正比關係，假如再增加促銷費用就會造成毛利和淨利的下降；二、0-6段表明飯店即使不支出促銷費用也能獲得一定的營業額；三、促銷費用在al-a2之間說明飯店盈利；四、當促銷是h時，表明毛利和淨利都達到最大值，h就是預測的促銷費用。

採用最優利潤預算法是一種全面科學的方法。但是，計算函數的準確參數值是十分複雜和繁瑣的工作，假如花太多的時間和參數值只能在短期內有效，是很不經濟的。

促銷活動成效的評估

對促銷活動成效的評估是爲了確定促銷是否達到目的，評估促銷的成效是十分複雜的工作，因爲有些促銷的效果不可能立即顯現出來的，它們是一種長期的潛移默化的作用過程，有些促銷活動雖然顧客反應較好，但最終的銷售效果不好，得不到利潤，也不能稱爲高效率的促銷。

評估促銷的成效通常採用以下幾種方法：

消費動機的測定

即在顧客的消費動機中，測定促銷的力量有多少能夠支配消費動機。由於顧客有時自己沒有明確的動機，有時是無意中來飯店消費，很難測定明確的消費動機，常採用的方法有：請顧客填寫問卷調查表；利用和顧客接觸的機會詢問；採用電話徵詢；使用廣告回執卡或廣告附折價卷等方法來瞭解促銷在顧客消費決策中所產生的作用。

銷售量的測定

採用銷售量的測定應注意以下幾個問題：

1.確定究竟有多少營業額是促銷努力的效果。
2.要考慮通貨膨脹的影響。
3.競爭也是影響銷售量的因素之一。
4.銷售量不一定能產出利潤。

透過銷售量來測定促銷效果的公式爲：

$$促銷成本效率=\frac{促銷引起銷售量增加額}{促銷費用}\times 100\%$$

利潤測定

利潤測定是指飯店透過促銷是否獲利來評估促銷的成效。利潤評估是綜合所獲營業額、生產成本、促銷成本以及其他間接成本等因素進行的，同時還需考慮到產品的壽命週期、特色以及競爭因素等。最終測定某些促銷是否得不償失。決定其取捨。

第十一章

自助餐成本核算與控制

自助餐成本核算與控制既是餐飲市場激烈競爭的必然要求，同時也是自助餐管理不可偏廢的重要組成部分。自助餐成本控制牽涉到計畫、組織和控制的全部過程，關聯到財務、採購等諸多部門，直接影響到消費賓客的切身利益。因此，無論是出於對賓客還是對飯店負責著想，自助餐成本控制都是一項全面、系統而又必須認眞仔細做好的工作。

自助餐成本核算與控制的重要性

自助餐成本控制，對其經營成敗產生至關重要的作用，其重要性主要表現在以下幾個方面：

提高餐飲競爭能力的主要手段

隨著餐飲競爭的不斷加劇，自助餐的經營，就必須不斷提高自身素質，挖掘內部潛力，眞正讓利於消費者，在同行業競爭中，吸引更多賓客。在同一地區、同一類型、類似規模、同等級飯店，若能透過嚴密的管理系統，切實降低自助餐成本，在產品銷售價格上低於競爭對手，企業在獲取更大利潤的同時，賓客得到更多實惠。

保護消費者利益的直接體現

自助餐經營必須對消費者負責。廚房成本控制準確，成本率符合國家規定的標準，與飯店星級、規格及等級相適應，賓客便可購買到物有所值的產品，享受到應有的服務。相反，自助餐成本控制不力、漏洞、流失導致成本費用增大，這些都不可避免要轉嫁到產品的售價上，結果便是對消費者利益的侵害。

體現管理水平的重要標誌

自助餐成本控制，是自助餐管理的核心內容之一，其工作量和難度相當大，管理藝術要求很高。因此，要眞正發揮成本控制的作用，管理者必須具備食用原料、烹飪工藝及銷售、核算與分析等多項知識技能，並結合本自助餐廳硬體條件、軟體狀況以及硬軟體配合情況，綜合運用管理方法與技巧，才能收到應有的效果。這既是對自助餐管理人員提出的全面、複雜的要求，其結果也是管理技巧和水平的綜合體現。

自助餐產品成本構成的特點

自助餐成本的構成應包括自助餐廚房和自助餐餐廳兩大塊的成本構成，從理論上而言，自助餐廚房成本主要是由生產菜點的原材料、生產勞動力成本和管理費用等組成，而自助餐餐廳成本主要是由勞動力成本、餐廳的環境設計費用，各種自助餐盛器、餐具，管理費用以及銷售廣告宣傳費用等。

自助餐廚房產品成本構成

自助餐烹飪生產所涉及的食品原料很多，一切菜點都由它們烹製而成。根據不同原料在菜點中的作用不同，可分爲三類，即主料、配料（也稱輔料）和調料。這三類原料是核算自助餐廚房產品成本的基礎，又稱之爲廚房產品成本三要素。

主料

主料是指製成多個單位產品的主要原料，有的占一份菜點的主要份量。如土豆燒牛肉裡的牛肉，魚香肉絲裡的肉絲，鯽魚蒸蛋中的鯽魚等；有的雖不占主要份量，但身價較高，是其主要成本構成，如蟹黃湯包裡的蟹黃，黑森林蛋糕中的黑櫻桃等。

配料

配料是指製成多個單位產品的輔助材料，如青椒肉絲中的青椒，番茄炒蛋中的番茄，葡萄乾麵包中的葡萄乾等。

菜餚的主料、配料是相對而言的。在這份菜點中作主料的原料，在另一份菜點裡可能被用爲配料。如用做蜜汁焗火腿的主料火腿，在西式火腿煎蛋中則用作配料。同樣，在某樣菜點裡作配料的原料，也可在其他菜點裡用作主料，如貝茸扒蘆筍裡的干貝茸是用作配料的，而在鍋貼干貝裡作爲主料使用。有些菜餚可能同時有幾種主料或配料，不分彼此。如福建名菜佛跳牆裡面的鮑魚、魚唇、海參等均同爲主料，英式什錦鐵扒中的羊排、牛排以及魚排等同爲主料，而揚州炒飯中的什錦配料等則同時作爲配料使用的。故，主、配料的劃分是根據菜點的定位來進行的，主要是爲了方便生產和成本控制的需要，在實踐中要注意區別。

調料

調料是指烹飪菜點所使用的各種調味品，如油、鹽、醬油、蔥、薑、蒜、味素等。調料在單位產品裡用量雖然很少，可卻是烹製各類風味不同菜點必不可少的。

單個菜點的成本是如此，整桌、整席菜點的成本則由冷菜成本、熱菜成本和點心成本三方面綜合構成。這在自助餐廚房內實行獨立核算，分攤核算成本的單位顯得更加認眞繁瑣。根據酒水另

計，水果費用單算的習慣，有許多飯店將冷菜的成本定爲整桌或整席食品成本的15%，

熱菜占70%，點心則占10%，調料按整桌或整席營收的5%計價。如此比例雖可用作參考，但應注意根據不同菜系、自助餐的不同形式、不同菜單結構作適當調整。如冷酒會自助餐，其冷菜品種所占的成本比例就應增大。大多數情況下，隨著消費標準的提高，占整席舉足輕重地位的熱菜成本所占比重會大幅度增加。

另外的生產勞動力成本和管理費用等在飯店中均另有職能部門專門控制和計算（人事部和財務部等），自助餐廚房在這兩個方面多處於執行和協助狀態，所以這方面成本的控制由飯店決策者來決定。

自助餐廳的成本構成

這裡主要是指自助餐餐廳的成本構成，它包括自助餐餐具的費用，自助餐餐桌、椅的費用，餐廳環境布置所耗的費用，以及勞動者費用和管理費用等。

1. 自助餐餐具的費用，包括自助餐保溫設備，以及用餐餐具的費用等。由於自助餐餐廳等級的不同，其花費的成本也有明顯的差異。等級高的飯店，所使用的保溫設備和用餐餐具所花費的成本就高，有金器、銀器、高級不鏽鋼以及進口瓷器、玻璃器皿等，反之，成本則較低。這也是自助餐餐廳成本構成的主要方面。
2. 自助餐餐桌、椅，以及自助餐餐廳環境布置所花的費用。這也與該飯店的等級有直接關係，等級高的飯店其成本就明顯高於等級低的飯店。有的飯店爲了能更有效地吸引顧客，專門製作了自助餐中心檯，設計帶有主題的、特色的自助餐展

示檯。

3.自助餐廳勞動力成本和管理費用。這與廚房相比較，其費用要小一些，因爲服務人員的薪資水平普遍低於廚房的工作人員。勞動力成本和管理費用等在飯店均另有職能部門控制和計算（前面已作說明）。

自助餐廚房與餐廳成本控制特點

自助餐廚房由於其生產製作的手工性和技術性，用料的模糊性以及生產過程短、產品規格各異、生產批量小、原料隨市場價格波動大等特點，使得自助餐廚房成本控制更加複雜和困難；同樣，在自助餐廳，由於其涉及到物品數量多，接待的客人或多或少，服務員的服務技能及品質參差不齊，也給成本控制帶來了一定的困難。具體表現在以下幾個方面：

人為浪費，成本加大

自助餐廚房和餐廳人員在情緒欠佳的情況下，這種事情就會時常出現，比如所得獎金不理想，希望調班未能如願，長時間上班未得休息、加工不新鮮原料或清理衛生死角顯得不耐煩、領導的批評等等，這些雖不全部反應到工作中，但也不排除部分員工因此而拿廚房原料出氣，人爲地損壞餐具，藉機宣洩不滿情緒，由此而產生的成本浪費數目不小，且難以防範。

同樣，工作人員責任心不強，造成的損失也是嚴重的，尤其是缺乏德高望重和有責任心的管理者而以年輕人爲主的廚房和餐廳。若員工操作漫不經心，拖三落四，做事虎頭蛇尾，有始無終。如燉鍋裡菜餚燉枯了，視而不見；只宜進冷藏箱的東西，偏偏送進冷凍室，消耗了電力、凍壞了原料。在餐廳，客人明明點的是清蒸鱸魚，卻給客人送上清蒸鮭魚；諸如此類的人爲的損失，同樣造成成本的失控。

另外，由於生產管理不嚴謹，檢查不力，也可能給假公濟私者以便利，造成成本控制的困難。這裡既有不符驗收標準的原料和亂摔原料的現象，也有假公濟私，慷集體之慨，拿原材料或者生產成品公開或私下送人的現象。

食品或物品流失，有成本無收入

自助餐廚房裡美味的菜點，餐廳裡高級的餐具和用品，都具有誘人的特性，因此流失的機會也相應增加。在廚房烹製過程中，除了廚師必要的嚐口味，把握品質之外，私拿私吃現象也屢禁不絕。在自助餐廳高級的餐具特別誘人，由於制度不嚴，丟失現象也時有發生，這些都導致成本的增加。

同樣，由於手續不齊全、制度不嚴格，可能出現產品白白流失，有成本支出而無收入增加的現象。比如，餐廳服務員與廚師合謀，免費送菜給親戚朋友享用或少花錢多吃飯；服務員私開訂單，點菜自己食用或送他人用餐等，這類事雖不多見，但絕非沒有。

技術或技能不過關，設備不良，成本增大

烹飪是靠手工操作的技術勞動。技藝精湛，因材施藝，可充分節約原材料；反之，無意浪費原材料的事就屢有發生。在廚房，由於技術不精可能使新加工原料的出淨率達不到應有要求；能做大菜、主菜的原料被盲目支解而被破壞；由於調料不當，隨意倒棄食物等等，這些都使廚房成本在無意中增大。在餐廳，由於服務員服務技能不過關，引起客人投訴，導致食品打折；或在服務過程中經常人爲損壞餐具等等，這些都增大了餐廳的成本。

設備老化或超負荷運轉，或帶病使用，都可能因機械損耗而造成成本的意外增大。比如削皮機靈敏度變差，一個土豆（馬鈴薯）削剩半個；絞肉機絞出的肉粗細不勻，無法使用；烤箱在原料放進

之後長時間溫度無法上升，導致原料腐敗變質；冰箱、冷庫溫度忽高忽低，造成原料解凍發臭等等，這些都會大幅度增加廚房和餐廳成本。

自助餐成本計算方法

成本計算是進行自助餐成本控制的基礎工作。自助餐廚房成本計算的核心是核算耗用原材料成本，即實際生產菜點時所用掉的食品原材料。自助餐前檯的成本計算，主要是核算日常使用的各種低值易耗品，家具、自助餐保溫設備、餐具保養與清洗的費用，同時還包括酒水、水、電以及餐廳對外廣告宣傳所需的費用等。有了實際消耗的數據，再透過與標準消耗的比較來判斷生產狀態的正常與否，從而進行有針對性的控制。本節著重講解自助餐廚房成本計算方法。

主、配料成本計算

主、配料是構成自助餐廚房產品的主體。主、配料成本是產品成本的主要組成部分，計算菜點成本，必須首先從計算主、配料成本做起。

廚房產品的主、配料，一般要經過揀洗、宰殺、拆卸、漲發、初步熟處理至半成品之後，才能用來配製菜點。沒有經過加工處理的原料稱爲毛料；經過加工，可以用來配製菜點的原料稱爲淨料。

淨料是組成單位產品的直接原料，其成本直接構成產品的成本，所以在計算產品成本之前，應算出所用的各種淨料的成本。淨料成本的高低，直接決定著產品成本的高低。影響淨料成本的因素，一是原料的進貨價格、品質和加工處理的損耗程度。二是淨料率的高低，即加工處理後淨料與毛料的比率。淨料率越高，即從一定數量毛料中取得的淨料越多，它的成本就越低；反之，淨料率越低，即從一定數量的毛料中取得的淨料越少，它的成本就越高。

淨料成本的計算

原料在最初購進時，多爲毛料，大都要經過拆卸等加工處理才成爲淨料。由於原料經拆卸等加工處理過程後重量都發生了變化，所以必須進行淨料成本計算。淨料成本的計算，有一料一檔和一檔多料以及不同管道採購同一原料的計算方法等。

1.一料一檔的計算方法：一料一檔的計算包括兩種情況：

（1）毛料經過加工處理後，只有一種淨料，而沒有可以作價利用的下腳料和廢料，則用毛料總值除以淨料重量，計算淨料成本。其計算公式是：

$$淨料成本 = \frac{毛料總值}{淨料重量}$$

範例

例：某廚房購入山藥6千克，其進貨單位價格爲1.50元／千克，去皮後，得到淨山藥4千克，求淨山藥的單位成本。

解：淨山藥單位成本爲：$\frac{6 \times 1.5}{4} = 2.25$（元／千克）

（2）毛料經過處理得到一種淨料，同時又有可以作價利用的下腳料和廢棄物品，因而必須先從毛料總值中扣除這些下腳料和廢棄物品的價款，除以淨料重量，求得淨料成本，其計算公式是：

$$淨料成本=\frac{毛料總值-下腳料價款-廢棄物品價款}{淨料重量}$$

範例

例：野生烏龜6只，共3千克，單價180元／千克，經過宰殺、洗滌，得淨烏龜料1.8千克，烏龜殼作價4元，計算淨烏龜肉單位成本。

解：淨烏龜肉單位成本爲：

$$\frac{3\times180-4}{1.8}=297.8（元／千克）$$

2.一檔多料的計算方法

如果毛料經過加工處理後，得到一種以上的淨料，則應分別計算每一種淨料的成本。分檔計算成本的原則是，品質好的，成本應略高；品質差的，成本應略低。

（1）如果所有這些淨料的單位成本都是從來沒有計算過的，則可根據這些淨料的品質，逐一確定它的單位成本，而使各檔成本之和等於進貨總值。其計算公式是：

淨料（A）總值＋淨料（B）總值＋……＋淨料（N）總值＝一料多檔的總值（進貨總值）

（2）在所有淨料中，如果有些淨料的單位成本是已知的，有些是未知的，可先把已知的那部分的總成本算出來，從毛料的進貨總值中扣除，然後根據未知的淨料品質，逐一確定其單位成本。

範例

例：某廚房加工間領回一批雞，共90千克，單位進貨價格爲5.00元／千克，經加工處理，得雞脯13千克，雞腿30千克，單位成本爲6.00元／千克，雞雜（心、肝、肫）7.5千克。單位成本爲4.00元／千克，雞骨架、雞脖等下腳料22.5千克，單位成本爲1.00元／千克，其他爲廢料無值，試確定，加工後所得各材料的成本和雞脯的單位成本。

解：雞脯的單位成本 $= \dfrac{90\times5-30\times6-7.5\times4-22.5\times1}{15}$

$= 14.5$（元／千克）

各種材料的成本：

雞脯的成本：$15\times14.5=217.5$（元）

雞雜的成本：$7.5\times4=30$（元）

雞腿的成本：$30\times6=180$（元）

雞下腳料：$22.5\times1=22.5$（元）

驗算：加工前原料總值 $90\times5=450$（元）

加工後原料總值：$217.5+30+180+22.5=450$（元）

3.不同管道採購同一原料的成本計算方法

現階段自助餐廚房原料有入市採購，也有供貨送貨上門。不同管道的原料採購很普遍，但是，在多管道採購同一種原料時，其購進單位價格是不盡相同的，這就要運用加權平均法計算該種原料的平均成本。凡在外地區採購的原料，還應將其所支付的運輸費列入成本計算。

範例

例：從肉聯廠購進豬大排100千克，每千克15.00元，同時又在農貿市場購進豬大排150千克，每千克14.00元，求豬大排平均單位成本。

解：豬大排平均單位成本爲：

$$\frac{100\times15+150\times14}{100+150}=14.4\text{（元／千克）}$$

生料、半成品和成品的成本計算

淨料可根據其拆卸加工的方法和處理程度的不同，分爲生料、半成品和成品三類。其單位成本各有不同的計算方法。

1.生料成本的計算

生料就是只經過揀料、宰殺、拆卸等加工處理，而沒有經過烹調更沒有達到成熟程度的各種原料的淨料。

（1）拆卸毛料，分清淨料、下腳料和廢棄物品。

（2）稱量生料總重量。

（3）分別確定下腳料、廢棄物品的重量與價格，並計算其總值。

（4）計算生料成本。

$$\text{生料成本}=\frac{\text{毛料總值}-\text{下腳料總值}-\text{廢棄物品總值}}{\text{生料重量}}$$

範例

例：某飯店購進豬腿肉10千克，每千克16元，經過加工處理後，得肉皮1千克，每千克8元，得骨頭1.5千克，每千克6元，計算淨肉的單位成本。

毛料的總值爲：$10\times16=160.00$（元）

肉皮的總值爲：$1\times8=8.00$（元）

骨頭的總值爲：$1.5\times6=9.00$（元）

淨料的單位成本爲：$\frac{160-8-9}{10-1-1.5}=19.1$（元／千克）

2.半成品成本的計算

半成品是經過初步熟處理，但還沒有完全加工成成品的淨料。根據其加工方法的不同，又可分爲無味半成品和調味半成品兩種。不言而喻，調味半成品的成本要高於無味半成品的成本。許多原料在正式烹調前都需要經過初步熟處理。所以，半成品成本的計算，是主、配料成本計算的一個重要方面。

（1）無味半成品成本計算。無味半成品主要是指經過焯水等初步熟處理的各類原料。無味半成品成本計算公式是：

$$\text{無味半成品成本}=\frac{\text{毛料總值}-\text{下腳料總值}-\text{廢料總值}}{\text{無味半成品重量}}$$

範例

例：用做扣肉的五花肉10千克，每千克10元，煮熟損耗30%，計算熟肉單位成本。

解：毛料總值爲：10.00元$\times10=100.00$（元）

無下腳廢料

無味半成品重量爲：10╳（1－30％）＝7（千克）

熟肉每千克成本爲：100÷7＝14.30（元）

（2）調味半成品成本計算。調味半成品即加放調味品的半成品，如魚丸、油發魚肚等。構成調味半成品的成本，不僅有毛料總值，還要加上調味品成本，所以其成本計算公式是：

$$調味半成品成本＝\frac{毛料總值－下腳廢料總值＋調味品總值}{調味半成品重量}$$

範例

例：乾魚肚2千克經抽發成4千克（乾魚肚油發後又用水浸泡，幫助重量增加），在油發過程中耗油600克，已知乾魚肚每千克進價爲80元，食油每千克進價8元，計算油發後魚肚的成本爲：

解：油發後魚肚成本爲：

$$\frac{2\times 80.00+8.00\times（600－1000）}{4}＝41.2（元）$$

3.成品成本的計算

成品即熟食品，尤以滷製冷菜爲多，其成本與調味半成品類似，由主、配料成本和調味品成本構成。成品成本的計算公式是：

$$成品成本＝\frac{毛料總值－下腳廢料總值＋調味品總值}{成品重量}$$

範例

例：鴨子一隻重3千克，進價8元／千克，下腳料鴨雜回收其6元，鴨子烤熟後重為2千克，耗用油、香料等計2.00元，求該熟鴨的單位成本。

解：鴨子的總值為：3×8＝24.00元

下腳料總值為：6.00元

調味品總值為：2.00元

熟鴨子的單位成本為：$\frac{24-6+2}{2}$＝10（元／千克）

出材率與成本係數

烹飪原料都有可用和不可用的部分，加工處理的基本目的就是保留有用部分，除去不可用部分，如蔬菜等原料的去皮去根等。還有一部分原料，雖然經過初步加工已經都是可用部分，但再施加某種加工時，原料本身還會損耗一些份量，重量也會變化。如煮肉類原料，處理後其重量就會大大減輕；乾貨漲發後就會使重量大大增加。

出材率的類似名稱很多，烹飪業經常用的名稱有淨料率、熟品率、生料率、漲發率等等。從主、配料計算的基本方法可以看出，不論哪一種主、配料，要計算其成本，首先必須知道其拆卸、漲發以及熟處理後的重量，否則就不可能計算出它的單位成本。

出材率具有概括性，它是對加工前後的重量變化而言的，不管加工內容如何，因此統稱出材率。

淨料率和計算方法

所謂淨料率，就是淨料重量和毛料重量的比率，其計算公式是：

$$\text{淨料率}=\frac{\text{淨料重量}}{\text{毛料重量}}\times 100\%$$

範例

例：某廚房購進一隻老鴨，重3千克，經加工後，得到淨鴨重爲2.1千克，求這隻老鴨的淨料率。

解：淨料率爲：$\frac{2.1\times 100\%}{3}=70\%$，即每千克毛鴨可得淨鴨0.7千克。

與淨料率相對應的是損耗率，也就是毛料在加工處理中所損耗的重量與毛料重量的比率。其計算公式是：

$$\text{損耗率}=\frac{\text{損耗重量}}{\text{毛料重量}}\times 100\%$$

淨料、毛料及其比率關係爲：

$$\text{損耗重量}+\text{淨料重量}=\text{毛料重量}$$
$$\text{損耗率}+\text{淨料率}=100\%$$

淨料率的實際應用

1.進行簡單計算

在淨料率的公式中共有三個量，只要給定其中任意兩個量，就可以確定第三個量，在實際工作中，把常用原材料的淨料率編制成標準，需要時可以直接查找，再進行簡單計算，爲解決菜點各種材料的用量問題，帶來了很大的方便。其計算公式爲：

$$\text{毛料重量}=\text{淨料重量}+\text{淨料率}$$

淨料重量＝毛料重量╳淨料率

範例

例：某廚房購入乾黑木耳3.0千克，其漲發率爲280%，漲發後從黑木耳中揀選出不合格的黑木耳和雜物共0.2千克，求黑木耳淨料重量。

解：黑木耳淨料重量：3╳280%－0.2＝8.4－0.2＝8.2（千克）

2.可利用淨料率，直接由毛料成本單價計算出淨料成本單價，這就大大方便了各種主、配成本的計算，其計算公式爲：

毛料單價÷淨料率＝淨料單價

範例

例：已知某廚房購進某種原料爲7.5（元／千克），加工成淨料，其淨料率爲80%，求加工後淨料的單位成本。

解：加工後淨料單位成本：$\frac{7.50}{0.8}=9.375$（元／千克）

應用淨料率計算成本，精確度是關鍵問題。原料規格品質和淨料處理技術是決定淨料率的兩大因素。這兩大因素一有變化，淨料率就有變化。同一個品種的同一種規格品質的原料，由於加工操作人員的技術水平不同，淨料率就不可能完全一致。同樣，淨料處理人員技術水平相同，但原料的規格品質不同，淨料率也肯定不一樣。在具體工作中，絕不能用一種技術情況下淨料率來代替一般技術情況下淨料率，也不能用某一種規格品質的淨料率代表同一品種的一般規格品質的淨料率。

除了加工廚師的技術水平這一因素外，原料的淨料率一般要受重量、規格、產地、季節等幾種因素的影響。例如，竹筍一月份的淨料率不高於20%，但二月份可達30%，三月份又可高到37%。因此對淨料率的測算，必須從實際出發，認眞負責，以保證成本計算的準確。

成本係數法及其運用

自助餐廚房大量使用的鮮活原料，由於市場價格不斷發生變化，而重新逐筆逐項計算加工半成品的單位成本既費事又繁瑣，可結合利用成本係數法進行成本調整。所謂成本係數就是指加工後半成品的單位成本與加工前原材料單位成本的比例，這個數字的單位，不是金額而僅是一個計算係數，假如原材料的價格有變動，無論漲價或降價，只要用係數乘上新價格就可得出新的加工後原材料成本。

範例

例：從某水產市場購進鮭魚10千克，每千克100元，價款爲1,000元，加工去皮，去內臟、去骨後，得淨肉5.5千克，計算加工鮭魚的成本係數。

解：加工後鮭魚肉的單位成本：1,000－5.5＝181.8（元／千克）

鮭魚肉的成本係數爲：181.8－100＝1.82

如同樣購進鮭魚3千克，每千克進價爲90元，仍加工鮭魚肉，則可運用已經測定的成本係數來確定經過加工後鮭魚肉的單位成本。即鮭魚肉的單位成本爲：

1.82×90＝163.8（元／千克）

採用成本係數法，確定加工半成品的成本是一種計算簡便，且較爲準確的方法，同樣，原料的時價、規格品質以及廚師加工水平的高低對成本係數的確定有較大的影響。購進的原材料品質好，價格便宜，廚師加工技術水平高，加工半成品成本係數就低，成本也低，反之加工半成品的成本係數大，經加工的半成品的成本就高。

調味品成本計算

調味品是生產菜點不可缺少的組成部分之一，它的成本是菜點成本的一部分，有某些特殊菜餚裡，調味品用量相當多。自助餐廚房產品的加工和生產，基本上可分爲兩種類型，即單位生產和成批生產。單位生產的以各類熱菜爲主，成批生產的以冷菜和各種主食、點心爲主。由於生產類型的不同，調味品的計算方法也不盡相同。

單件成本計算法

單件成本是指單件製作某產品的調味品成本，也稱爲個別成本。各種單件生產的熱菜的調味品成本都屬於這一類。計算這一類產品的調味品成本，先要把各種慣用的調味品的用量估算出來，然後根據進價，分別算出其價格，然後逐一相加即可。

單件產品調味品成本計算公式是：

單件產品調味品成本＝單位產品耗用的調料①成本＋調料②成本＋…＋調料（N）成本

範例

例：某西廚房製作西冷牛排一份，耗用的多種調味品數量及其成本分別是：

沙拉油20克，0.20元；

奶油20克，2.5元；

鹽2克，0.05元；

胡椒粉1克，0.10元，計算每份西冷牛排的調味品成本。

解：0.20＋2.5＋0.05＋0.10＋3.0＝5.85（元）

平均成本計算法

平均成本，是指批量生產的菜點的單位調味品成本。如冷菜滷製品、點心類製品以及部分熱菜等都屬於這一類。計算這類產品的調味品成本，應分兩步驟進行。

首先，用容器估量和體積估量估算出整個產品中多種調味品的總量及其成本。

其次，用產品的總重量來除調味品的總成本；即可計算出每一單位產品的調味品成本。

$$\text{批量產品平均調味品成本}=\frac{\text{批量生產耗用調味品總值}}{\text{產品總量}}$$

範例

例：某廚房用雞爪5千克製成紫金鳳爪4千克，經秤量和瓶裝調料統計，共用去各種調味品的數量和價款爲：

紫金辣醬2瓶，8.80元；生抽50克，0.75元；

白糖100克，0.60元；料酒250克，0.80元；

蔥150克，0.30元；薑50克，0.35元；

蒜頭100克，0.65元，計算每例盤（100克）紫金鳳爪的調味品成本。

解：製作這批鳳爪的調味品總成本是：

8.80＋0.75＋0.60＋0.80＋0.30＋0.35＋0.65＝12.25（元）

每例盤紫金鳳爪調味品成本爲：

12.25÷(4÷0.1)＝0.31（元）

自助餐成本控制

根據自助餐運轉流程，可將其劃分爲生產前、生產中和生產後三個階段。針對三個階段的不同的特點，強化成本控制意識，建立完善的控制系統，則可將生產成本控制落實到每個業務環節之中。

自動餐生產前的成本控制

自助餐生產前的控制，包括原料、設備、器具的採購控制，驗收的控制，貯存與保養、發料的控制以及成本預算控制等。

採購控制

生產與服務原料採購的目的在於以合理的價格，在適當的時間，從安全可靠的管道，按規格標準和預定數量採購自助餐生產和銷售所需的多種原料，保證加工生產和服務的正常順利進行。從成本控制的角度，採購工作成本控制主要集中在物品的品質、數量和價格幾個方面。

1.堅持使用原料採購規格標準書

在自助餐廚房，應根據烹製菜餚的實際情況，制定各類原料的採購規格標準書，在自助餐前檯，應根據餐廳的具體要求，同樣制定各類物品、器具的採購規格標準書，並在採購工作中堅持使用。這不僅是保證自助餐品質的有效措施，也是最經濟地使用多種原料、物品的必要手段。因爲並非所有自助餐菜點非得使用相同等級或品質的原料或物品不可。

2.嚴格控制採購數量

過多地採購原料或物品，必然會導致過多貯存，而過多的貯存原料，不僅占用資金，增加管理費用，而且還容易引起偷盜、原料變質、物品損耗等問題。因此，應根據營業量的具體情況、資金狀況、倉庫條件、現有庫存量、市場供應狀況等因素採購數量作出規定，採購近期內所需要的原料與物品數量。

3.採購價格必須合理

在確保原料與物品品質符合採購規格標準的前提下，採購人員應儘量爭取最低的價格。爲此，在採購同一種原料與物品時，至少應取得三家供應單位的報價，以作比較選擇。採購價格是否與產品品質相稱是檢驗採購工作效益的主要標準。在國外，有不少飯店企業就以品質與價格之比來評估採購效益：

採購效益＝原料（產品）品質＋價格

範例

例：每條1,000克左右的鮮回魚（保鮮），新鮮完整，單價爲40元／千克，其品質被評爲80分，則其採購效益爲80÷40＝2。如果經過調查，發現相同品質的回魚可以38元／千克的單價購買，那麼採購效益可提高到：80÷38＝2.1。如果以相同價格可以購買到同樣規格品質更好的活鮮回魚，則採購效益也得到提高，即95÷40＝2.37。

驗收控制

驗收控制的目的除了檢查原料與物品的品質是否符合飯店的採購規格標準外，還要檢查交貨數量與訂購數量，價格與報價是否一致，同時還包括儘快妥善收藏處理各類原料與物品。

貯存控制

爲了保證庫存原料與物品的品質，延長其有效使用期，減少和避免因原料腐敗變質而引起食品成本增高，或貯存時間過長而引起的自然耗費，爲此，在貯存時應注重以下幾個方面的控制。

1.人員控制

貯存工作應有專職人員負責，任何人未經許可不得進入庫區。管理人員有權巡視倉庫，但也應儘量控制有權出入庫區的人數。庫門鑰匙需由專人保管，門鎖應定期更換。

2.環境控制

根據原料和物品的不同，應有不同的貯存環境。如乾貨庫、冷凍庫、冷藏庫、酒水庫等，一般原料與物品和貴重原料與物品也要分別保管。庫房設計建造必須符合安全衛生要求，以杜絕鼠害和蟲害，並避免偷盜。

3.日常管理

貯存保管工作應有嚴格的規程，其基本內容包括以下幾個方面：

（1）各類原料，各種物品都需有其固定的貯存地方，經驗收後，應儘量恰當地存放到位，以避免耽擱引起不必要損失。

（2）各種原料和物品入庫時應註明進貨日期，並按照先進先出的原則調整其位置，以保證原料與物品的品質。

發料控制

發料控制是日常成本控制中的一個重要環節。由於發料數量直接影響每天的營業成本額。相關部門必須建立合理的領發制度，既要滿足使用需要，又要有效地控制發料數量。發料控制的基本原則是只准領用所需實際數量的原料與物品，而未經批准，則不得領用。發料控制要抓好以下幾方面工作：

1.使用領料單

任何物品和食品原料的發放，必須以已經審批的貨物領料單爲憑據，以保證正確計算各領料部門的成本。

2.規定領料次數和時間

應根據具體情況，規定倉庫每天發料的次數和時間，以保證自助餐廚房和前檯各點做出周密的用料計畫，避免隨便領料、減少浪費。

3.正確核算成本

領用食品原料和物品的成本是自助餐廚房與餐廳成本的重要組成部分，因此，倉庫管理員每天需及時、準確地計算領料單上各種物料的成本以及全天的領料成本總額。

成本預算控制

這主要是根據當地旅遊組織公布的接待行情預測和飯店本身蒐集有關數據統盤分析，結合往年積累的資料，同時參照當地當年物價變動情況等制定有關詳細的成本及其他預算指標。依據這些指標，結合自助餐餐廳的接待能力，廚房的生產情況，逐步分解爲每月、每日的成本控制指標，以便管理人員隨時對照，以期改進工作。這樣便可從宏觀上入手到微觀上把握，使生產和經營成本控制做到有的放矢，有規可循。

自助餐生產和銷售過程中的成本控制

自助餐生產過程中的每個環節對生產成本的高低有直接的很大的影響，如原料的加工、切配、烹調以及裝盤過程等。這些環節往往會造成原材料的浪費，致使成本增加。自助餐廳在銷售自助餐食品時，也應積極地配合廚房，嚴格控制食品原料的成本。

烹製階段成本控制

自助餐廚房在加工烹製階段，成本控制必須注意以下幾方面的問題：

1.制定切割烹燒基本標準

對於肉類、禽類、水產類及其他主要原料，廚房應經常進行切割和烹燒測試，掌握各類原料的出淨率，制定各類原料的切割、烹燒損耗許可範圍，以檢查加工、切配工作的績效，防止和減少加工和切配過程中造成原料浪費。

2.制定自助餐廚房生產計畫

廚師長應根據業務量預測，制定每餐的菜餚生產計畫，確定各種菜餚的生產數量和供應份數，並據此決定需要的原料數量。生產計畫應提前數天制定，並根據情況變化進行調整，以求準確。

3.堅持標準投料量

堅持標準投料量是控制食品成本的關鍵之一。在菜餚原料切配過程中，必須使用稱具、量具，按照有關標準食譜中規定的投料量進行切配。廚房對各類菜餚的主料、配料及調料的投料量規定應製表張貼，以便員工遵照執行，特別是在相同菜餚採用不同投料量的情況下，更應如此，以免弄錯。

4.控制菜餚份量

自助餐廚房不少菜餚、點心是成批烹製生產的，因而成品裝盤出品時必須按照規定的份量進行，也就是說，應按照標準食譜中裝盤規格所規定的品種數量進行裝盤，否則就會增加菜餚的成本，影響毛利。

5.採取集中加工，分別取用，減少原料損耗和浪費這樣將分散作業加以集中，不僅統一了標準，而且也避免了浪費，同時也防止由於技術偏差或因出菜忙亂導致的損失。

6.提高廚房員工技術素質，加強綜合利用

廚師技術素質提高，無疑會減少事故發生率，提高產成率。努力提高技術，還在於擴大原材料、調料的綜合利用，充分發揮其食用價值，從而降低原材料的成本開支。

7.慎重使用貴重原料

一些貴重的原料在自助餐廚房成本控制中產生舉足輕重的作用。如牛排、龍蝦、對蝦、石斑魚、魚翅等。故一定要嚴格管理、謹慎使用。尤其是鮮活原料，一經宰殺，身價大跌，因此，在沒有確認之前切不可宰殺。

8.加強對廢棄物品的回收管理

這樣可以減少或彌補廚房成本支出。如甲魚殼、鴨油、雞油等的蒐集利用，可以獲得較高的經濟回收。

銷售過程中的成本控制

在自助餐銷售過程中的成本控制應注意下列問題：

1.杜絕客人的浪費現象

自助餐即自己取食自我服務的一個用餐形式。第一次享用自助餐的客人，往往一次取很多食品，食用不完又不能放回去，這樣就造成了食物的浪費。為了避免這種現象的發生，有的自助餐廳在桌上放置一些提醒客人的告示牌；有時服務人員可主動幫助客人，特別是在取用高級菜餚時，在數量上加以控制（廚師面對客人服務），這樣也產生控制成本的作用。

2.與廚房密切配合，減少不應有的浪費

自助餐餐廳在銷售過程中要和廚房保持密切的聯繫，這樣才能保證菜餚的及時供應。在自助餐銷售的後半期，服務人員應根據餐廳的人數，通知廚房適當地添加菜餚，避免盲目的添加。另外，如果某種菜餚已被取用完，而後場又準備得不足，這時可使用品質接近的菜餚來代替，在添加高級菜餚時數量上應更加注意。

3.有效地使用訂單控制營業收入

在接受顧客點菜時，服務員必須首先將自助餐標準塡寫在訂單上，服務員應使用無法擦掉字跡的筆塡寫訂單，如果塡寫錯誤，應當劃去，而不能擦掉，同時，訂單必須編號，以便出現問題後，立即查明原因，並採取措施，防止問題再次發生。

4.抓好收款控制

（1）防止漏記或少記菜點價値。

（2）在帳單上準確塡寫價格。

（3）結帳時核算正確。

（4）防止漏記帳或逃帳。

（5）嚴防收款員或其他工作人員的貪污、舞弊行爲。

5.防止或減少由職員貪污盜竊而造成的損失

（1）服務人員領用食品，訂單上卻不做記錄。

（2）服務人員用同一份訂單兩次從廚房領菜將其中一次的現金收入放入自己的腰包。

（3）服務人員可能偷吃食物。

（4）服務人員可能少算親朋好友帳單的金額或從親友的客帳單上劃去某些菜餚。

6.有效地控制酒水成本

（1）要實行用量的標準化、載杯的標準化、配方的標準化、酒牌標準化以及操作程序標準化。

（2）杜絕服務人員的貪污、舞弊行爲，這種現象也頗爲常見，特別是在調酒員兼收款員的酒吧尤其容易發生。

（3）禁止服務人員銷售個人酒水。服務人員在營業時間利用飯店的餐飲設施銷售自己的酒水，有時還盜用餐飲部的各種輔料，這種情況也直接造成了酒水成本的增加。

（4）在團體包餐等酒水費用固定的情況下，服務人員亂開、亂倒酒水而直接引起酒水的大量浪費。

（5）庫存不當而引起的酒水變質造成酒水成本的大量增加。

自助餐菜點銷售後的成本控制

自助餐菜點生產後的成本控制主要體現在成本發生後，與預算當月、當週、當日成本指標進行比較、分析，如有偏差，及時找出原因，再做適當調整，以便最終順利實現預算目標。這裡面的工作，即有賴於成本控制部門的配合，將有關訊息、資料及時加以整理回饋，還需要生產管理人員發揚嚴格認眞的工作作風，如隨時檢查庫房，及時全面進行盤點等，這樣才能有效實行成本控制。

實際成本控制

如果發現實際成本高於目標成本，應採取相應的補救措施使其接近目標成本率。下列幾種情況在實際工作中要加以控制：

1.如果成本較高是因爲菜單中大部分或占銷售中很大比重的菜餚引起的，則應考慮如下情況：

（1）能否透過加強成本並未上升的菜餚的銷售來抵銷部分菜餚成分的增加量，可行的話，也可維持不動。

（2）如果採用減少供應量或份量的方法，是否引起客人的反感？如果客人並未感到量的變化，維持原價也是可以的。

（3）能否透過促銷手段，以大量生產獲得的效益來抵銷成本的增加？如果可行，則可維持不動。

2.如果發現成本上升是因爲少數幾種菜式引起的，且在整個菜單銷售中只占很小比例，則可採取維持原價而適當減少菜點份量的辦法來控制成本的增長。

3.如果是因爲自助餐的經營在一段時間內，食客減少，而引起的成本增高，可由原來一天一次購進鮮活原料，改爲半天一次購進，以減少庫存，防止死亡和損耗。

比較成本控制法

自助餐廚房通常採取標準成本的方法對原料成本進行成本控制。

透過實際成本與標準成本的比較，找出生產經營中各種不正常的、低效能的以及超標準用量的浪費等問題，採用相應的措施，以達到對原料成本進行有效的控制。

自助餐售價調整

自助餐菜餚的售價調整必須考慮下列問題：

1.客人能否接受調整後的價格。也就是說要從客人的角度出發，看看是否物有所值，如果客人感到自己享受到的菜點與自己付出的價格相符且具價值，他們就會隨價格的變化；反之，則不會接受。

2.掌握好調價時機。價格調整每隔一段時間進行一次，間隔時間要有規律，否則會引起客人對飯店的不信任。

3.調整售價還應考慮自助餐的整體菜點的結構，防止整體結構的失衡，影響到整體的銷售。

同樣，如果一段時間自助餐菜點成本偏低，產生不少計畫外毛利，實際情況並非多多益善，要檢查分析成本降低的原因。是因爲原料進價便宜了或加工生產工藝改進了，從而使成本減少，還是因爲配份違反標準或偷斤減兩而減少了成本，都應及時採取必要措施，以保護用餐客人利益，保證產品規格品質。

制定菜點的標準成本

自助餐廚房管理人員不僅要瞭解實際菜點的成本和成本率，同時也要掌握菜點的標準成本和成本率。採用標準成本控制工作的第一步是確定標準。要確定菜點成本標準，第一要確定採購、驗收、儲藏、領發料規格標準與程序；第二，必須合理制定菜單。菜單規定了自助餐廚房在執行銷售計畫的過程中應向市場提供哪些菜點，它是自助餐菜點成本最基本，也是最重要的控制工具，進而制定準確可靠的標準食譜；第三，自助餐廚房管理人員應根據歷年銷售資料，預測今後一段時間的銷售量。在確定單位菜點的成本之後，自助餐管理者如能精確地做出預測，就能基本地預測菜點成本總額，這一標準成本總額就成了自助餐廚房在沒有其他因素干擾條件下應該完成的成本指標。

採用標準成本控制，制定和使用標準食譜是其重要工作。自助餐廚房管理者要會同成本會計一起，按照每種菜點主、配、調料標準用量，經過認眞的計算後，制定出各種菜點每份標準成本，並建立標準食譜成本卡（包括規定的主配料份量、調料、單價、金額、烹飪方法等）。由於製作自助餐菜點的原材料受季節或其他因素的影響，價格有一定的波動性，不時影響標準成本的準確性。爲此，成本會計應根據價格變動的具體情況，定期或不定期地調整標準成本卡中的成本價格，在用量不變的情況下，及時計算出變動後的準確成本，以保證成本控制的準確性。

透過比較，控制成本

標準成本控制就是從自助餐菜點的原料入手，在銷售價格一定時，自助餐菜點毛利率的大小取決於耗用原材料成本的高低，用菜點標準用量（成本總額）與實際用量（成本總額）進行比較，以達到從原材料用量上進行控制的目的。

一般地講，自助餐廚房與餐廳在一定期間內生產和經營的菜點品種是相對穩定的，而且所經營的每一種菜點都有標準食譜（成本）卡，用標準食譜上預定的標準用量（成本）與銷量相乘就得到標準量（成本）總額。

具體的做法是根據各種菜點的銷售量及標準食譜卡。對原料的耗用進行比較控制。（銷售量可透過計算機、收銀機或人工計算統計）。

範例

例：一份蠔油牛柳200克，本月共銷售180客，共需牛柳36千克；一份炸牛肉需用牛柳220克，本月共銷售200客，共需牛柳44千克；一份水煮牛柳需牛柳150克，本月共銷售150客，共需牛柳22.5千克。假定自助餐廚房供應帶有牛柳的菜餚有上述三種，則全月牛柳耗用量爲：36＋44＋22.5＝102.5（千克）。

而實際消耗情況是：

上月末廚房中尚存牛柳：15千克

本月廚房現行和從貨倉領進牛柳：110千克

本月末廚房盤點還餘牛柳：8.5千克

本月牛柳實際消耗爲：15＋110－8.5＝116.5千克

這個數字與標準用量相比，多用14千克，這就說明在實際操作過程中出現了偏差，也說明成本控制是比較差的。如果實際耗用量和分析計算的標準用量相差較小，則說明成本控制得比較好，實際耗用量大於標準用量的原因主要有：

1.在實際操作過程中，沒有嚴格按照標準用量製作，用料份量超過標準。

2.在實際操作過程中有浪費現象，如炸焦、炒焦、燒壞等不能食用而倒掉。

3.採購的牛柳品質不符合規定的要求，或在加工時沒有達到既定的出淨率。

4.廚房、餐廳可能有漏洞存在。

如果實際耗用量小於標準用量，其原因主要有：

1.在操作過程中，沒有按照標準用量製作，用料份量低於標準。

2.在制定菜點標準食譜卡時，可能以估代秤，所填標準用量偏大，實際操作過程中認爲確實不需要那麼多用料，就應立即調整標準食譜卡。

3.在操作過程中可能有違反標準的現象。

在成本控制過程中，對其所消耗的主要原料，特別是一些消耗量很多，對成本率的高低影響很大的原料，如蝦仁、雞、鴨、豬肉等原料都可採用標準比較控制法。

儘管自助餐廚房菜點生產並不是單個進行的，但其成本控制的方式也可以參閱上述方法，對每一道菜或每餐所消耗原材料實施標準卡制度，以達到控制菜點成本的目的。

第十二章

自助餐衛生與安全管理

自助餐的生產和產品銷售的各個環節必須自始至終地重視和強調衛生的安全。自助餐的衛生與安全應包括廚房生產和前檯銷售兩部分。自助餐的衛生係指菜點原料的選擇、加工生產以及銷售服務的全部過程，都確保食品處於潔淨沒有污染的狀態。自助餐的安全是保證廚房生產和前檯銷售正常進行的前提。廚房及餐廳既存在一系列不安全因素，生產又必須保證安全。安全生產不僅是保證食品衛生和出品品質的需要，同時也是維持正常工作秩序和節省額外費用的重要措施。因此，各單位的管理者及生產員工都必須意識到安全衛生的重要性，並在工作中時刻注意正確防範。

自助餐衛生與安全管理的意義

保護消費者權益的必要條件

消費者到飯店用餐，飯店理應信守承諾，及時提供物有所值的產品，而這些產品的起碼銷售條件，必須做到衛生、安全。它包括產品生產和銷售環境的潔淨與安全，同時還包括用餐客人在食用過程以及食用後身心健康等方面的安全。

提高其餐飲競爭力的基本保障

現代餐飲競爭的加劇，主要表現爲餐飲生產、服務技術技巧、營銷能力、產品新意和適應性、價格承受力等方面的綜合實力的競爭。這些都必須建立於產品的衛生和安全上。衛生與安全是飯店餐飲投身競爭市場的基本前提，有了這方面的基本保障，才有更高層次的策劃和提增成功的機會。

保持員工利益的具體體現

自助餐的衛生和安全，既是對消費者負責，同時也是關心、愛護員工，保護員工利益的具體體現。一方面購買衛生合格的原料，在符合衛生條件、符合安全生產要求的狀態下進行加工、生產、服務工作，員工工作會更加得心應手，員工的身心健康得以保護；另一方面，衛生和安全事故一旦發生，飯店企業蒙受損失的同時，員工的名譽、利益也因此而受到影響。因此，衛生和安全工作高標準、要求嚴，在創造、保持員工良好工作環境的同時，也是保護員工利益的切實體現。

提高自助餐經營的社會、經濟效益的重要措施

自助餐的衛生和安全，雖不直接產生經濟效益，但可直觀地展示自助餐的管理水平和良好的企業形象，在此基礎上，可擴大企業市場占有率，進而擴大經濟效益。與此同時，自助餐的衛生和安全工作做的卓越有成效，自助餐在這些方面的成本、工資、誤工、傷殘費支出以及處理食物中毒、賓客投訴等類似事故的費用將大大節省，將有利於自助餐的社會和經濟效益走上良性的、可持續發展的軌道，使企業長期受益。

自助餐廚房及餐廳衛生管理

自助餐廚房衛生管理工作，應從原料採購開始，經過加工生產直到服務銷售爲止。

原材料的衛生管理

原料的衛生狀況決定和影響著產品的衛生。首先，從原材料的採購進貨開始，必須從遵守衛生法規、合法的商業管道和部門購貨；其次加強原材料驗收的衛生檢查，對購進有破損或傷殘的原料更要加強衛生指標的查驗；再者，原料的貯存要仔細區分性質和進貨日期，嚴格分類存放，並堅持先進先用的原則，保證貯存的品質和衛生。同時，廚房在正式領用原料時，要認眞加以鑑別，防止過期或受污染原料的使用。

菜點生產過程中的衛生管理

這裡，不僅包括生產過程的衛生控制，還包括生產設備的衛生管理，兩者的衛生均不可忽視。

生產過程的衛生控制

自助餐廚房加工從原料領用開始，鮮活原料驗貨接收後，要立即給廚房進行加工，加工成品即刻送入冷藏庫保存。冰凍原料領出庫，要採取科學、安全的方法進行解凍，解凍後迅速進行加工處理。罐頭的取用，開啓時首先應清潔表面，再用專用開啓刀打開，切忌使用其他工具，避免金屬或玻璃碎屑掉入，破碎的罐頭不能取用。容易腐壞的原料，要儘量縮短加工時間，大批量加工原料應逐步分批從冷藏庫中取出，以免最後加工的原料在自然環境中放置過久而降低品質，加工後的成品應及時冷藏。

菜點配製需用專用的盛器，儘量縮短配菜的閒置時間。配製後不能及時烹製的要立即冷藏，需要時再取出，切不可長期間放置在廚房的高溫環境中。

對原料烹製加熱是決定食品衛生的重要環節，要充分殺滅細菌，殺菌的關鍵是原料內部所達到的安全溫度。另外，成品盛裝時餐具要潔淨。

冷菜的衛生工作尤爲重要。因爲對冷菜的裝配都是在成品的基礎上進行的。首先在布局、設備、用具方面應與生料製作分開；其次，切配時應使用專用的刀具、砧板和擦布，切忌生熟交叉使用。同時這些用具要定期消毒，裝盤不宜過早，裝盤後不能立即上桌的，應用保鮮膜封好，並進行冷藏，生產中的剩餘產品應及時收藏，並儘早用完。

生產設備的衛生管理

自助餐廚房生產設備主要有加熱設備、製冷設備以及加工切割設備等，對各類設備進行清洗、消毒和各種衛生管理，不僅可以保持整潔、便利操作，而且還延長使用壽命，保證食品的衛生和安全。

1.油炸鍋

油炸鍋所用的油一般都使用較長的時間，這期間應每天把油過濾一遍，這樣能延緩油的使用週期。油鍋在不用的時候應蓋緊，油鍋外部應每天用濕布擦拭。每週至少把鍋裡的油倒空清洗一次。（根據使用情況）

清潔炸鍋可依下列步驟進行：

（1）視情況將油倒出，或過濾或廢棄。

（2）鍋內倒入水，加入洗滌劑，煮十至十五分鐘。

（3）將洗滌水倒淨。

（4）用刷子將炸鍋鍋內刷淨，除盡所有食物殘渣。

（5）用醋液沖洗一遍，再用清水漂淨，晾乾。

（6）再注入新油，將鍋蓋好，直至使用時打開。

2.烤箱

烤箱應包括利用熱風、微波、煤氣和電子的烤箱。清理衛生時，應等爐子冷卻後再清理。鍋內的髒物，可用一個小刷子清掃，然後用浸透了合成洗滌劑溶液的布去擦洗。千萬不能把水直接潑在開關板上。也不能用含鹼的液體去清洗和擦拭爐子的鍋內和外部，因爲這樣會損害鍍膜或烤漆。控制開關也應定期校正。鼓風式烤箱的風扇應每月拆開清洗一次。微波爐的內部一般只需用合成洗滌劑溶液擦洗。

3.炒灶

炒灶是最常用的廚具，所有濺出灶檯上的東西都應立即清除。灶面和灶檯應每天清掃。定期應將煤氣噴嘴用鐵絲通一次，黏在上面的油垢和渣子可以用一個小鏟子刮掉。

4.蒸箱、蒸鍋

蒸箱、蒸鍋每次使用後都應保持清潔，將剩餘殘渣擦去。如果有食品渣糊在籠屜裡面，應先用水浸泡，然後用軟刷子刷洗。篩網也應每天清洗，有洩水閥的應打開清洗。

5.製冷設備

製冷設備的種類很多。有大型的冷庫，也有冰櫃、冰箱以及冷藏櫃等。冰庫地面應每天用抹布拖擦，每月至少去霜一次，在去霜期間挪走的食品和原料，不能使其解凍，應轉移貯存到另一個冰庫內，若使用帶輪可移動貨架，運轉起來就更爲方便。

冰櫃的保潔工作比較容易，每天用含合成洗滌劑的溫水擦拭外部，然後再用乾淨布擦乾，忌用有摩擦作用的去污粉或鹼性肥皂。蒸發器、冷凝器應每月檢查一次，看是否需要維修。

製冰機雖可製冰，但不宜作爲貯存食物的設備。製冰機也應每天擦拭。每個月一次，定期把製冰機裡的冰全部倒掉，把機器徹底清洗一遍。

自助餐廚房衛生制度與標準

制定衛生規範，並以此要求檢查、督導員工執行，可以強化員工衛生管理的意識，產生防患於未然的效果。多項衛生制度制訂的同時，就應考慮可否衡量和執行，若好高騖遠、不切實際或標準太低，都不能達到預定的衛生控制目的。

自助餐廚房衛生操作規範

自助餐廚房衛生操作規範見**表12-1**。

表12-1　自助餐廚房衛生操作規範

操作要領	處理方法	處理理由
1.化凍食物不要再次冷凍	一次用掉或煮熟後再貯存	品質降低，細菌感染機會增加
2.對食物有懷疑，不要嚐味	看上去品質有問題的食品和原料應棄除	保護員工的身體健康
3.不坐工作檯、不依靠餐桌		衣服上的污染物會傳播到菜上或食物中
4.避免戴首飾	不戴外露的首飾	食物屑聚積導致污染
5.餐具有裂縫或缺口	不要使用	細菌會在裂縫中孳生
6.不要使頭髮鬆散下來	戴髮網或帽子	頭髮落在食物裡可造成污染，也使人倒胃口
7.不要在廚房區域吸煙	休息時間在指定的地方吸煙，吸完後徹底洗手	傳播尼古丁毒素或疾病
8.不要穿髒工作服工作	穿乾淨的工作服和圍裙	髒物隱藏傳染病
9.不要帶病上班	告知情況，安排上班	增加疾病傳播機會
10.工作時間不吃東西，不要端著清理的托盤或髒碟子吃東西	在指定的休息時間吃東西，用餐後要徹底洗手	散布疾病或不衛生

（續）表12-1 自助餐廚房衛生操作規範

操作要領	處理方法	處理理由
11.手不要摸臉、摸頭髮、不要插在口袋內，除非必要，不要接觸錢幣	必須做這些事情時，事後要徹底洗手	可能污染
12.避免打噴嚏、打呵欠或咳嗽	如果不能避免，則一定要側轉身離開食物或客人，並掩嘴	散布傳染病或不衛生
13.不要隨便用手接觸或取食物	使用合適的器具輔助工作	由皮膚散布傳染病
14.不用同一把刀和砧板，切肉後不洗又切果蔬（生、熟食分開處理）	刀、砧板要分開或用後清洗，並消毒	能散布沙門氏菌和其他細菌
15.不要把食物放在敞開的容器裡貯藏	食物要密封存放或加罩	食物串味或乾燥
16.用剩的食物不得再向客人供應	建議客人注意點菜份量或做它用	傳染疾病

自助餐廚房日常衛生制度

1.廚房衛生工作實行分工、負責制，及時清理，保持應有清潔度，定期檢查，公布結果。

2.廚房各區域按部門分工，各人負責自己所有設備工具及環境的清潔工作，使之達到規定的衛生標準。

3.各部門員工上班，首先必須對負責衛生範圍進行檢查、清潔和整理；生產過程中保持衛生整潔，設備工具使用者應負責清潔；下班前必須對負責區域衛生及設施清理乾淨，經上級檢查合格後方可離開。

4.廚師長隨時檢查各職務負責區域的衛生狀況，對未達標準者限期改正，對屢教不改者，進行相應處罰。

自助餐廚房計畫衛生制度

1.廚房對一些不易污染及不便清潔的區域或大型設備，實行定期清潔、定期檢查的計畫衛生制度。

2.廚房爐灶用的鐵鍋及手勺、鍋鏟、篩籮等用具，每日上下班都要清洗，廚房爐頭噴火嘴每半月拆洗一次；吸排油煙罩除每天開完晚餐清洗裡面外，每週徹底將裡外擦洗一次，並將過濾網刷洗一次。

3.廚房冰庫每週徹底清潔沖洗整理一次；乾貨庫每週盤點清理、整理一次。

4.廚房屋頂天花板每月初清掃一次。

5.每週指定一天爲廚房衛生日，各職務徹底打掃負責區及其他死角衛生，並進行全面檢查。

6.計畫衛生清潔範圍，由所在區域工作人員及衛生負責區責任人負責；無責任負責人及公共區城，由廚師長統籌安排清潔工作。

7.每期所計畫之衛生結束之後，需經廚師長檢查，其結果將與平時衛生實績一起作爲員工獎懲依據之一。

自助餐廚房衛生檢查制度

1.廚房員工必須保持個人衛生，衣著整潔；上班首先必須自我檢查，領班對所屬員工進行複查，凡不符合衛生要求者，應及時予以糾正。

2.工作位置、食品、用具、負責區及其他日常衛生，每天由上級對下級進行逐步檢查，發現問題及時改正。

3.廚房死角及計畫衛生，按計畫日程廚房師長安排進行檢查，衛生未達標準的項目，限期整改，並進行複查。

4.每次檢查都應有紀錄，結果予以公布，成績作爲員工獎懲的依據。

5.廚房員工應積極配合，定期進行健康檢查，被檢查認爲不適合從事廚房工作者，應自覺服從組織決定，支持廚房工作。

自助餐冷菜間衛生制度

1.冷菜間的生產、保藏必須做到專人、專室、專工具、專消毒，單獨冷藏。

2.操作人員嚴格執行洗手、消毒規定，洗滌後用75%濃度的酒精棉球消毒。操作中接觸生原料後，切製冷葷熟食、涼菜前必須再次消毒；使用洗手間後必須再次洗手消毒。

3.冷葷製作、管藏都要嚴格做到生熟食品分開，生熟工具（刀、砧、盆、秤、冰箱等）嚴禁混用，避免交叉污染。

4.冷葷專用刀、砧、擦布每日使用後要洗淨，次日用前消毒，砧板定期用鹼水進行刷洗消毒。

5.盛裝冷菜、熟食的盆、盛器每次使用前要刷淨、消毒。

6.存放冷菜熟食的冰箱、冷櫃門的拉手，需用消毒小毛巾套上，每日更換數次。

7.生吃食品（蔬菜、水果等）必須洗淨後，方可放入熟食冰箱。

8.生吃涼菜及海蜇皮、水果等要洗淨後消毒。

9.冷葷熟食在低溫處存放超過二十四小時要回鍋加熱。出售的冷葷食品必須每天化驗，化驗率不低於95%。

10.冷菜間紫外線消毒（強度不低於七十微瓦／釐米^2）要定時開關，進行消毒殺菌。

11.保持冰箱內整潔，並定期進行洗刷、消毒。

12.非冷菜間工作人員不得進入冷菜廚房。

自助餐點心廚房衛生制度

1.工作前需先消毒工作檯和工具，工作後將各種用具洗淨消毒。

2.嚴格檢查所用原料，嚴格過篩、挑選，不用不合標準的原料。

3.蒸箱、烤箱、蒸鍋、和麵機等用前要洗淨，用後及時洗擦乾淨，用布蓋好，並定期拆洗。

4.盛裝米飯、點心等食品的籠屜、筐籮、食品蓋布，使用後要用熱鹼水洗淨；蓋布、紗布要標明專用，裡外面分開。

5.麵杖、餡挑、刀具、模具、容器等用後洗淨，定位存放，保持清潔。

6.麵點、糕點、米飯等熟食品需涼透後放入專櫃保存，食用前必須加熱蒸煮透徹，如有異味不得食用。

7.製作蛋製品所用蛋類，需選清潔新鮮的雞蛋，變質、散黃的蛋不得使用。

8.使用食品添加劑，必須符合國家衛生標準，不得超出標準使用。

自助餐廚房衛生標準

1.食品生熟分開，切割、裝配生熟食品必須雙刀、雙砧板、雙擦布，分開操作。

2.廚房區域地面無積水、無油膩、無雜物，保持乾燥。

3.廚房屋頂天花板、牆壁無吊灰，無污斑。

4.爐灶、冰箱、廚櫃、貨架、工作檯以及其他器械設備保持清潔明亮。

5.切配、烹調用具，保持乾燥；砧板、木面工作檯顯現本色。

6.廚房無蒼蠅、螞蟻、蟑螂、老鼠。

7.每天至少煮一次擦布，並洗淨晾乾；爐灶調料罐每天至少換洗一次。

8.員工衣著必須挺直、整齊、無黑斑、無大塊油跡，一週內工作衣、褲至少更換一次。

食物中毒與事故處理

據國內外食物中毒事件的資料分析表明，食物中毒以微生物造成的最多，發生的原因多是對食物處理不當所造成，其中以冷卻不當爲主要致病原因。發生的場所大部分是衛生條件較差、生產沒有良好衛生規範的餐飲企業。食物中毒的時間則大部分在夏秋季節，原因是氣溫高易使微生物繁殖生長，因此這些都應作爲預防食物中毒的重點。

食物中毒是由於人們食用了有毒食物而引起的中毒性疾病。食物之所以有毒使人致病，其原因和管道有以下幾點：

1.食物受細菌污染，細菌生產的毒素致病。

2.食物受細菌污染，食物中的細菌致病。

3.有毒化學物質污染食物，並達到能引起中毒的劑量。

4.食物本身含有毒素。

食物中毒重要的是針對各種發生食物中毒的可能，採取嚴格有效的措施，加以積極的預防。

如有客人身體不適抱怨係食用餐飲產品而引起時，管理人員和員工應沉著冷靜，忙而不亂，儘快澄清是否爲食物中毒，並縮小勢態，及時加以處理。其基本處理工作和步驟如下：

1.記下客人的姓名、地址和電話號碼（家庭和工作單位）。

2.詢問具體的徵兆和症狀。

3.弄清楚吃過的食物和用餐方式，食用日期、時間、發病時間、病痛持續時間、用過的藥物、過敏史、病前的醫療情況或免疫接種等。

4.記下看病的醫生姓名和醫院的名稱、地址和電話號碼（要建議客人蒐集、保留排洩物，鼓勵客人去找醫生進行適當的病情診斷）。

5.立即成立由自助餐餐廳經理、廚師長等人員組成的事故處理小組，對整個生產過程進行重新檢查。

6.遞交所調查的訊息給醫生，以便瞭解情況。如果醫生診斷是食物中毒，要立即報告衛生主管及防疫部門。

7.查明同樣的食物供應了多少份，蒐集樣品，送交化驗室化驗分析。

8.查明這些可疑的餐食菜點是由哪些員工製作的，將所有與製作過程有關的員工進行體格檢查，查找有無急性患病或近期生病以及疾病帶菌者。

9.分析並記錄整個製作過程的情況，明確在哪些地方，食物如何受到污染；哪些地方存在細菌，在食物中繁殖的機會（時間和溫度等因素）。

10.從廚房設備上取一些標本送化驗室化驗。

11.分析並記錄廚房生產和銷售最近一段時間的衛生檢查結果。

自助餐廳的衛生管理

菜點在由服務人員送到客人的餐桌及分菜的過程中，都必須重視食品衛生問題。自助餐廳自身的環境衛生以及自助餐檯的衛生等都是自助餐衛生管理的重要內容。

自助餐服務銷售階段的衛生管理

菜點在供應給客人食用時應注意以下幾個方面：

1.菜點在供應前和供應過程中應用蓋遮擋，以防受灰塵、蒼蠅、打噴嚏、咳嗽等污染。
2.涼菜、冷食在供應前仍應放在冰箱裡，要控制冷菜的上菜時間，尤其是大型宴會活動的冷菜。
3.菜點不要過早裝入盤中，要在成熟後和客人需要時裝盤。
4.使用適當的用具供應食物。如刀、叉、勺、筷子、夾子等用具，不可用手接觸食物。
5.用過的食物不能再使用。
6.分菜工具要清潔，每次使用的分菜工具一定要確保清潔，不同口味色澤的菜餚，其分菜工具要調換。
7.養成個人衛生習慣，服務員不能用手咳嗽、打噴嚏、吸煙、抓頭、摸臉等。否則不良習慣會污染其手，並污染到操作的食物中。

自助餐廳環境、設備衛生管理

1.自助餐廳各區域，根據管轄區域及設備的具體情況制定出相應的日常衛生和計畫衛生制度，並確定具體執行人員及責任人。
2.制定衛生清理的標準與程序。
3.計畫衛生必須按期按標準進行。
4.各區域主要或領班對員工的日常衛生、計畫衛生及餐前、餐中餐後衛生工作進行跟蹤檢查，及時指正並考核。
5.各區域要確保無衛生死角，環境整潔美觀。
6.安裝滅蠅燈的區域應保證滅蠅燈正常工作。

7.每天開餐結束後，各區域在做好衛生工作的基礎上進行滅蜂、滅鼠等工作。

8.自助餐廳不定期進行衛生大檢查，檢查各區域衛生工作是否達到標準。

表12-2是玻璃器皿擦拭程序與標準，**表12-3**是自助餐廳各項設施檢查程序和標準表。

表12-2　玻璃器皿的擦拭程序與標準

程序	標準
1.送管事部清洗	用過的玻璃器皿送管事部清洗，一小時後取回，並核對數目是否與送去時相等。
2.熱水浸泡	(1) 用一個不鏽鋼器皿放入1／2熱水，水溫在80°左右。 (2) 將管事部清洗過的玻璃器皿，如高腳杯、飲料杯等，倒置浸入熱水中，浸泡一分鐘後取出。
3.擦拭	(1) 擦拭高腳杯：將擦杯布對角拉開，左手拿住一角，將高角杯底座放在左手擦布內，用右手拿起擦布另一角，並且用擦布包住右手進入杯中，然後左右手合作轉動水杯，右手將水杯擦拭乾淨，最後擦拭高腳杯底位。 (2) 擦拭飲料杯，用相同於擦高腳杯的方法使用擦杯布，左手拿住飲料杯底座位置，然後轉動飲料杯直至擦拭乾淨。
4.檢查	在燈光下檢查擦過的玻璃杯，保證乾淨、無水跡、無破損。
5.玻璃器皿的擺放	(1) 服務員手指不能接觸玻璃杯上端，必須拿高腳杯的高腳部位，飲料杯底座部位。 (2) 將擦拭過的玻璃器皿，分類整齊地擺放在餐廳服務邊櫃內、酒車內。

表12-3　自助餐廳各項設施檢查程序與標準

程序	標準
1.檢查各種電器	(1) 電燈、電熱水爐是否符合衛生標準，導線有無破損，是否存在短路隱患，電源插頭是否牢固，電器附近是否存在易燃、易爆和腐蝕性物品。 (2) 背景音樂及燈光調節器應靈敏，無漏電隱患。 (3) 空調是否正常工作。 (4) 咖啡機是否工作正常，表面清潔。
2.檢查地毯	(1) 餐廳各處地毯需保持清潔無異物，無破損。 (2) 銜接處平整無掀開現象。
3.檢查各種服務車輛	(1) 清潔和檢查服務車的工人由專人負責。 (2) 舖蓋服務車64"╳64"檯布，並對折，檯布需乾淨，平整、無破損。服務中檯布染上污漬後，需及時更換。 (3) 服務車的各層需保持清潔。 (4) 給客人服務用的服務車，不得用於推運重物。 (5) 車輪要齊整，並且轉動靈活無噪音。 (6) 服務門和餐廳正門應能正常使用。
4.門的檢查	(1) 服務門和餐廳正門應能正常使用。 (2) 開關任何門時應無噪聲發出。 (3) 門表面和把手清潔無污漬。
5.鋼琴的檢查	(1) 鋼琴的附件及琴椅應擺放到位。 (2) 鋼琴的音，事先調試。 (3) 鋼琴的表面應清潔、光亮、無塵、無指印。
6.檢查各種家具	(1) 桌、椅擺放應整齊符合要求，仔細檢查無有損壞現象。 (2) 桌、椅的衛生狀況是否符合要求。 (3) 服務邊櫃，每日及時清掃，表面光潔，無污跡、水印。 (4) 邊櫃裡的用具及餐具的擺放是否符合要求，且整齊。

自助餐安全控制

由於種種原因，自助餐廚房生產到銷售過程中的不安全因素時常存在。因此，管理者要正視自助餐工作的特點，在容易出問題的職務、場所利用標語、警示的同時，還應加強員工培訓，提高安全防範意識，並針對問題採取切實有效的措施，加以預防。

燙傷及其預防

無論是廚房或是餐廳，給員工造成燙傷、灼傷事故都占廚房事故的很大比例。一旦燙、灼傷，輕則影響操作，重則需要送醫院治療，自助餐傷者更是疼痛難忍。預防燙、灼傷的措施包括以下幾點：

1.遵守操作規程。使用任何烹調設備或點燃煤氣設施時必須按照產品的說明書進行操作。

2.通道上不得存放炊具。凡有手柄的桶、壺及一切炊具，不得放置在繁忙擁擠的走廊通道上。

3.容器注料要適量。不要將罐、鍋、水壺裝得太滿。避免食物煮沸過頭，以防濺出鍋外。

4.攪拌食物要小心。攪動食物通常使用長柄勺，保持與食物的距離。

5.預先準備。從爐灶或烤箱上取下熱鍋前，必須事先準備好移放的位置。如果事先有了準備，提鍋的時間就能縮短。提既燙又重的容器前，應毫不猶豫地及時請同事幫助。

6.使用合格、牢靠的鍋具。不要使用把手柄鬆動、容易折斷的鍋，以免引起鍋身傾斜、原料滑出鍋或把手斷裂。

7.冷卻廚房設備。在準備清洗廚房設備時，事先要進行冷卻。

8.懂得如何滅火。如果食物著火了，將鹽或小蘇打撒在火上，不要用水澆，必須學會使用滅火器和其他安全裝置。

9.使用火柴要謹慎。將用過的火柴放入罐頭盒內或玻璃容器內。

10.安全使用大油鍋。如準備將大油鍋裡的熱油進行過濾或更換，必須注意安全，一定要隨手帶抹布。

11.禁止嬉鬧。不容許在操作間奔跑，更不得拿熱的炊具或食品在手裡開玩笑。

12.張貼「告誡」標誌。在潮溼或容易發生燙傷事故的地方，需張貼「告誡」標誌，以告誡員工注意。

13.定期清洗廚房設備。防止爐灶表面和通風管蓋帽處積藏油污，對抽排油煙罩，要安排有計畫的清洗，有些要請工程技術人員或專業清潔公司清洗。

14.傳送菜點時，注意力要集中，嚴格按要求進行。

扭傷、跌傷及其預防

員工在搬運重大物品，或登高取物，或清除衛生死角，或走動遇滑時容易造成扭傷和跌傷。扭傷的預防需注意以下幾點：

1.舉東西前，先要抓緊。

2.舉東西時，背部要挺直，只能膝蓋彎曲。

3.舉重物時要用腿力，而不能用背力。

4.舉東西時要緩緩舉起，使舉的東西緊靠身體，不要驟然一下猛舉。

5.舉東西時，如有必要，可以挪動腳步，但千萬不要扭轉身體。

6.當心手指和手被擠傷或壓傷。

7.舉過重的東西時必須請人幫忙，絕不要勉強或逞能。

8.當東西的重量超過20千克，受傷的可能性即隨之增加，在舉之前應多加小心。

9.儘可能藉助起重或搬運工具。

大多數跌傷只是在地面滑倒或絆倒而不是從高處摔下。爲了預防摔倒跌倒事故，下述幾方面必須特別注意：

1.清潔地面，始終保持地面的清潔和乾燥。有溢出物需立即擦掉。

2.清除地面上的障礙物，隨時清除丟在地面上的盤子、抹布、拖把等雜物，一旦發現地磚鬆動或翻起，立即重新舖整調整。

3.小心使用梯子。從高處搬取物品時需使用結實、穩固的梯子，並請同事扶牢。

4.開門關門要小心。進出門不得跑步，經過旋轉門更要留心。

5.穿鞋要合腳。員工應穿低跟鞋，並注意防滑，鞋不宜大，要正好合腳；不穿薄底、已磨損、高跟鞋以及拖鞋、網球鞋或涼鞋，要穿腳面、腳跟和腳底不外露的鞋，鞋帶要繫緊以防滑倒。

6.清掃積水和掉落的冰，入口處和走道不得留存積水和冰。

7.避免滑倒，使用防滑地板蠟。

8.張貼安全告示，必要時張貼「小心」或「地面潮濕」等告示。

9.修理樓梯。樓梯的踏板如破裂或磨損需及時更換。

10.保持光亮度。保證樓梯間或其他不經常使用地區的光亮度。

割傷及其預防

切割傷是自助餐廚房員工及餐廳服務人員經常遇到的傷害。預防割傷的措施有下列幾點：

1.鋒利的工具應妥善保管。當刀具、鋸子或其他鋒利器具不使用時，應隨手放在餐具架上或專用的抽屜裡。不能隨意地丟放在一只抽屜內或其他不安全的地方。

2.按安全操作規程使用刀具。將需切割的物品放在桌上或切割板上，刀在往下切時需抓緊所切物品，注意在切薄片時容易削到指頭。當刀斬食物時必須將手指彎曲抓住原料，使刀刃落在原料塊上。刀具大小要合適並清楚刀刃的鋒利度。此外，手柄已鬆動的刀具必須修理或報廢。

3.保持刀刃的鋒利。需清楚鈍的刀刃比鋒利的刀刃更容易引發事故。因刀刃越鈍，員工所使的力就越大，食品一旦滑動就易發生事故。

4.各種形狀的刀具要分別清洗。將各種形狀鋒利刀具集中擺放在專用的盆內，並應分別洗滌，切勿將刀具或其他鋒利工具浸泡在放滿水的洗池內。

5.禁止用刀嬉鬧。不得拿刀或鋒利工具進行打鬧，一旦發現刀具從高處掉下不要用手去接。

6.集中注意力，使用刀具或其他鋒利刀具要謹慎。

7.不得將刀具放在工作檯邊上，應放在檯子中間，以免掉到地上或砸在腳上。

8.廚房內儘量少用玻璃餐具。若不甚摔破應儘快處理碎玻璃，可用掃帚和簸箕清掃乾淨，不能用手撿。如果玻璃碎在洗滌池內，先將池水放掉，然後用濕布將碎玻璃撿起。通常是將碎玻璃或陶瓷倒入單獨的廢物箱內包好丟棄，以避免傷及無辜。

9.利用安全裝置。設備要安裝有各種必備的防護裝置或其他安全設施。

10.謹慎使用食品研磨機，使用絞肉機時必須使用專門的填料器。

11.清洗設備，切斷電源。設備清洗前需將電源切斷（拔去插頭）。

12.謹慎清潔刀口。擦刀具時抹布折疊到一定厚度，從刀口中間部分向外側刀口擦，動作要慢，要小心，清潔刀口一定要符合規定要求。

13.使用合適的刀具。不得用刀來代替鑽子或開罐頭，也不得用刀來撬紙板盒和紙板箱，必須使用合適的工具開啓。

傷口的緊急處理

刀傷是最難避免的一種事故。一旦發生刀傷，要視傷口大小、情節輕重及時採取措施。有些只要進行簡單處理即可奏效。當然，傷口也不全是刀刃引起的。因此，注意以下幾點對傷口的及時有效處理是十分必要的。

1.割傷、損傷和擦傷，馬上清潔傷口，用肥皂和溫水清潔傷口處皮膚；用無菌棉墊或乾淨的紗布覆蓋傷口進行止血；輕輕更換無菌棉墊、乾淨紗布和繃帶；如果傷口在手部，需將手抬高過胸口。

2.不得用嘴接觸傷口，不得在傷口處吹氣，不得用手指、手帕或其他污物接觸傷口，不得在傷口上塗防腐劑。

3.出現下列情況要立即送醫務室或醫院處理：

（1）如果是大出血（屬於緊急情況）。

（2）如果出血持續四至十分鐘。

（3）如果傷口有雜物又不易清洗掉。

（4）如果傷口是很深的裂口。

（5）如果傷口很長或很寬需要縫合。

（6）如果筋或腱被切斷（特別是手傷）。

（7）如果傷口是臉部或其他引人注目的部位。

（8）如果傷口部位不能徹底清洗。

（9）如果傷口接觸的是不乾淨的物質。

（10）觀察感染的程度（疼痛或傷口紅腫增大）。

4.撞傷部位用冰袋或冷敷布在受傷處壓二十五分鐘，如果皮膚上有破損，創傷處需進一步按刀割傷處理。

5.水泡可用軟性肥皂和水清洗，保持乾淨，防止發炎。如水泡已破，按開放性傷口處理，如受感染應就醫。

電器設備造成的事故與預防

電器設備造成的事故也是生產中常見的問題。下述內容是預防電器設備事故的幾個方面：

1.員工必須熟悉設備，學會正確拆卸、組裝和使用各種電器設備的方法。

2.採取預防性保養。應有專職檢測各種電器設備線路和開關的電工，作爲在正常情況下開展預防性保養規劃的組成部分。

3.設備接地線。所有的電器設備都必須有安全的接地線。

4.遵守操作規程。操作電器設備時，需嚴格按照廠家的規定。

5.謹愼接觸設備。濕手或站在濕地上，切勿接觸金屬插座或電器設備。

6.更新電線包線。已磨損露出電線的電線包線切勿繼續使用，要使用防油防水的包線。

7.切斷電源清潔設備。清潔任何電器設備都必須拔去電源插頭。

8.避免電路過載。未經許可，不得任意加粗保險絲，電路不得超出負荷。

火災的預防及滅火

自助餐經營還有一類常見的事故就是火災，可採取以下幾種防火措施：

1.擁有足夠的滅火設備和器材。每位員工都必須知道滅火器的安放位置和使用方法。

2.安裝失火檢測裝置。使用經許可和可經常測試的失火檢測裝置，這些設備可用於防煙、防火焰和防發熱。

3.考慮使用自動噴水滅火系統。該系統是自動控制火災的極爲有效的設施。另外，一種安裝在通風過濾器下的特效滅火器裝置也是很有效的，不用考慮其類型（化學乾粉、二氧化碳或特殊化學溶液），飯店安全部門大多統籌安排，設計安裝並進行保養和管理。

小型火災通常可用手提式滅火器撲滅。滅火器安放在接近火源最合適的地方，並經常進行檢查和保養。此外，極爲重要的是對員工進行消防訓練，使其學會正確使用滅火裝置。

滅火設備有多種，通常使用的一種是乾化學藥品多用滅火器，適用上述三種火災。

手提式滅火器一般都很容易操作，但不能忽視對員工的訓練，使之掌握特殊滅火裝置的特性。通常，滅火器使用前必須將一只安全銷拔去，使用多用化學滅火器時有一點很重要，即必須將化學滅火材料覆蓋住所有燃燒區域，以防死灰復燃。

安全與防火規範

安全操作規章

1.員工上班應按要求穿著飯店工作服及工作鞋。
2.員工當班時應保證精力集中，不應在廚房或餐廳內跳動、打鬧。
3.設備應由主管人員定期檢查，以防意外事故發生。
4.使用設備需嚴格遵守正常的操作規程（新員工需由主管人員對其進行設備使用方面的培訓）。
5.油炸鍋在作用過程中應保證人員不離工作崗位。
6.搬運重物特別是熱湯汁時不要一人操作，以免扭傷和燙傷。
7.刀具和鋒利的器具落地途中不要用手接拿。
8.應保證刀具鋒利，不鋒利的刀具最易受傷。
9.員工不得隨意處理突發的斷電事故。
10.工作時應注意保持地面清潔，以免滑倒受傷。
11.工程人員斷電掛牌操作時，切忌隨意合閘。

防火制度

1.各種電器設備的安裝使用必須符合防火安全要求，嚴禁超負荷使用，絕緣要良好，接點要牢固，並有合格的保險設備。
2.各種機電設備操作使用必須制定安全操作規程，並嚴格遵照執行。
3.廚房在煉油、炸食品和烤食品時，必須設專人負責看管。煉、炸、烘、烤時油鍋、烤箱溫度不得過高，油鍋不得過滿，嚴防油溢著火引起火災。

4.廚房的各種煤氣灶、烤箱點火使用時必須按操作規程操作，不得違反，更不得用紙張等易燃品點火。

5.不得往爐灶、烤箱的火眼內置各種雜質、廢物，以防堵塞火眼，發生事故。

6.各種滅火器材、消防設施不得擅自運用。

7.員工要能熟練地掌握各種滅火器材、火災報警器的性能和操作使用方法。

8.知道所在部門滅火器材和手按報警器的位置，知道最近的消防疏散門。

9.一旦發生火情，速撥打電話通知消防隊。

自助餐廳各種安全的預防

1.隨時檢查自助餐廳內各項設備的使用情況，預防爲主，發生隱患後及時解決。

2.所有用餐客人的行李和財物需及時提醒或幫助客人妥善保管。

3.發生意外後，保持冷靜，首先引導客人疏散。

4.對於受傷的客人需及時給予周到的照顧。

5.搬運重物或運送裝滿物品的托盤時需注意安全。

6.爲客人服務食品、飲料及倒咖啡和茶時，需事先示意客人。

7.避免在別人身後整理東西。

8.開酒時需注意安全。

9.不要讓兒童拿到鋒利的餐具，避免孩子割傷。

10.隨時檢查自助餐檯上主盤的熱度，避免燙傷客人。

11.檢查自助餐爐上酒精燃燒情況，避免著火，發生危險。

12.服務員在自助餐廳內不允許急走，更不容許跑。

13.擦拭餐具及玻璃器皿時，需注意安全。

14.爲客人點煙時，注意避免燙傷客人。

15.當班時，女服務員的鞋跟不得超過五釐米。

16.進出門時，推門要慢，以免碰撞門後的人。

17.在剛剛擦過的地面上放置警告標誌，以免滑倒。

18.爲客人服務的餐具不允許有任何破損，以免割傷客人。

19.不得用瓷器或玻璃器皿從製冰機中取冰，以免有破碎物混入冰中。

20.協助客人照顧他們所帶的孩子，不要讓他們在餐廳內奔跑，避免孩子跌傷。

21.超越別人時需先示意被超越的人。

22.在廚房內取菜時需注意安全防止意外。

23.使用服務車運送東西時需將所運送的東西擺放整齊。

Note

Note

Note

Note

自助餐開發與經營

主　　編☞ 馬開良
編 著 者☞ 馬開良、柏群、吳興樹、張文娟
出 版 者☞ 揚智文化事業股份有限公司
發 行 人☞ 葉忠賢
總 編 輯☞ 林新倫
執行編輯☞ 吳曉芳
登 記 證☞ 局版北市業字第 1117 號
地　　址☞ 台北市新生南路三段 88 號 5 樓之 6
電　　話☞ （02）23660309
傳　　真☞ （02）23660310
法律顧問☞ 北辰著作權事務所　蕭雄淋律師
印　　刷☞ 鼎易印刷事業股份有限公司
初版一刷☞ 2005 年 6 月
I S B N ☞ 957-818-731-9
定　　價☞ 新台幣 420 元
網　　址☞ http://www.ycrc.com.tw
E-mail ☞ service@ycrc.com.tw

國家圖書館出版品預行編目資料

自助餐開發與經營 / 馬開良等編著. -- 初版.
-- 臺北市 : 揚智文化, 2005[民 94]
面 ; 公分

ISBN 957-818-731-9(平裝)

1. 飲食業 - 管理

483.8 94004984